测试系统构建技术

基于 C++和 Qt 的框架软件

赵文波　编著

電子工業出版社
Publishing House of Electronics Industry
北京·BEIJING

内 容 简 介

本书介绍测试系统构建领域通用测试系统的设计实现，并使用 C++和 Qt 技术实现通用化的测试系统框架，内容包括测试系统行业背景、具体技术、具体的设计实现等。

全书共 4 个部分。第 1 部分为测试系统框架，介绍行业背景、通用测试系统、C++和 Qt 技术。第 2 部分为关键技术，介绍实现通用测试系统的几个核心技术。第 3 部分为工程实践，介绍一套通用测试系统的具体设计与实现。第 4 部分为测试信息化，介绍测试系统领域的测试信息化建设。

本书既可作为研制测试系统的参考书，也可作为学习 Qt 及框架软件设计的参考书。

图书在版编目（CIP）数据

测试系统构建技术：基于 C++和 Qt 的框架软件 / 赵文波编著. —北京：电子工业出版社，2023.7
ISBN 978-7-121-45825-5

Ⅰ. ①测…　Ⅱ. ①赵…　Ⅲ. ①测试系统－系统设计　Ⅳ. ①TP206

中国国家版本馆 CIP 数据核字（2023）第 108948 号

责任编辑：钱维扬　　特约编辑：张燕虹
印　　刷：北京七彩京通数码快印有限公司
装　　订：北京七彩京通数码快印有限公司
出版发行：电子工业出版社
　　　　　北京市海淀区万寿路 173 信箱　邮编：100036
开　　本：787×1 092　1/16　印张：18.25　字数：467 千字
版　　次：2023 年 7 月第 1 版
印　　次：2024 年 10 月第 4 次印刷
定　　价：78.00 元

凡所购买电子工业出版社图书有缺损问题，请向购买书店调换。若书店售缺，请与本社发行部联系，联系及邮购电话：（010）88254888，88258888。

质量投诉请发邮件至 zlts@phei.com.cn，盗版侵权举报请发邮件至 dbqq@phei.com.cn。

本书咨询联系方式：（010）88254459。

序　一

我与作者相识在2015年，当时他已参与航天地面测试系统开发多年，是公司地面测试系统的资深技术人员。后来，作者另立门户，开始创业，而我也南下深圳开始新的征程。但这么多年来，我们一直保持沟通，时常还交流一些技术问题。

2022年8月初，接到作者的消息让我为他的书写推荐序言。此时，我刚刚带领团队完成公司一个核心产品自动化测试系统的开发，虽属巧合，却也折射出测试在工程研制中的重要性，于是我欣然答应。

本书介绍了基于C++和Qt的测试系统框架，它是作者十多年的航天地面测试系统开发经验的结晶。这些年，作者一直深耕航天地面测试领域，身影遍及北京、上海、西安、长沙等地，参与过大到载人航天分系统的测试，小到微纳卫星的测试。作者是一个善于学习和总结的人，我清晰地记得当初他在从MFC到Qt的转换过程中，像发现新大陆一样在很短的时间里就掌握了Qt的开发，并对Qt的自定义插件功能大加赞赏，称其为地面测试软件开发者的福音。

众所周知，安全、稳定和可靠对航天技术至关重要，因此航天地面测试领域采用的软件技术都经过长时间的验证。20年前，MFC或Delphi是航天软件领域中为数不多的选择；而近10年来，Qt快速发展，以其便捷的UI（User Interface，用户界面）开发模式和稳定、可靠的特点，一在航天软件领域中崭露头角就立刻广受欢迎。本书站在一个较高的视角，先将测试系统的需求进行分解，然后投射到Qt开发的功能模块上，既有设计模式、架构设计的内容，又有手把手教你如何进行技术选型的章节。

本书对于测试系统开发过程中经常碰到的问题还提供了参考答案。本书虽立足于通用测试系统的开发，但又远不止于此，还包含了作者对通用测试系统开发理念的独特理解，就像把一个复杂的测试系统一一拆解，展现给读者。书中的理论、概念、实践和方法易懂易学，对测试系统开发从业者具有方法论和实践意义的指导作用。让我觉得难能可贵的是，书中明确将用户界面友好的观点提到很高的高度。

同时，书中也对测试系统的未来发展保持关注和跟进，是一本值得一读的好书。

孙守贤

作者的老同事

序　二

近几年，常与作者一起爬北京的西山。人生如爬山，爬山现性情：爬山气不喘者，有气魄；爬山不喊累者，有毅力；爬山不退缩者，有耐性。职场也如爬山，要认准一条道路，矢志不渝，坚持奋斗，不达目标誓不罢休。

作者在测试系统领域已经深耕十余年。有一天，他告诉我他想出一本书，把自己在测试系统方面的技术做个总结，希望我给他写个序，我欣然同意。

记得数年前，某航天发射基地研制火箭自动判读系统的产品，本书作者作为该项目的主要研发人员之一，参与了该项目的设计、开发及运行保障工作。他在基地夜以继日地加班加点工作，解决了一系列重要技术问题，保障了多次火箭发射过程中数据判读系统的正常运行，为提高我国航天发射基地火箭发射判读系统自动化水平做出了应有贡献，得到了客户的肯定。

作者参与了多种航天器（火箭、卫星、飞船）测试系统的研制，在公司的“通用测试平台”的应用推广过程中积累了丰富的经验，对测试系统平台化、自动化、智能化、部署快速化等方面有很多心得，因而写成本书。

我国航天系统历来重视航天器的测试和试验工作。一个好的测试系统，是检验航天器能否符合设计要求的重要基础。从单机测试、分系统测试、系统联试，到总装厂房测试、发射架测试、发射过程数据判读、航天器在轨数据判读等环节都离不开测试系统。在不同的阶段，系统的称呼不同、连接方式不同，但始终是围绕遥控、遥测数据展开的，遥控、遥测数据的打包、解包、判读是测试系统的核心流程。在与被测对象交互方面，有时，通过接口线缆收发；有时，通过无线通道收发；有时，通过地面以太网进行转发：这些收发通道构成了外围总线接口。总线接口与测控数据的收发构成了测试系统的基础核心。但是，一个真正实用、好用的测试系统还需要充分考虑系统的自动化程度、智能化程度、可复用水平、可快速部署等方面的设计。

这是一部关于总线测试系统的工程实践性很强的著作。本书并未长篇大论地阐述原理、概念，而是直接提供测试系统设计的“干货”，非常适合作为从事本行业研发的一线技术人员的参考书。

作者在书中对测试系统框架进行了非常详尽的介绍，内容包括系统组成、总线接口支持、动态创建技术、组态软件技术、脚本引擎技术等核心技术，并结合具体的开发语言进行讲解。此外，书中还用大量篇幅针对工程实践技术细节进行阐述，并给出具体开发模块、重要接口的设计说明，具有一定技术能力的读者完全可以按照书中的方法及例子一步一步地实现高水平的总线测试系统。

大型测试系统通常是使用单位信息化建设的一部分，作者在书中也介绍了如何与信息化建设衔接，达到全单位级共享的目的，产生知识库，使测试系统发挥更大的作用。

齐伟刚
北京国科环宇研发总监

前　　言

本书介绍在航空、航天、船舶等民用产品领域中测试系统的构建技术，包括框架软件的具体实现、C++和 Qt 技术，并完整描述一套总线仿真测试平台的核心设计、核心技术内容，可供读者参考、交流。

测试是所有产品研制过程中非常重要的一个环节。我结合这些年的测试系统研制心得，构建了一套总线仿真测试平台。这套测试平台融合了我多年的行业经验、使用了很多技术内容；同时，这套平台也服务了一些用户并得到认可，是一套有商业价值的系统。

工程实践是真实系统的研制过程，而设计是系统研制的核心。本书以通用测试系统框架为主线，贯穿行业领域知识、专业技术知识、实际的设计、技术的应用等。

1. 本书内容构成

本书分为以下 4 个部分。

第 1 部分为测试系统框架，介绍行业背景、通用测试系统、C++和 Qt 技术。

第 2 部分为关键技术，介绍实现通用测试系统的几个关键技术，包括核心的面向接口编程、动态创建技术、组态软件技术、脚本引擎技术。

第 3 部分为工程实践，介绍一套通用测试系统的具体设计与实现。这是本书的核心内容，具有较高的实际工程参考价值。

第 4 部分为测试信息化，介绍测试系统领域的测试信息化建设。传统测试系统更专注于完成实际测试，对测试管理、数字化、信息化关注少；而现代测试系统更重视测试信息化。

2. 面向的读者

本书面向的读者包括航空、航天、船舶等民用产品领域的工程技术人员，测试系统研发人员、使用人员，程序设计人员等。

（1）对于测试系统研发人员，本书向其展示了一套通用测试系统的核心设计，可以为其设计提供一些思路和参考。

（2）对于测试系统使用人员，本书可以提升其对测试系统的认识，了解复杂测试系统的构成。

（3）对于程序设计人员，本书介绍的 Qt 技术内容、程序设计、UML 应用等对其有所帮助。

本书主要介绍程序设计技术，但第 1 部分的前两章、第 3 部分的前两章及第 4 部分主要介绍测试系统，适合没有编程技能的读者阅读。

3. 致谢

本书的编写得到了很多同事、朋友的支持和鼓励，在此表示衷心的感谢。

能够有时间、精力编著本书，离不开家人的默默付出，十分感谢父母帮忙照看孩子，非常感谢妻子的理解和宽容。

编写本书的基础是我多年的工作积累，感谢这些年一同工作的同事、服务的客户，非常荣幸与你们在一起，你们是聪明、可靠、可信任的伙伴，你们的信任、认可、帮助让我一路走到现在，你们是我亲密的伙伴，非常感谢你们。

另外，感谢书中所有被引用文献的作者。

由于本人的水平和时间有限，书中难免有不足之处，恳请读者批评、指正。

联系方式：luoyangzwb@163.com。

赵文波

目　　录

第 1 部分　测试系统框架

第 1 章　测试系统 ……1

1.1　概述……2

1.1.1　测试 ……2

1.1.2　构建方法、步骤 ……2

1.1.3　测试的原理 ……3

1.1.4　应用价值 ……4

1.2　结构组成……5

1.2.1　硬件部分 ……5

1.2.2　软件部分 ……6

1.2.3　线缆 ……6

1.3　功能组成……7

1.3.1　基本功能 ……7

1.3.2　功能齐全的测试系统 ……7

1.3.3　自动化测试 ……8

1.3.4　一个误区 ……8

1.4　涉及的技术……9

1.4.1　总线通信技术 ……9

1.4.2　计算机软件技术 ……11

1.4.3　程控仪器仪表 ……12

1.4.4　硬件模块——数据采集、输出 ……14

1.5　实现……15

1.5.1　虚拟仪表 ……15

1.5.2　TestStand ……17

1.5.3　C++/Java/C# ……17

第 2 章　通用测试系统 ……18

2.1　通用化……18

2.1.1　面向的组织 ……18

2.1.2　实现通用化的方法 ……18

2.2　设计实现……19

2.2.1　功能配置 ……20

2.2.2　测试系统框架 ……21

2.3　应用阶段……23

2.3.1　研制阶段——调试测试 ……24

2.3.2 测试阶段——测试验证 ······26
2.3.3 生产阶段——自动化测试 ······27
2.3.4 测试信息化建设 ······29
第3章 C++和Qt ······31
3.1 C++ ······31
3.1.1 C++介绍 ······31
3.1.2 选择C++ ······33
3.1.3 C++与Java对比 ······34
3.1.4 C++的缺陷 ······35
3.2 Qt ······36
3.2.1 Qt的基本特点 ······36
3.2.2 Qt的两条技术线 ······38
3.2.3 Qt与MFC对比 ······40
3.2.4 Qt与其他界面库对比 ······40
3.3 使用Qt ······41
3.3.1 开发环境 ······42
3.3.2 工程思路 ······44
3.3.3 子类化 ······45
3.3.4 QObject ······47
3.3.5 QWidget ······47
3.3.6 QtTest ······48
3.4 基础架构 ······49
3.4.1 B/S和C/S ······49
3.4.2 Web应用 ······49
3.4.3 本地应用程序 ······51
第2部分 关键技术
第4章 面向接口编程 ······53
4.1 程序设计 ······53
4.1.1 面向过程和面向对象 ······54
4.1.2 面向接口编程 ······56
4.2 建模工具——UML ······59
4.2.1 类图 ······59
4.2.2 序列图 ······59
4.2.3 绘图工具 ······60
4.3 Qt中面向接口编程 ······60
4.4 几个设计模式 ······61
4.4.1 工厂模式 ······62
4.4.2 观察者模式 ······64
4.4.3 总结 ······66

第 5 章　动态创建技术……68
5.1　动态创建……68
5.1.1　动态库……68
5.1.2　运行时加载动态库……69
5.1.3　创建对象的方法……69
5.2　C++动态创建……71
5.2.1　原理……71
5.2.2　举例……72
5.3　Qt 动态创建……77
5.3.1　Qt 自定义控件接口……78
5.3.2　实现原理……79
5.3.3　Qt 插件……81
5.4　如何应用……83
第 6 章　组态软件技术……85
6.1　组态软件……85
6.1.1　测试系统中的组态……85
6.1.2　技术基础……87
6.2　Qt 组态支持……88
6.2.1　Qt 元对象系统……88
6.2.2　Qt 属性系统……89
6.3　Qt 自定义控件……93
6.3.1　Qt 设计师……93
6.3.2　自定义控件工程……94
6.3.3　Qt 设计师控件集合类……97
6.3.4　控件抽象接口类……98
6.3.5　自定义控件——排序列表……99
6.4　Qt 动态 UI……101
6.4.1　简单的方法……101
6.4.2　QUiLoader……103
6.4.3　QFormBuilder……104
6.5　组态框架软件……104
6.5.1　分析……105
6.5.2　子类化 QMdiArea……106
6.5.3　子类化 QToolBox……107
6.5.4　子类化 QTreeWidget……108
6.5.5　框架软件……109
6.6　重点是什么……111
第 7 章　脚本引擎技术……112
7.1　脚本语言……112
7.2　脚本引擎……114

7.3 Google V8 脚本引擎……115
7.3.1 编译 Google V8……116
7.3.2 使用 Google V8……116
7.3.3 脚本调用 C++函数……119
7.3.4 封装 Google V8……122
7.4 QtScript 脚本引擎……127
7.4.1 执行脚本……128
7.4.2 在脚本中调用 C++……128
7.4.3 C++调用脚本……130
7.5 性能对比……131
7.5.1 Google V8 性能测试……131
7.5.2 QtScript 性能测试……132
7.5.3 Python 性能测试……133
7.5.4 结论……134

第 3 部分　工 程 实 践

第 8 章　总线仿真测试平台……135
8.1 面向的领域……136
8.1.1 总线接口测试……136
8.1.2 仿真测试……136
8.1.3 硬件运行环境……138
8.2 软件构成……139
8.3 功能组成……141
8.4 特点……142
8.4.1 测试建模——更加通用……142
8.4.2 测试脚本——自动化测试……143
8.4.3 更加好用……145
8.5 优势……147
第 9 章　系统架构设计……149
9.1 设计理念……149
9.1.1 轻量化……149
9.1.2 简便化……150
9.1.3 自动化……150
9.1.4 终极目的——好用……151
9.2 技术选型……152
9.2.1 硬件平台……152
9.2.2 C++和 Qt……152
9.2.3 JavaScript……153
9.3 整体架构……153
9.3.1 概念设计……154
9.3.2 架构图……155

9.3.3 软件项 …… 157
9.3.4 数据流 …… 157
9.4 测试模型 …… 159
9.4.1 问题域 …… 159
9.4.2 解决之道 …… 161
9.4.3 组成 …… 163
9.4.4 “造轮子” …… 169
9.4.5 电子化 …… 172
9.5 功能设计 …… 174
9.5.1 软件功能分解 …… 175
9.5.2 插件 …… 177
9.6 数据存储设计 …… 179
9.6.1 文件存储 …… 179
9.6.2 数据库存储 …… 179
第 10 章 软件设计 …… 181
10.1 模块清单 …… 181
10.2 框架接口设计 …… 183
10.2.1 分析 …… 183
10.2.2 类图 …… 184
10.2.3 插件接口类 …… 184
10.2.4 测试执行框架的接口 …… 189
10.2.5 测试服务框架的接口 …… 193
10.3 序列图 …… 194
10.4 其他设计 …… 194
10.4.1 外部接口 …… 194
10.4.2 存储结构 …… 195
10.4.3 时间同步和心跳包等 …… 197
10.5 公共库 …… 197
10.5.1 测试模型 …… 197
10.5.2 动态创建模块 …… 201
10.5.3 文件存储系统 …… 202
10.5.4 JsV8 模块 …… 203
10.5.5 ATML 模块 …… 204
10.5.6 公共界面 …… 205
10.5.7 编写单元测试 …… 207
10.6 Qt 项视图技术——MVC …… 207
第 11 章 测试执行框架 …… 211
11.1 类图及组成 …… 211
11.2 通信服务模块 …… 212
11.2.1 类图 …… 212

11.2.2 实现框架服务接口……213
11.2.3 清单……213
11.2.4 接口类……214
11.3 前台界面模块……216
11.3.1 主框架类 MainWindow……216
11.3.2 主框架——公共槽函数……217
11.3.3 命令响应类……219
11.3.4 通信调试窗口……219
11.3.5 接口属性窗口……220
11.4 序列图……221
11.5 Qt 拖曳技术……221
第 12 章 测试服务框架……224
12.1 设计……224
12.1.1 性能设计……224
12.1.2 界面设计……225
12.1.3 插件机制……226
12.1.4 类清单……227
12.1.5 序列图……227
12.2 内部接口类……228
12.3 框架接口类……229
12.3.1 设备管理接口……229
12.3.2 资源接口……230
12.4 其他类……231
12.4.1 对象管理器……231
12.4.2 主程序……232
第 13 章 控件系统……234
13.1 设计实现……234
13.1.1 注册机制……235
13.1.2 获取实时数据……236
13.2 控件接口……236
13.2.1 默认实现……236
13.2.2 泛型模板类……237
13.3 序列图……237
13.4 控件举例……238
13.4.1 数值显示框控件……239
13.4.2 实时数据表格……241
13.4.3 实时曲线图……243
13.4.4 命令按钮控件……244
13.5 属性窗口插件……248
13.5.1 接口类……249

13.5.2 通用的 SCPI 模块 …… 250
第 14 章 通信模块 …… 252
14.1 实现原理 …… 252
14.1.1 模块标识符 sId …… 253
14.1.2 注册机制 …… 254
14.2 接口类 …… 254
14.2.1 属性配置接口 IConfig …… 255
14.2.2 总线读写接口 IIO …… 256
14.2.3 IDrive 的默认实现 …… 257
14.3 序列图 …… 257
14.4 插件举例 …… 258
14.4.1 数据生成器插件 …… 258
14.4.2 问答通信模块 …… 262
第 4 部分 测试信息化
第 15 章 测试信息化建设 …… 265
15.1 Web 技术 …… 265
15.1.1 基础技术 …… 266
15.1.2 库、框架、概念 …… 266
15.2 信息化 …… 267
15.3 测试信息化 …… 268
15.3.1 整体架构 …… 268
15.3.2 应用层 …… 269
15.3.3 数据服务层 …… 270
15.4 热门概念 …… 270
第 16 章 总结 …… 272
16.1 工程实践 …… 272
16.2 软件研发知识图谱 …… 273
16.3 软件工程 …… 275
16.4 待改进项 …… 275
附录 A 应用案例 …… 277
参考文献 …… 278

第1部分　测试系统框架

本部分有三章，介绍本书面向的测试系统行业、测试系统组成和原理，通用测试系统的概念及实现方法，通用测试系统的应用阶段，适合构建测试系统的程序设计语言 C++和图形界面库 Qt。

第 1 章为测试系统，介绍测试系统的行业背景知识，包括基本概念、组成、涉及的技术、原理，概括性地描述测试系统的方方面面。

第 2 章为通用测试系统，介绍通用测试系统的概念及实现方法、通用测试系统可以应用的阶段等。

第 3 章为 C++和 Qt，介绍 C++的一些特点；与其他语言的比较，选择 C++的原因；描述图形界面库 Qt，Qt 的概述、特点，界面库的比较，选择 Qt 的原因。

第 1 章　测 试 系 统

测试是工程研制中的一项重要工作。工程研制中的各类产品都需要测试，测试验证其是否符合预期要求，或者给出定性定量的指标。测试过程贯穿产品研制的各个阶段，可行性研究、方案设计、关键技术攻关、研制、生产、集成、环境试验、验收等都涉及测试工作。

测试工作涉及设计测试用例、测试方法、测试手段、搭建测试环境等。具体的测试方法有很多种，简单的测试方法有用万用表测量输入、输出，复杂的测试方法需要各种仪器仪表，还有的需要用软、硬件设备搭建专用测试系统。

为满足对产品实施测试的需要而研制建造的系统是测试系统。测试系统不区分领域，军用产品、民用产品、航空系统、航天系统都有各种复杂的测试系统。测试系统不区分产品的大小，根据系统工程论，系统、分系统、子系统、设备、部件、软件等都需要测试系统辅助测试验证。

测试分为侵入式测试和非侵入式测试：侵入式测试类似于医疗中的“穿刺活检”，需要对被测硬件或软件进行一定的改造，注入或引出测试信号进行测试；非侵入式测试则是通过被测对象固有的对外软/硬件接口进行测试。本书中的测试特指非侵入式测试。

有些产品具有丰富的外部总线接口，一些测试用例的执行需要通过这些外部总线接口来完成，通过这些总线接口来测试产品的工作状态、验证产品是否符合设计要求等。

这里的测试系统主要针对有现场总线通信接口的产品。

本书从测试系统工程实践角度，论述基于 C++、Qt 技术实现一个具有高可用性的测试系统框架，内容涉及测试系统总体设计、测试系统软/硬件架构设计、测试系统软件模块分解、软件接口设计等工作，对测试系统一线研发人员具有一定的指导作用。

1.1　概述

测试系统是工程研制中重要的组成部分。测试是指通过各种方法、手段，对所研制的产品执行测量、采集、判断，以确认是否满足预期的各项要求，最终得到定性、定量的结论。

这里的测试系统是指在工程研制领域中，将能够执行测试的若干部分组合成一个有机整体，用于执行测试功能、辅助测试工作的系统，这些组成部分包括仪器、仪表、采集测量板卡、总线通信卡、计算机硬件、计算机软件、线缆等。

1.1.1　测试

在测试工作中涉及被测对象、测试方法、测试用例等内容；测试系统依赖于具体的被测试对象，能够实现具体的测试方法，能够执行测试用例；测试系统与测试工作息息相关。

1. 被测对象

被测对象是需要被测试的实际产品，如一台设备、一套子系统、整体卫星、卫星上的单机。被测对象是多种多样的，如车辆、船舶、飞机、卫星上的各种设备、部件、子系统。本书中的被测对象主要指工程研制领域中有外部总线接口（简称对外接口）的各类设备、子系统、系统、元器件等，这类被测对象往往具有复杂的功能，需要构建测试系统来执行测试。

2. 测试方法

各种不同的产品的测试方法也不同，对于纯软件产品而言，常用的方法是通过软件图形界面、鼠标点击、录入数据、观察界面的结果来执行测试。对于一些硬件设备，没有可供人操作的键盘、鼠标、屏幕显示，只有输入/输出总线。这类硬件产品的测试必须使用总线通信卡、测试软件、基于外部总线接口执行测试，需要构建软/硬件的测试系统来执行测试。

3. 测试分类

在工程研制中根据研制阶段、测试的目的，将测试分为很多分类，常见的有功能测试、部件测试、单元测试、集成测试、系统测试、接口测试、性能测试等。很多被测对象的外部总线接口既能用于验证功能，也能验证性能等，例如常见的外部总线接口通信功能。

通过外部总线接口执行通信，是可以用在各种测试中的一种测试方法、测试手段。

4. 测试用例

在各类产品的研制过程中，需要根据设计要求、功能指标、性能指标等设计覆盖性全的测试用例，通过测试用例验证出结论。测试用例应有明确的执行步骤、明确的输入、明确的输出、明确的判定，明确的输入对应明确的输出。设计测试用例要考虑如何执行，既可以手动用仪表测试、纸笔记录，也可以使用软/硬件的测试系统。

1.1.2　构建方法、步骤

在工程研制中确定要使用测试系统后，就需要构建测试系统。此时，先整理出测试需求、软/硬件指标；然后构建、研制测试系统；最后调试、对接、使用起来。具体步骤如下。

1．整理出测试需求

在构建测试系统的初期，收集、分析、整理出被测对象的测试需求。可以根据设计文件、指标要求、外部接口要求、性能要求等，分析哪些需要测试、如何测试，得出测试项、整理出对测试系统的要求，即测试需求。

根据工程管理的具体情况，还需要再确认测试需求，召集相关人员对测试需求做评审，得到确认后的测试需求，作为整个测试系统构建的基础。

2．测试需求的组成

根据不同的工程管理要求，测试需求会有细微差别。总的内容包括测试系统的功能组成、硬件组成、总线接口组成、性能指标、环境要求等，特别的还会有重量、体积、便携等要求。

在测试系统中有一些容易被忽略的属性要求，需要将其明确到测试需求中，测试系统的复杂度往往取决于这些属性要求（如下）。

（1）扩展性要求：在工程研制的过程中，有时会出现变更情况，导致也要修改测试系统，此时就要求测试系统具有适应性、扩展性，少量修改即可满足被测对象的变更，不能因少量的变更导致测试系统推翻重来。

（2）性能指标要求：测试系统的研制和所有的工程研制一样，要明确详细的指标，常见的有实时响应时间、通信速率；软件的性能指标有界面响应时间、界面刷新频率、数据存储容量、连续稳定运行时间等。

3．软/硬件选择

根据测试需求文件、资金情况，选择商用总线通信卡、信号采集卡、计算机等成熟的硬件模块。若没有成熟商用硬件支持，则需要自行研制硬件模块。

可以选择合适的编程语言开发测试软件，也可以根据被测对象的领域，找一些成熟的框架软件产品、做少量开发实现，如本书第 3 部分介绍的总线仿真测试平台。

4．实现测试系统

根据软/硬件选择，实现功能、构建测试系统，满足测试需求。

1.1.3　测试的原理

在很多情况下，测试工作更多的是测量。一些资料对测试的定义：测试是对被测对象在试验全过程中进行各种参数的动态测量，所以测试中应用了很多测量技术。对于具有外总线的各种设备，在设备内部做了很多测量，通过总线通信数据包回馈这些测量值，这些也是对被测试设备的动态测量。测试系统包括测量和测试两个部分。

1．测量

测试系统要解决的一个大问题：获取被测对象输出的各种信息，其中包括模拟量、数字量、各种信号、总线通信信息等，此时更加偏向于测量，测试和测量也是分不开的。

根据被测对象的外部总线接口，实现总线通信协议、能够和设备进行总线通信；这需要设备具有总线通信功能，有些设备没有对外总线接口，但是会有其他输入/输出，如模拟量、开关量、射频信号等这种可以交互的信号，然后通过计算机的数据采集卡、仪器仪表等，将这些信号采集到计算机中，之后由软件负责处理。能够测试的前置条件是有对外的输入/输出接口。

2．测试

测试系统需要生成激励信号，将激励信号发送给设备，并接收设备反馈的状态信息。

（1）生成激励信号、发送给设备，根据测试需求，生成指定的激励信号，如总线发送的指令包、输出模拟量、开关量控制信号、上电/断电信号，之后，测试系统将这些激励信号发送给被测对象。例如，有些设备有电压采集功能，可以用电池作为信号源，让设备来采集这个电池的电压，读取设备外部总线接口上反馈的采集值，验证设备采集是否正确。

（2）接收设备反馈的状态信息，具有总线的设备都会定义很多状态包，这些状态包中有各种有用的参数值，通过这些有意义的值，可以验证设备的工作状态。没有总线的设备，可以采集设备上的其他输出值，如温度、电压、电流等，也能达到测试的目的。

测试原理是：给设备发送激励信号，采集设备的反馈值，判断是否符合要求。

1.1.4　应用价值

在工程研制中应用了测试系统后，会有以下应用价值。

1．提高测试有效性

测试工作非常重要。产品设计是否符合要求、指标是否满足等，都必须通过测试才能确认。然而，测试工作也受各种因素（包括测试方法的可靠性、测试工具的可靠性、测试环境的复杂度、手工测试的失误率等）的影响。应用测试系统可以规避这些问题，提高测试有效性。

2．提高测试自动化水平

基于测试系统的自动化测试功能，可以降低测试工作的劳动强度、提高测试效率、提高测试可靠性、加快测试问题复现与定位。自动化测试功能可生成激励信号、发送激励信号、判断反馈值、处理异常、生成测试报告等，能够自动执行，最大限度地减少人为因素导致的各种问题，提高测试准确性、可靠性，同时减轻测试人员的工作强度。

3．提高扩展性、降低成本

一套测试系统可经扩展应用于多个产品型号测试，不用为每个产品型号重复构建测试系统。通过测试系统的扩展功能，可以将测试系统应用到多个产品型号，从而降低成本。

4．奠定数字化、信息化的基础

应用测试系统后，各类测试数据、测试日志、执行过程、测试用例都会存储在计算机软件系统中，并能通过软件查询、分析、导出。通过测试系统可以安排测试计划，管理测试工作，查看测试工作进展、执行情况，管理测试过程、测试资源；通过软件系统对人员、账号、权限进行管理。这些功能实现了测试工作的数字化管理，应用了测试系统就完成了初步的测试信息化工作，拥有了数字化、信息化的相关价值。

1.2 结构组成

一套测试系统至少由硬件部分、软件部分、线缆这三个部分组成，如图 1-1 所示。

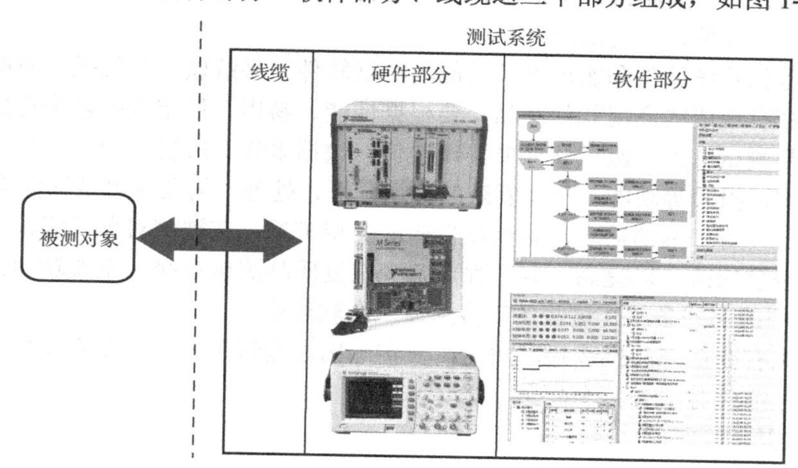

图 1-1 测试系统的结构组成

对于复杂的测试系统，基本的测试原理是与被测对象进行交互，必须有用于测量、采集、通信的硬件，有用于执行数据显示、存储、分析的软件，有线缆与被测对象连接。因此，复杂的测试系统的结构组成，也是硬件部分、软件部分、线缆。

软件部分包括各种系统软件、应用软件，如操作系统、数据库、编程语言，测试控制软件、测试应用软件、数据分析软件等。所有这些软件可以运行在一台计算机中，例如都运行在一台工控机（工业控制计算机）中，将工控机作为执行测试的计算机。软件也可以部署在多个计算机中，例如常见的上位机、下位机，此时上位机提供人机操作的各类应用软件，下位机运行实时后台软件。

硬件部分也可以有多种组成，如面向被测对象且负责数据交互的硬件模块、多台执行测试软件的计算机、负责实时通信的下位机、各种专用仪器仪表等。

虽然用于连接的线缆、接插件等也是硬件，但因为它们只是连接，不是通信、采集数据的硬件模块，所以将线缆单独作为一个部分。

基本的组成结构不会变，在具体测试需求中，可根据测试需求的复杂度，实际设计出自己需要的测试系统组成结构，既可能简单明了，也可能非常复杂。

1.2.1 硬件部分

实现被测对象的交互是测试系统的重要工作，这些交互包括信号采集、信号输出、总线通信，实现这些交互必须有硬件支撑。

硬件是那些能够与被测对象建立物理连接的各类物理实物，如各种信号采集卡、信号输出卡、总线通信卡、专用仪器仪表（电源、示波器、数字万用表等）、微小型数据采集模块等。构建测试系统时，根据测试需求来选择各类硬件模块，选择商用产品或自行研制。

硬件也包括运行测试软件的计算机，如工控机、个人计算机、微小型计算机等。

测试系统的基础是硬件，没有硬件支撑则一切都是空谈。

1.2.2　软件部分

软件部分控制各硬件模块、实现各种功能、执行测试，最终呈现给用户使用，是测试系统中最重要的部分。一套测试系统是否好用，往往体现在软件上。

多数情况下，软件是最复杂的部分。

软件部分包括系统软件和实现测试功能的测试软件。系统软件包括操作系统、数据库、编程语言等，都有现成的商用软件产品，要根据性能、易用、稳定等因素进行选择。实现测试功能的软件是测试软件，测试软件要实现通信、数据采集、解析、处理、存储、显示、流程、控制、查询、报表等功能，一些复杂的数据分析、处理也需要用测试软件实现。

测试系统通常有扩展的需求，测试软件应能支持扩展，在被测对象升级、变更后，只需对测试系统做少量修改，以提高可复用性，减少重复研制测试系统。正如功能齐全的测试系统（1.3.2 节）中的那些条款，这些条款多数体现在软件中。

测试软件也有商业产品供选择。然而，在实际构建测试系统时，要将商用产品的功能和实际测试需求仔细核对。

1. 测试软件

在测试系统的构建过程中，测试软件需要完成很多任务，应避免将软件定位成一个通信、数据显示的小软件模块。考虑测试工作的阶段、参与人员、测试系统的特点、总线通信的特点等，应详细分析软件的功能，所以需要在软件系统上下功夫，设计一套功能丰富、强大的软件系统，呈现给使用者。框架软件是应用广泛的一种软件技术，在很多软件组织中都有自己的框架软件，很多行业应用软件也都有框架软件。测试系统也可以实现为框架软件，提供开发接口、插件等。

2. 关于人机交互

各种工业领域中的应用软件，其常见运行环境是工控机，用户使用鼠标、键盘、显示器来操作。但在一些生产现场，这种操作模式还是不太方便，所以有些人想使用平板电脑。平板电脑便携、方便使用。然而，平板电脑没有很多的外设接口，对于总线、数据采集等现场测试来说，平板电脑无法实现。一种权衡的方式是：现场用独立的硬件模块转无线通信，由平板电脑上的无线接口接收数据、实现交互。

3. 软件的复杂度

很多测试系统的用户更多地关注硬件的指标、硬件的实现，而对测试软件关注不多。然而，最终呈现给用户使用的、用户使用最多的往往是软件。因为软件功能直接影响测试工作，所以要关注测试软件的设计。

因为软件复杂会使研制成本上升、费用增加，所以可以选用一些成熟的测试系统框架，以减少从头研制的成本。

1.2.3　线缆

线缆是将硬件部分与被测对象连接的导线集合，因为导线中会传递电信号，所以线缆涉及电磁保护、衰减、屏蔽等一系列问题，其可靠性非常重要，可选择标准化成品线缆，但有时也需要找加工厂制作非标准化线缆。

1. 连接器

线缆的两侧会有拧到设备总线接口处的接插件。因为接插件实际上插入设备，所以接插件的可靠性也是非常重要的。最常见的连接器是 9 针串口，市面上非常多，少见的是一些自定义的连接器。作者见过的最复杂的连接器是个圆形连接器，有手掌心那么大，密布近百个针脚，包括多种总线、通道等，都定义在一个连接器中，真的是很复杂。

2. 排错

在调试总线通信时，如果通信不成功，首先需要检查线缆，确认线缆是否损坏导致不能通信。确认的方法很简单，用万用表调至导通状态，然后在线缆的两端逐个地测试针脚，确认线缆是否断开，再仔细核对设计文件，检查接插件中各针脚的定义。

3. 无线 RF（Radio Frequency，射频）

测试现场会有大量的线缆，产生一系列的问题，如增加了重量导致不便携、测试现场线缆混乱、反复插拔容易损坏、接插容易出错。因此，无线缆化是一种趋势，采用 RF 传输各类信号在技术上是可行的，并且有些单位的测试现场也采用了这种方式，如一些总装集成现场。采用这种方式也要看具体的被测对象能否支持用 RF 转接、测试现场是否允许使用无线信号设备等。

1.3　功能组成

测试系统虽然是基于特定测试需求构建的，但总有一些共性，如都需要实时数据显示、都需要编辑发送控制指令、都需要测试数据存储查询等。差别是不同被测对象有各自的数据内容、数据来源、数据格式等。共性是基本需求、基本功能。

1.3.1　基本功能

测试系统的基本工作是能获取到被测对象的各种信息、数据，能够对这些数据进行处理、分析、展示，能够生成激励信号、将激励信号发送给设备，能够存储、查询各类数据、日志等。测试系统的基本功能如下。

（1）信号采集、信号输出、总线通信，信号处理、数据解析。

（2）数据显示，如实时曲线图、数据统计表格、状态图标等。

（3）发送激励信号、发送控制指令，编辑、生成、发送激励信号与控制指令。

（4）各类数据的再处理功能，转换系数、计算公式、组合运算等。

（5）实时数据的采集、接收、处理、显示、存储。

（6）历史数据查询、导出、基本分析、绘图、历史曲线图。

1.3.2　功能齐全的测试系统

除基本功能外，有的测试系统还有更多的功能，包括配置运行环境、配置参数、运行参数、测试流程编辑等。加入各种配置参数后，测试系统的复杂度也会增加。

下面摘录一段《航天器电测技术》中对功能齐全测试系统的定义，这里将这些条款认为是测试系统的评价标准，满足这些条款才被认为是功能齐全的，而且这些条款不会随技术更新、时代变迁而产生变化，不论采用什么样的技术实现，只有满足如下条款，才被认为是功能齐全的测试系统。

具备以下功能的系统可被认为是功能齐全的测试系统。

（1）多进程、多平台、分布式运行。

（2）多平台、多操作系统、可移植性。

（3）高度可配置功能模块。

（4）功能的可扩展性、可重用性。

（5）丰富的测试控制语言。

（6）实时存储数据、回放数据。

（7）单一集中式多用途数据库。

（8）方便易学的人机接口。

1.3.3　自动化测试

在测试领域中，相比人工一条一条地执行测试，自动化测试更能快速、准确地执行测试，所以实现自动化测试是非常重要的。

测试自动化是一个相对的概念，对测试结果做到故障分析和定位，应该属于测试的智能化，是更高级的自动化。

按照程序能控制下述五种操作自动进行的测试可被认为是自动化测试。

（1）自动生成和改变输入信号（激励）源。

（2）自动控制被测对象输入和输出的通断，构成不同的测试模式。

（3）自动测量和记录输出信号。

（4）自动对测量数据进行处理。

（5）自动显示和打印最后的结果。

1.3.4　一个误区

研制测试系统时，在前期要与测试需求方对接需求。总是有些用户会说：我们的需求很简单，你们只需要用某总线“接收点数据、解析并显示一下、然后再发点数据”。此时，一定不要盲目行事，务必多询问，仔细弄清用户的所有需求。因为这句话的后面可能隐含各种需求，如是否有一些配置化、参数化的需求、是否有数据分析和处理，一定要多问、多确认。

也有的用户方在测试系统方面经验丰富，能够一次把自己的需求（如基本需求、配置化、参数化、扩展机制、未来型号产品的适应性、性能需求等）都讲清楚。

“接收点数据、解析并显示一下、然后再发点数据”是基本原理、基本要求。把这句话展开逐个进行分析就得到了如下基本需求。

（1）“接收点数据”。需要弄清楚：从哪里接收数据、是一路总线还是多路总线、多路之间是否有交叉关系、是否有通信协议、通信协议是否复杂、通信速率、数据量等。

（2）“解析并显示一下”。需要弄清楚：如何解析数据、数据格式如何、是否有公式计算、是否有系数、是否有性能要求、是否显示原始数据、是否显示表格、是否显示统计最大值或最小值、是否需要实时曲线、是否放大或缩小曲线、是否有标线、是否需要存储、是否存储原始数据、是否需要查询历史数据等。

（3）“再发点数据”。发点数据一般指发送指令。需要弄清楚：指令格式如何、是否有编码系数、是否需要保存或导出指令数据、是手动发送还是定时发送、发送之后是否需要判断、是否需要保存日志、是否有测试流程等。

研制测试系统时，一定要按照上述内容逐条进行询问、确认好用户需求，并落实到文件中，以便用户在日后提出已确认的用户需求之外的改动时，可以拿出该文件指出当时没有提出该需求，额外需求或改动需要增加费用。

1.4　涉及的技术

由于被测试对象千差万别，要测试这些产品，就要根据被测对象的特征、测试需求针对性地构建测试系统，所以构建测试系统会使用很多技术。

多数具有总线通信的产品会应用到下述技术。

1.4.1　总线通信技术

总线通信技术有很多内容，在测试系统领域中主要涉及通过总线和被测对象交互。

1. 计算机总线

计算机总线：各类计算机、设备、元器件之间用线缆连接，能够传递信息、互相通信，常见的是很多设备都具有的串口、航空航天领域中的 1553B 总线、车辆和卫星中的 CAN 总线。总线可以传输数据，设备通过总线向外部发送各类数据，总线上的其他设备可以接收数据、向其他设备发送各种数据包。

总线是计算机各种功能部件之间传送信息的公共通信干线，它是由导线组成的传输线束。按照计算机所传输的信息种类，计算机总线可以划分为数据总线、地址总线和控制总线，分别用来传输数据、数据地址和控制信号。总线也是一种内部结构，它是 CPU、内存、输入设备、输出设备传递信息的公用通道，计算机的各个部件通过总线连接，外部设备通过相应的接口电路再与总线连接，从而形成了计算机硬件系统。在计算机系统中，各个部件之间传送信息的公共通路叫总线，微型计算机是以总线结构来连接各个功能部件的。

2. 总线的分类

在计算机总线的分类中，有计算机内总线、计算机外总线。计算机内总线指计算机内部各组成间通信的总线，计算机外总线指该计算机与其他计算机之间通信的总线。本书中提到的总线泛指计算机外总线。

3. 计算机网络

在常见的以太网（Ethernet）通信中，约定了计算机网络的五层模型，其中的物理层约定了电气特性。严格地说，总线应该是以太网中物理层的内容，但在日常描述中，经常会把总线和计算机网络混在一起，总线是实现计算机网络的基础。

在本书中，把能用线缆连接，又能传递数字量、采集模拟量、输出模拟量等，传递电信号能被计算机处理的，都归属于测试系统要面对的总线。

4. 常见的计算机外总线

用于在计算机之间传递信息的计算机外总线有很多，常见的计算机外总线如表 1-1 所示。

表 1-1　常见的计算机外总线

总线	应用介绍
CAN	实时性高，在汽车领域的应用非常广泛，用于车辆上各种设备间的控制、数据传输。卫星上的应用也比较多，包括计算机网络模型中的物理层、链路层、传输层，具体应用时还需要定义应用层协议
1553B	军用领域的高实时、高可靠总线，最初在飞机领域中应用，之后在卫星、火箭、各类航天器上基本是标配。包括计算机网络模型中的物理层、链路层、传输层，具体应用还需要定义应用层协议
RS422/RS485	各类民用产品用得多，RS422/RS485 只约定电气特性，没有网络地址等概念，需要单独定义协议，如 Modbus 协议
LVDS	高速数据传输应用比较多，如在卫星上的相机和传输设备之间用 LVDS 传递图形数据
UART/SPI/I2C	在设备内部，小型封装模块和元器件之间的通信用得比较多，作为设备整体对外接口的不多
Ethernet	在最常见的计算机网络、各类计算机通信中常用。在航空、航天领域中，包括机载设备、星上设备间很少有 Ethernet。在这些领域中对实时性和可靠性的要求很高，Ethernet 经过五层网络模型的层层转换，其实时性肯定降低，所以不适用
ARINC428	飞机航电中常见的总线，在军用、民用飞机中使用都比较多。ARINC428 中规定使用双绞屏蔽线以串行方式传输数字数据信息，信息为单向传输，即总线上只允许有 1 个发送设备，可以有多个接收设备（小于 20 个），总线的数据传输率为 12.5～100kbps，传输字为 32bit

除传递数字量的各类总线外，测试系统还需要处理各类模拟信号，如采集设备上的电流值、温度值，采集脉冲信号，控制上电/断电、采集开关信号。

5. 总线的具体描述

每种总线都有相关的标准文件、书籍，描述总线不是本书的重点，关于各总线的详细描述，请参考相关标准文件、书籍。

6. 通信协议

在计算机通信技术中，总线实现的是计算机能够通信，在总线中传输的各类信息、数据是通信各方最关注的内容。因此，需要制定通信协议。在计算机通信中为了使设备之间有效进行通信，所定义的一组协调一致的传送数据格式的规则称为通信协议。

在计算机网络的五层模型中，除物理层外，各层都会有通信协议，很多协议都是标准化的，如以太网的传输层协议 TCP（Transmission Control Protocol，传输控制协议）/UDP（User Datagram Protocol，用户数据报协议）。在测试系统中处理的通信协议，多数是应用层协议，既有标准的，也有自定义的。

在各种领域中有很多标准化的通信协议，如仪器仪表的 SCPI、工业领域的 Modbus、空间数据通信的 CCSDS 等。这些协议是各种委员会（如国际的 IEEE）约定的。在测试系统中实现这些标准化协议，遵照对应标准文件即可。

除各种标准协议外，还会有很多自定义的协议。各种产品在设计实现时，会自定义通信协议。测试系统中处理最多的便是各种自定义的通信协议。

1.4.2　计算机软件技术

计算机软件技术实在是太丰富了，如人工智能、大数据、云计算中各种软件技术，细分有组态软件、框架软件、B/S 软件技术、C/S 软件技术等。程序设计语言方面有数十种流行的编程语言，每种语言又有丰富的代码库、框架。

有丰富的软件技术，并不会造成混乱、不会让技术人员不知所措，因为针对不同领域、不同软件，有各自适合的软件技术。我们需要针对所研发的软件、所面向的领域，选择合适的软件技术。例如，在安卓手机开发中，可以选择 Java 开发应用软件；在互联网各类 Web 应用程序中，可以选择 J2EE、.Net、PHP；在 Web 前端页面中，可以选择 HTML/CSS/JavaScript 等。

1．软件分类

计算机软件从不同的角度可以有很多分类，如本地应用程序和 Web 应用程序、应用软件和系统软件、单机软件和网络软件等。所有这些软件都有很多种技术来实现。根据测试需求的复杂度，研发的测试软件应归属为应用软件。

2．程序设计语言

计算机软件是用各种编程语言实现的，用编程语言编写程序代码、编译生成软件。编程语言有多种，每年既有新出现的编程语言，也有消亡的编程语言。主流的软件开发语言仍然是 C++/C/Java/C#等，因为这些语言有各自的优势，所以这么多年一直在流行，其他的语言相对小众、其使用者相对少一些。C++、Java、C#都可以用来实现测试系统。本书介绍的总线仿真测试平台是基于 C++和 Qt 构建的一套软件系统。

脚本语言也有很多种，能完成很多事情，但脚本语言不能开发常规的软件。在测试系统中可以应用脚本语言，用于公式计算、执行测试流程，在后续的章节中将详细描述。

3．低代码

最近几年在互联网世界有一个流行的概念——低代码：编写少量代码生成软件，采用鼠标点击设置、属性修改、图形编辑等方式，可以生成一套应用程序。

低代码应用较多的领域包括一些企业门户网站的自动生成、手机应用软件的自动生成、微信小程序的自动生成等。这类应用程序的复杂度不高，内容重复性很强，在开发过程中大量的代码可以复制、粘贴，所以适合这种低代码方式。

在测试系统中可以借鉴低代码，用低代码实现的配置化、图形化编程可降低编写测试流程、测试脚本的复杂度。

4．图形化编程

在互联网技术最火热时，有很多图形化编程技术，如 Google 的可视化编程工具，其中的绝大多数是辅助生成文本代码的。

在测试系统中测试流程、测试用例，需要顺序执行，以图形化的方式可以非常直观地表示出来，与很多软件功能的工作流有些相似。工作流是很多业务管理类软件中都有的功能，如合同的审批流程，在软件系统中可以看到每个步骤、是否审批等信息。因为测试系统中的测试用例是顺序执行的测试，与工作流类似，所以可以参考工作流的方式，表示、编辑测试用例。

5．传统的测试系统

传统的测试系统都是基于客户端/服务器（Client/Server，C/S）模式的软件，多数是用C++/.Net/ LabView 等开发的本地可执行应用程序。本地可执行应用程序即常见的 exe 程序，其特点是方便访问硬件资源、实时性高，在浏览器/服务器模式大行其道的今天，该特点是其仅存的优势，而浏览器程序不具有该特点。除去硬件交互的内容，很多功能归属于应用软件的范畴，用现在流行的浏览器/服务器模式，将这些应用软件功能实现出来也是可行的。

6．互联网中的软件技术

互联网技术的发展带动了整个计算机软件行业的技术发展，传统行业的计算机软件技术也在参考互联网的各种技术，有些复杂的测试系统，以基于私有云平台的方式构建。目前，主流的云平台开发技术使用 Java。Java 是一种使用广泛的计算机程序语言，也有一些企业使用 Java 开发测试系统，Java 自带了跨平台的特性，Java 也能支持一些对跨平台有要求的场景。

在扩展方面，基于 Web 技术有流行的微服务概念、容器化部署等。这些技术有很多优点、解决了很多问题，也能够使 Web 应用支持扩展，方便地加入新的功能。

容器化提供了应用的基础运行环境，应用程序调用容器化环境提供的各种库、函数、接口代码、性能优化等，之后应用程序不需要关心具体的硬件环境、运算资源等。这在互联网的各类应用中很重要，可以方便地升级硬件资源、移植硬件环境，而不需要修改应用代码。但在测试系统的应用软件中，一部分功能与硬件打交道，这部分程序不需要容器化。测试系统中的应用程序部分，如数据分析、数据应用、数据管理等，已经脱离了硬件交互，也不太需要考虑性能等，基于前、后台分离的设计，一些应用功能可以考虑使用容器化的技术。在后面的一些章节中讨论一些 Web 技术的应用。

7．本书的重点是软件技术

为应对测试系统的复杂度，测试系统中会使用框架软件技术，基于平台、框架、插件、扩展等方式，使测试系统成为一个容易扩展的测试软件平台，避免出现不通用、重复开发导致成本上升、增加研发周期、稳定性等问题。

在后面的章节中专门描述框架软件技术及一些具体的实现。

1.4.3　程控仪器仪表

在测试系统中为了获取、模拟、测量各类信号，避免不了使用各种仪器仪表，用仪器仪表测量、获取被测对象的各种属性值、输出值，用仪器仪表提供输入值、模拟量。例如，常见的是用程序控制电源供电、断电，执行上/断电测试。仪器仪表技术也是测试系统会涉及的重要技术内容。在测试系统中使用仪器仪表，基本上都是使用仪器仪表的程序控制功能，即程控技术。

1．程控技术

程控即程序控制的简写。计算机程序控制仪器仪表执行测试工作，计算机通过网口、串口、USB、GPIB 等方式连接到仪器仪表，然后在计算机中运行程控程序，基于这些连接与仪器仪表建立通信，控制仪器仪表执行测量、读取测量值、控制输出等，实现程序控制。

绝大多数现代化的仪器仪表都支持程序控制，仪器仪表的程控技术中有 SCPI。

2. SCPI

IEEE 制定了很多标准，绝大多数公司、企业都会遵守这些标准。SCPI（Standard Commands for Programmable Instruments，可编程仪器标准命令）定义了一套用于控制可编程测试测量仪器的标准语法和命令。

SCPI 于 1990 年与 IEEE 488.2 协议一起面世。这套标准定义了可用于控制仪器的语法、命令结构及数据格式。例如，定义了通用的命令，如配置仪器参数的命令 CONFigure；测量命令 MEASure 等。这些命令可用于支持 SCPI 的仪器，并且同一类的命令属于同一子系统。SCPI 同时也定义了若干仪器的种类。例如，任何可控制的电源都会实现 DCPSUPPLY 基本功能类型。仪器的类别规定了它们会实现什么样的子系统，当然也包括针对仪器的特定功能。

需要注意的是，SCPI 并未定义物理层的传输信道的实现方法。虽然它最开始是与 IEEE 488.2 协议一起面世的，但 SCPI 控制命令也可用于串口、以太网、USB 接口、VXIbus 等若干硬件总线。

SCPI 命令是 ASCII 字符串，通过物理传输层传入仪器。命令由一连串的关键字构成，有的还需要包括参数。在协议中，命令规定为如下形式：CONFigure。在使用中，既可以写全名，也可以仅写仅包含大写字母的缩写。通常，仪器对于查询命令的反馈也为 ASCII 代码。在传输大量数据时，二进制数据也是可以使用的。

此外，也有很多仪器仪表厂家自己定义了非标准的程控协议。非标准的程控协议会千差万别，例如在程控命令方面，有些厂家定义了自己的字符串命令格式，有些厂家定义了二进制数据的命令格式。针对这些非标准 SCPI 的仪器仪表，测试系统中也需要编写代码进行程控。

3. VISA

VISA（Virtual Instrument Software Architecture，虚拟仪器软件结构）是由 VXI plug&play 联盟制定的 I/O 接口软件标准及其规范的总称。VISA 提供用于仪器编程的标准 I/O 函数库（称为 VISA 库）。VISA 库驻留在计算机系统内，是计算机与仪器的标准软件通信接口，计算机软件通过它来控制仪器。

在 C/C++、Java、C#、LabView 等编程语言中都可以使用 VISA。在使用 VISA 前需要先安装它，常用的安装包是 NI 的 VISA 安装包。安装好之后，在安装目录中有 h 文件、lib 文件、dll 文件，在 C/C++代码中引用头文件、链接 lib 文件，就可以编译执行，软件会在系统的根目录找到 VISA 的 dll 文件并加载。在没有安装 VISA 的计算机环境中，则需要安装 VISA 或者复制 VISA 的 dll 文件，并且 VISA 的版本必须与程序调用的版本一致，否则可能出错、带来不便，这也是使用 VISA 的一个缺点。

在 Java 语言中，可以通过 JIN 调用 dll 文件的方式来调用 VISA 库。

编写仪器仪表的程控代码，不一定非调用 VISA 库，也可以调用操作系统的 socket 函数与 IO 函数、调用配套驱动库函数，根据 SCPI 命令、通信协议，编写代码实现通信与程控。

4. VISA 的缺点

使用 VISA 会导致引入一个外部依赖，可能产生一些问题。例如，开发环境与部署环境的 VISA 版本不一致，导致开发环境正常、部署环境不正常，需要反复确认 VISA 版本等。想减少外部依赖，就少使用 VISA。

1.4.4 硬件模块——数据采集、输出

硬件部分用于与设备交互，建立物理上的连接、采集信号、输出信号、通信控制。常见的方式是选择市场已有的各种商用计算机、数据采集卡、信号输出卡、总线通信板卡、总线模块、数采模块。这些计算机、板卡是稳定可靠的，并经过商业验证，已经具备了基本的稳定性、可靠性，适合用于构建测试系统。

在极少的情况下，市场上的各类商用板卡不满足需求，此时可能需要自己研制，想办法满足需求。常见的是一些高速通信板卡，如 LVDS 总线高速传输图形数据，以几百兆或千兆的速率传输并解析数据，这种需求没有现成可用的 LVDS 通信模块，必须自行研制接收板卡、插入工控机中。

使用数据采集卡、通信板卡，都是为了解决交互的问题，可以组合选择的方式也比较多。

1．工控机+板卡

常用的工控机+板卡是指工控机+各类数据采集卡或各种总线通信卡。工控机应用在工业领域中，其特点是温/湿度指标高、长时间工作、稳定可靠、扩展槽多等。在工业领域的生产、制造等对稳定性、可靠性、环境指标有要求的环境中，需要选择工控机+板卡的方式。

在工控机中插入板卡的卡槽有多种，如 CPCI、PXI 等。它们的主要区别是速率不同，CPCI 速率高、PXI 速率低。在选型时要将工控机的卡槽和板卡的卡槽相对应，如果不匹配，则使板卡无法插入工控机中，即无法使用。

2．便携

通常，工控机的体积都比较大、重量沉，采用工控机+板卡的形式，会导致测试设备的体积大、不便于携带。对于有便携要求的测试系统，为解决这个问题，可以采用便携式选型，采用一些小型化、便携式硬件模块。

绝大多数计算机都有网口和 USB 接口。现在有很多商业的 USB 转接模块、网口转接模块，能够将模拟量输入/输出、总线通信等转接为 USB 或者网口。此时，将这些小型模块接入任意的计算机中，部署上测试软件，就可以执行测试。

转接后的数据精度、采集频率等不会变化，唯一的问题是对实时性可能有影响，这要看具体的测试需求中是否对实时性有极高的要求。

很多国内供应商提供便携式模块。例如，1553B 总线转以太网、1553B 总线转 USB：1553B 本身是高实时性总线，转接后的实时性会受到影响，其应用场景肯定有限。例如，CAN 总线转 USB、CAN 总线转以太网：因为 CAN 总线的应用场景不需要很高的实时性，所以很多应用场景采用 CAN 总线的便携式模块。

3．选型

应根据具体的测试需求，选择硬件模块，核对测试需求的指标，核对硬件模块能否满足要求，如精度要求、速率要求、输入/输出的范围等。

硬件的选型很多，可以选择知名的厂商，例如登录凌华、NI（美国国家仪器公司）、是德科技等官网进行选择。这些硬件厂家不断地推出各种硬件模块，这些硬件模块的特点是便携化、远程化、支持物联网等。在构建测试系统时，可根据测试需求及各个厂家的硬件模块的特点进行选择。

4. 驱动和编码

最后的工作是安装驱动，参照附带的示例代码，编写程序，使用这些硬件模块。

也有免安装驱动的硬件模块，如网口转接的硬件模块、串口转接的模块。这些模块或者透明转发数据，或者有通信协议。编写程序调用操作系统的 socket、COM 函数、实现通信协议，就可以使用这类硬件模块。

1.5 实现

实现测试系统，有很多现有、成熟的技术可供使用，如虚拟仪表、TestStand 等。很多厂商会提供商用的测试系统框架，本节描述几个用于实现测试系统的成熟技术。

1.5.1 虚拟仪表

在测试领域中，有流行的虚拟仪表技术。“软件即仪器”，虚拟仪器利用高性能的模块化硬件、结合高效灵活的软件来完成各种测试、测量、自动化应用，利用计算机技术实现和扩展仪器的功能，利用软件技术方便、快捷地实现各种数据采集、分析等功能。

基本原理是使用各种数据采集卡采集数据，计算机软件实现功能，编写指定测试需求的软件功能，用硬件和软件实现一台仪表，完成特定的测试。

实现虚拟仪表可以使用知名的虚拟仪表软件 LabView。

1. LabView

LabView 是 NI 的一款知名的虚拟仪表软件，是一种测试系统开发工具。在测试领域中，很多人使用 LabView，采用 NI 的软、硬件平台可以很快搭建一套测试系统。LabView 已经是事实上的标准，各种厂商生产的通信、采集板卡，都提供 LabView 驱动、LabView 示例代码。

LabView 是专为测试、测量和控制而设计的系统工程软件，可快速访问硬件和数据信息。LabView 编程环境简化了工程应用的硬件集成，使用户可以采用一致的方式采集 NI 和第三方硬件的数据。LabView 降低了编程的复杂性，使用户可以将注意力放在其独特的工程问题上。LabView 还提供了拖放式工程用户界面创建和集成的数据查看器，可帮助用户即时可视化结果。为了将所采集的数据转化为真正的商业成果，用户可以使用内含的数学与信号处理来开发数据分析和高级控制算法，或者复用其他各种工具的程序库。

为了确保与其他工程工具的兼容性，LabView 可以与其他软件和开源语言相互支持，并运行这些软件和语言的程序库。

LabView 的图形化编程，比文本代码的使用体验要好很多。然而，图形化编程仍然是编程，需要专业人士编写程序。查看复杂的 LabView 程序，图形上也要一层一层地嵌套，LabView 图形程序如图 1-2 所示。

2. 开发工具

LabView 是软件开发工具，既可以开发测试系统，也可以开发其他软件系统。在 LabView 中可以便捷地访问各种数据采集卡、测量仪器，可以快速地实现采集、数据显示等基础功能。除此以外，还有很多编写常规软件的技术主题，如数据库、计算机网络通信、文件系统、多线程、进程通信等，应用这些技术还可以开发其他种类的软件。LabView 还不是直接可用的测试系统。

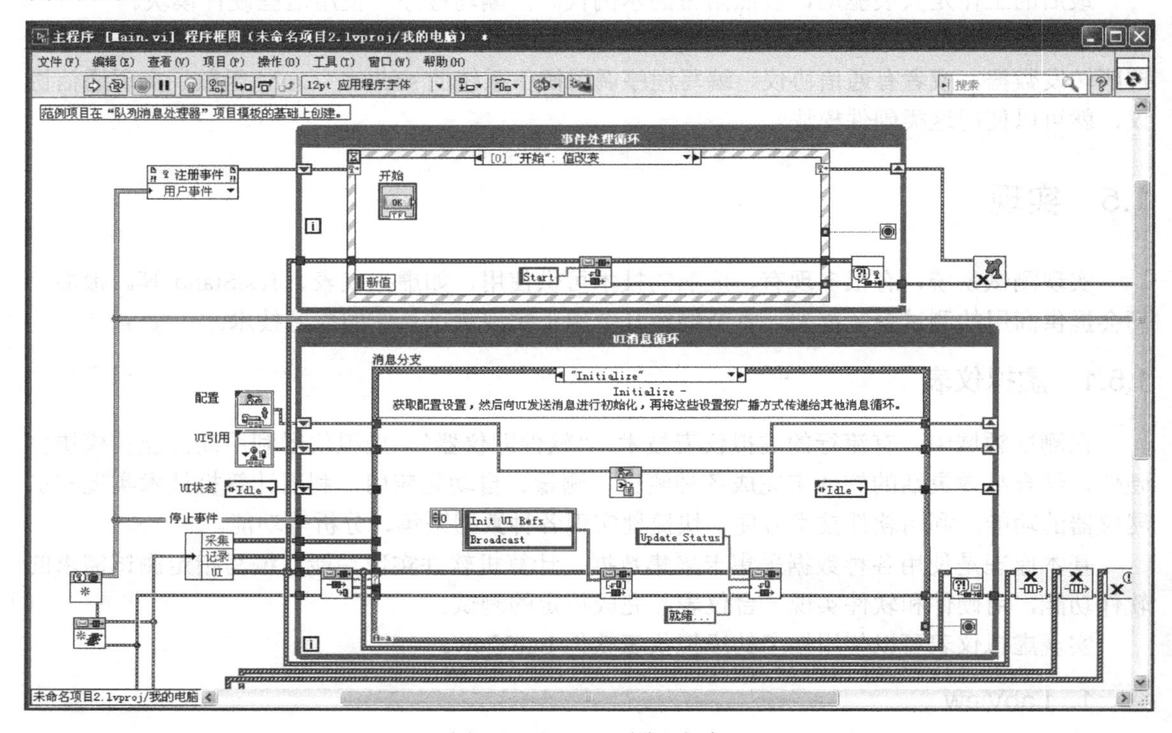

图 1-2　LabView 图形程序

3. 航天测控——VITE

航天测控是国内很早研发虚拟仪表软件的公司，其产品在早期是国内对标 LabView 的一套虚拟仪表软件。然而，NI 的 LabView 在测试领域的龙头地位很难撼动。

航天测控的虚拟仪表软件称为 VITE，从网上可以找到一些公开的资料。这个系统应用了很多测试理论、专业知识，包括很多 IEEE 标准、很多专业术语（TPS、IVI-C、IVI-COM）、面向信号-支持 ATLAS 标准、面向信号-支持 ATML 标准、支持图形编程等。

其他功能很常规，和各个厂家的测试系统千篇一律，如图形建立测试流程脚本、数据采集、界面自定义、测试程序集、二次开发接口等。

可以看出 VITE 不是开发工具，而是一套直接可用的测试系统。

4. 其他虚拟仪表

近些年，一些国内测试测量公司也在研发虚拟仪表软件。例如，一家上海企业的核心人员中有从 NI LabView 团队离职的高级人员，他们用 C#、面向对象、控件化的思路，建立虚拟仪表 3.0 的理论，对标 LabView，而且建立了一些生态联盟，要抗衡 LabView。因为微软的 C#新特性支持 Linux 跨平台开发，所以他们用 C#的方式也做到了跨平台。

微软这些年也开始持开放态度，拥抱开源、搞跨平台、考虑兼容等，而且巨头们也在搞低代码/无代码的开发方式。

1.5.2 TestStand

在工业自动化测试领域中，有一款知名产品 TestStand。TestStand 是可用于构建测试系统的测试管理软件，是测试系统领域的一个标杆软件。

在 NI 的软件产品中有测试管理软件 TestStand，打开 NI 的官网定位到 TestStand 的主页中，可以看到详细的介绍信息，各种应用场景、丰富的功能，其中主要推荐的是图形化建立测试流程，以类似流程图的方式执行测试。

TestStand 用于帮助工程师快速开发强大的自动化测试和验证系统。用户可以在 TestStand 中开发测试序列，从而扩展系统的功能，而且这些测试序列可集成使用任何编程语言编写的代码模块。此外，在将测试系统部署到生产环境之前，用户可以使用内置功能来分析和优化速度与并行性。TestStand 还提供可扩展的插件，用于报告生成、数据库记录及与其他系统的连接，可满足任意环境的需求。借助 TestStand，用户可以放心地部署测试系统，并以生产级运行速度获得更高的产量。

1.5.3 C++/Java/C#

在测试领域中，除使用 LabView 外，也有很多人使用 C++/C#/Java 等编程语言来构建测试系统。这些编程语言强大、灵活、应用范围广泛，能够用来构建各种软件系统，构建测试系统也是绰绰有余的。

1. 程序库

除编程语言本身外，在构建软件时，最重要的是这个软件用到的各种程序库。常见的是图形界面库，如 C#有.Net 环境的 WinForm/WPF、C++有 MFC/Qt。在研制某类行业软件时，选择编程语言，除了应考虑语言本身，还要考虑软件需要哪些库，是否有合适的程序库可用。在测试系统领域中，主要的程序库包括图形界面库、硬件接口库、驱动调用库等。在各种编程语言中，C++面向硬件、性能高，适合用于开发测试系统。

2. 构建测试框架软件

复杂的测试系统，往往要实现为一套框架软件，有各种丰富的功能、插件、开发接口等。此时，使用 C++等语言就非常适合；同时，C++的图形界面库 Qt 非常适合用于构建框架软件。在后面的章节中详细描述 C++和 Qt。

3. 测试框架软件厂商

对外承接测试系统研制项目的企业有很多，这些企业面向各种领域，如航空、航天、车辆、船舶等。这些企业都会有自己的测试框架软件，名目也五花八门。

在这些有测试系统业务的企业中，有排前的上市大公司、研究所，也有垫底的几人小公司、小团队。这些企业都有自己的测试系统产品，以及自己的特色。

一些厂家使用 LabView、C++、C#、Java 等，开发一套通用测试系统，在市场上面向各类企业、研究所，承接测试类的项目，包括航空、航天、车辆、船舶等行业中的各类测试项目，每家的产品都有自己特点，很多功能十分相似。

第 2 章　通用测试系统

测试系统是为特定被测对象构建的。因为需要针对特定被测对象、满足具体的测试需求，所以测试系统的功能必须针对这个特定对象，换成另一个被测对象，这个测试系统一定是无法发挥作用的，即便被测对象非常相似，也需要适当的软、硬件改造。

改造或重新研制必然导致时间、成本的增加，因此测试系统应尽可能通用化，避免为同类产品重新研制测试系统。

2.1　通用化

很多通用测试系统针对一个特定的领域，将这个领域内被测对象的测试需求实现为通用化的功能，加入配置文件、运行参数、扩展接口、插件等，针对具体被测对象时，只要做少量的配置修改，就能构建一套针对性的测试系统。通用是针对一个领域的通用，而且针对不同的被测对象，也要做一些修改，包括修改一些配置文件、配置项、控制参数，修改少量代码。

通用测试系统针对一类产品的通用。

2.1.1　面向的组织

通常，两种组织会有自己的通用测试系统。

第一种是对外承接研制测试系统的企业，它会实现一套通用测试系统产品，对外承接研制测试系统，然后用自己的通用化产品来实现一套具体的测试系统，交付给客户。在这种情况下，还是要有具体针对性，针对具体行业、针对具体被测对象，没有能支持所有测试的绝对通用化。

第二种是研制供内部自己使用的测试系统的企业。很多工程研制企业根据自己产品的特点，为自己研制一套通用测试系统，然后用在自己的各类型号产品中，最大限度地复用、快速搭建、降低成本。企业为自己研制测试系统，是最合适、最能满足自己需求的方式，企业最熟悉自己产品的特点及如何对它测试，在需要改进时也可以很方便地进行修改。

通用测试系统的益处如下。

（1）能快速搭建一套满足测试需求的测试系统。

（2）复用已有的测试系统可以大大降低成本。

（3）复用成熟的模块可以大大提升测试系统可靠性。

其缺点也是显而易见的，即实现一套通用测试系统会非常复杂。

2.1.2　实现通用化的方法

实现通用化主要有以下两种方法。

（1）加入配置文件、运行参数，软件系统根据配置文件中的运行参数来执行功能，即配置化。简单的有总线通信地址、波特率等，把这几个定义到配置文件中，软件启动后读取配置文件中的总线地址、波特率等来通信。当总线地址等信息变化时，就可以修改这个配置文件，软件启动后就可以用新的地址来通信。有些复杂的配置文件还可以把整个数据包格式也作为配置文件，根据配置文件解析数据，软件界面也由配置文件生成等。配置化也增加了软件的复杂度，复杂度包括增加了用户的使用复杂度、增加了研制的复杂度、增加了排查错误的复杂度。因此配置化需要进行权衡，根据情况进行权衡，对于通用化是有意义的。如果不需要通用化，则少用配置化，否则会增加成本。

（2）加入扩展机制、开发接口、插件等，用户能够在已有基础上再开发功能，这是一种基于框架软件技术实现的通用化机制。此时的通用测试系统更多是一个软件平台，能够加入各种插件，用插件实现功能，编写少量代码满足需求。基于框架软件技术，在软件的基础架构中，采用 B/S（浏览器/服务器）或者 C/S（客户端/服务器）都能够实现扩展机制、插件、开发接口。用 B/S 或 C/S 实现的复杂度可能会有差别，视具体情况而定。

1．硬件适配

对于与被测试对象交互的硬件模块，可以选择使用各种数据采集卡、总线通信卡、商用硬件，选择各种成熟的硬件模块。在软件中以插件形式，适配各种硬件模块；在通用测试系统中，硬件模块也可以根据需求灵活选择，不能完全固化硬件模块、硬件平台。

2．总线仿真测试平台

本书第 3 部分“工程实践”中介绍的总线仿真测试平台，就是这样一个相对通用化的测试系统框架，可为工程研制领域中各种具有外总线的产品构建专用测试系统。

2.2　设计实现

如何实现通用化？首先，要分析出不同测试系统之间的共性和差别，将共性作为基础功能，差别可以作为运行参数、配置项、开发接口；然后，通过配置、插件等形式来实现通用化。

下面介绍在总线类产品的测试系统中常见的共性和差别。

1．常见的共性

1）数据采集、数据显示

测试系统都具有数据采集、数据显示的功能，能够根据通信协议解析数据包，解析出有效数据，显示到软件界面，统计最大值、最小值等。显示方式有数据表格、曲线、状态图标等。这些功能是所有测试系统都具备的，差别是不同测试系统中的通信协议是不同的，所解析得到数据也不同，这些不同可以做成配置，用配置化来应对。

2）发送指令包

在所有的总线类测试系统中，都需要编辑、发送指令包，控制设备完成一些工作。复杂的产品的指令会非常多，如卫星上的星载计算机会有几十或数百种的控制指令。复杂的测试系统中通常会有指令管理功能，可以添加指令包格式、添加指令、添加指令分组等。这些指令管理功能是用配置化来应对变化和差异的。

3）数据存储、查询

总线采集的数据、解析出的数据、发送的指令包数据等，都需要存储起来，供后续的查询、分析、导出等使用，这也是测试系统中需要的功能。

2. 常见的差别

1）总线接口不同

不同的测试系统，根据测试对象的不同，其总线通信接口是不同的，有的被测对象只有一种总线，有的被测对象可能有多种总线。要实现通用测试系统，总线通信接口必须是可配置的。

2）通信协议不同

总线的通信协议一定不同，例如被测对象通过总线传递的数据包，一定是在具体通信协议中约定解析格式，很多测试系统都是将解析写入代码中，导致通信协议调整后，测试系统也需要修改代码，此时最佳的做法是使用配置化，将协议解析做成配置文件。根据配置执行总线通信、公式计算、工程参数解析等。

3）数据处理方式不同

常见的数据处理包括公式计算、最大值最小值的统计、数据校验方式、数据处理算法等，这些需要做成配置，或基于扩展接口实现。

4）测试流程不同

各类被测对象一定有自己的测试流程。例如，在常见的环境试验中，需要反复断电、上电、发送控制指令、验证设备的工作状态、判断数据是否符合等。因此，测试流程一定是可自由编辑的，用配置文件、编写程序等方式实现。

5）交互界面不同

测试系统最终提供给使用者的软件界面一定是不同的，有的显示多条参数曲线、多个统计表格，有的可能显示图像数据，显示的数据内容不同、可执行的指令不同等。因此，在通用化的测试系统中，一定要用配置文件来定义软件界面，能够根据配置加载不同的软件界面，能够以插件形式扩展人机交互界面。

2.2.1　功能配置

通过上面的分析，就可以得出通用测试系统中应该具有的配置如下。

1. 测试系统中的配置

测试系统中的配置包括通信接口参数、数据包解析、测试流程、指令包格式、指令、界面显示内容。

对应的功能包括通信参数编辑、数据包格式编辑、指令管理、测试流程编辑管理、界面编辑等。

这些功能在不同厂家的通用测试系统中的称谓可能不同，但作用是一样的，都能实现对应的配置化、参数化。在本书第 3 部分中介绍的总线仿真测试平台的测试模型，就包括这些通信接口参数、数据包格式、测试流程、指令包等配置内容。

此时的软件在启动后，会加载这些配置文件，软件功能依据配置文件中的配置来运行、执行功能、显示界面、完成测试。

2. 配置面向的两类使用者

配置化作为实现通用化的一种方法，在通用测试系统中加入各种配置功能，通过修改这些配置来构建具体的测试系统。同时，配置也可以面向测试系统的使用者，由使用者编辑使用，来应对测试需求的变化。可见，配置功能可以面向两类使用者。

（1）面向研制测试系统的开发者：基于各种软件配置生成一套测试系统。

（2）面向测试系统的最终用户：使用软件配置，对测试系统做一些简单调整。

常见的是在研制过程中的产品，本身没有完全定型。例如，总线通信协议、模拟量公式、工程参数、数据表单、采集量等会不断调整，使测试系统也必须进行对应调整，导致测试系统产生如下修改：修改通信协议解析功能、增加新参数显示界面、增加新指令格式、增加新指令、增加新数据格式解析功能、修改原有参数解析功能、调整界面等。使用者可以使用配置功能应对这些修改。

3. 使配置好用

软件依赖的配置多了之后，会有很多配置文件、配置功能，导致使用者难以使用，有时需要查使用手册才能使用。这是绝大多数框架软件的特点，需要掌握很多配置文件、配置项、格式，记住各种关键字，在各个配置功能间查找配置项，这就增加了系统的使用难度。

对此有如下改进。

（1）提供图形界面来编辑配置文件，减少以手动文本方式编辑配置文件，让用户少记忆很多文件格式、关键字、符号、单词。这很重要，不管面向的是普通用户，还是有编程能力的二次开发人员，都能让其少记忆格式、符号。

（2）配置文件层次化、概念化。使配置文件设计的层次分明，抽象出一个概念。该好处是可以统一大家的认知，方便交流，统一抽象出一个大家都会明白的概念。例如，总线仿真测试平台中的各种配置文件被统一抽象出一个概念叫作测试模型。

（3）将配置文件功能化、概念化、层次化之后，就可以定义一些编辑功能，日常操作这些编辑功能即可，此时已经脱离配置的叫法。配置的高级版是形成软件功能。

2.2.2　测试系统框架

在生产、生活中随处可见各种软件，包括日常工作中使用的各种办公软件，各类产品、设备中的各种控制软件，飞机、船舶、车辆、手机使用的软件，各行各业存在各种行业软件。这些软件方便了我们的生产、生活，提高了生产力。

有一些软件会提供开发接口，可以向其中加入插件、小程序，然后集成到原软件中。这些小程序既可以自己编写，也可使用别人编写好的，程序中还可以调用原软件提供的功能。微信、支付宝的开发接口如图 2-1 所示。

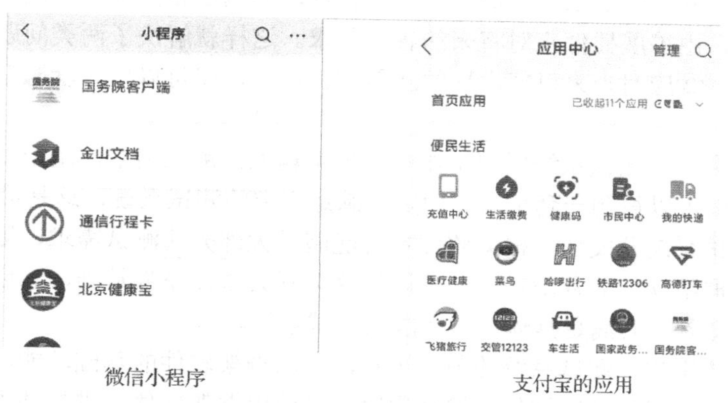

微信小程序　　　支付宝的应用

图 2-1　微信、支付宝的开发接口

这时候的软件已不是一个单一功能的软件，而是一个软件平台，可以向其中便捷地加入各种功能，使软件的功能越来越丰富、越来越强大。微信和支付宝中丰富的小程序、公众号、应用提供了大量其他功能。此时的微信和支付宝已经超越了原有的即时通信、支付等定位，成为一个向外提供服务、插件等扩展方式的框架软件。

在个人计算机中，也有很多这种软件平台、框架软件，如开发工具 Eclipse。

所有能够提供开发接口的软件系统，都可称为框架软件。能够集成到软件中的模块是插件，框架软件向插件提供的功能是框架的服务。

框架软件中的插件是非常重要的组成部分。在框架软件中，插件可以实现很多具体功能，在发布时可以根据需要选择发布哪些插件。在软件的升级维护中，可以通过新增插件，扩展软件的功能，而不是大范围地修改软件。基于插件的扩展，可以避免大范围地修改源码，进而影响已有代码、已有功能，造成人力、成本、时间各方面的损失。

很多软件都有插件机制，并基于框架软件来实现。表 2-1 列出的软件研发领域中的框架软件是常用的一些开发工具类软件。

表 2-1　软件研发领域中的框架软件

名称	描述
Qt 集成开发工具 Qt Creator	开源软件 Qt 的集成开发工具软件，其中支持插件来扩展 Qt Creator 的功能
微软的集成开发工具 Visual Studio	微软提供的集成开发环境，其中支持插件来扩展 Visual Studio 的功能
开源编译工具软件 Eclipse	由 IBM 组织开发的集成开发环境，这个算是软件研发中应用很广的框架软件

框架软件的功能强大、灵活，可应对复杂的问题域、支持扩展、有扩展需求的场景。

具体实现框架软件的方式很多，各种程序设计技术都有对应的实现方法。本书重点介绍基于 C++和 Qt 实现的一套测试系统框架，在后续章节中将介绍具体的技术、实现。

1. 测试系统框架

在通用测试系统中，将面向具体行业的基础需求实现为功能，将这个行业中可能有差别、变化的需求作为插件、配置文件、配置化的功能，这样就形成了一套测试系统框架。其中，包括框架功能、多种插件、各种配置功能，有插件的开发接口、有框架的服务接口等，用插件实现扩展。

通用测试系统的终极追求是形成一套框架软件，将测试相关基础功能作为基本功能，然后提供扩展机制，由扩展插件应对将来的各种需求。这样就解决了两类问题：①应对大部分已知的测试需求；②应对未来可能出现的新需求。这样，就可以用一套框架软件，应对多数测试系统需求了。

（1）最高追求。在测试系统研制工作中，根据输入的测试需求，基于测试框架软件，用最少的开发量，就可以得到一套可靠、稳定、满足需求的测试系统，这是最高追求。

（2）面向测试系统开发者。框架软件本身能满足大部分的测试需求，测试系统开发人员不需要重复实现框架软件的各个功能，可以将这个框架软件作为基础，然后编写插件加入框架软件中，就能得到一套满足具体测试需求的测试系统。

（3）面向最终用户。测试系统的最终用户，使用框架软件的基础功能，就可以完成测试需求。此时，不需要用户开发插件、编写程序，只使用框架软件提供的基本功能，就能够供用户使用。

测试框架软件面向以下两类用户。

（1）普通使用者：不需要编写程序，只使用系统中已有的功能，完成特定的测试需求。这种情况是最完美的，直接使用已有功能就够用。

（2）可以编写插件的开发人员：将测试系统作为开发工具，进一步开发可以用在别处的测试系统。此时，就需要有专业技能，增加了使用的复杂度。

测试系统框架应向外提供如下功能。

（1）可配置的总线通信功能，例如通信参数、协议解析方式等可配置的功能。

（2）数据展示功能，界面显示的数值、按钮、曲线等功能。

（3）编辑、执行指令功能，指令管理的添加/修改/删除指令。

（4）编辑、保存、执行测试流程的功能。

（5）数据存储、查询分析、数据导出。

（6）同时，框架的这些基础功能作为服务，以软件接口形式提供给插件，在插件中可以调用这些服务，使插件可以复用框架的基础功能，避免自己重复实现。

（7）插件中可以复用框架的功能，如指令管理，直接使用框架的指令、配置等。

在第 2 部分的各章节中，描述了实现框架软件用到的几个技术；在第 3 部分的各章节中，描述了一套具体的测试系统框架及具体的设计实现。

2．框架中的插件

测试系统框架可提供多种插件，可根据测试需求编写对应的插件、实现功能。下面介绍在本书的总线接口测试类的框架中可以提供的插件接口。

测试系统中的插件如下。

（1）通信扩展的插件。测试系统中重要的内容是总线通信，各种被测对象间的主要差别也是总线的不同、通信协议的不同，所以总线通信必须插件化，一个插件可以应对一个总线通信或者一类总线通信。

（2）通信协议的插件。总线通信插件化之后，在总线通信中的通信协议也应该插件化，用插件实现一些标准的协议、用插件实现特定的协议。通信协议基于扩展插件来实现。

（3）数据处理的插件。数据处理是个很宽泛的说法，总线通信产生的各种数据需要解析、存储、显示、判断区间、流程判断执行等，具体的解析、存储都应该由插件接口实现。

（4）数据展示的插件。常见的数值显示框、数值表格、数值统计表格、实时曲线图、仪表显示、状态图标都实现为插件。

在插件中可以调用框架提供的功能、服务，复用性强的功能可以实现到框架中。

2.3 应用阶段

通用化测试系统可以应用在产品研制阶段、测试阶段、生产阶段，可以用来完成调试测试、测试验证、自动化测试、测试信息化建设。

生产阶段比较特别，此时更加注重自动化测试，与研制阶段的调试测试具有相同的基础测试功能；同时，更加关注测试自动化执行、自动判读、报警的功能，还要与其他系统配合等。

应用的行业包括传统的航空、航天、车辆、船舶等行业。为研制、生产执行测试验证、自动化测试等工作，这些行业都有各自的通用化测试系统。

2.3.1　研制阶段——调试测试

在产品研制过程中，面向产品研发人员的调试测试辅助嵌入式程序开发。在各类产品中，通常由嵌入式程序实现总线通信。此时的测试需要通过外围总线接口，模拟外部的交互设备、模拟输入、接收解析设备数据。通过这样的方法，让研发人员调试自己的嵌入式程序代码。从这个角度来说，更多的是执行嵌入式软件的接口测试。

此时，测试系统的使用者主要是产品研发人员，包括：

（1）嵌入式程序开发人员。

（2）硬件描述语言 VHDL 研发人员。

（3）硬件设计人员。

1. 需求用例图

调试测试时更多的是观察数据、执行指令、查询数据，一些好用、易用的功能可辅助研发人员调试自己的程序，提高研发效率。

研制阶段的测试系统主要面向研发人员，也可以面向测试人员。在有些情况下，调试测试时，测试人员也会参与进来，所以也会面向测试人员，执行测试用例、导出数据、导出报告等。

此时的测试系统可以用 UML 的用例图直观地体现出来，需求用例图如图 2-2 所示。

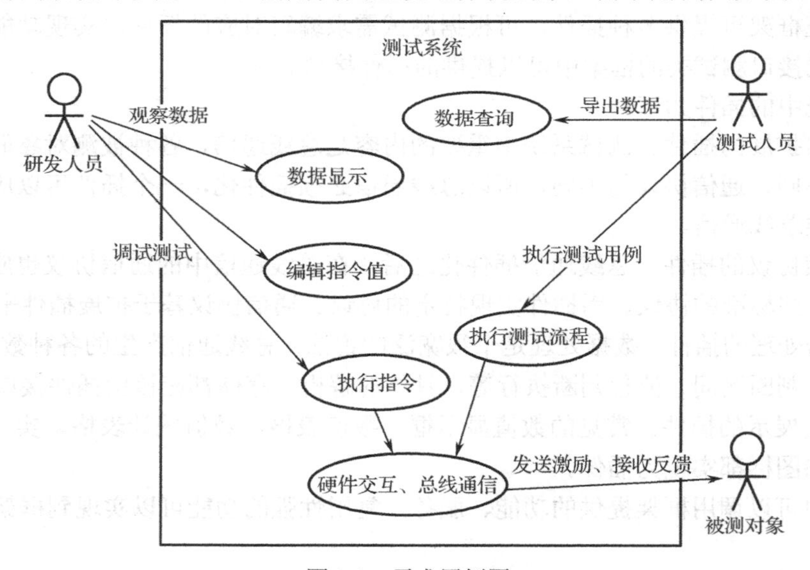

图 2-2　需求用例图

需求用例图中的参与者包括研发人员、测试人员、被测对象，他们都是与测试系统有交互的参与者。用例有很多，每个参与者都有各自的用例。

2. 与调试工具不同

研发人员所用的硬件开发平台通常会配套完善的开发环境。这些开发环境也支持一些调试方法、仿真工具（很好用），这些硬件厂商的配套开发环境很强大。例如，在嵌入式软件开发环境中也有通过串口的打印输出、断点调试等。在这方面，总线仿真测试确实没有可比性，然而测试系统侧重于非常重要、不可替代的内容：

（1）真实的总线交互。

（2）模拟外部设备交互。

3．串口调试工具、网络调试工具

也有很多人使用类似于串口调试工具的工具软件。这些工具软件中的多数只能显示原始数据。然而，调试过程中，需要知道有意义的解析后数据、有实际含义的值、编辑发送的指令包等，而这类串口调试工具无法提供这些内容。此时使用测试软件，其自动数据解析显示到界面、实时曲线、判读区间等功能，与从原始值中计算含义值的方式相比，高效得多，会节省很多时间、精力。当然，此时应考虑费用，一些基础工具是免费的，构建测试系统需要经费投入。

在经费允许的情况下，应该从简单的串口调试工具升级为专业测试软件。串口调试助手与专业测试软件对比如图 2-3 所示。

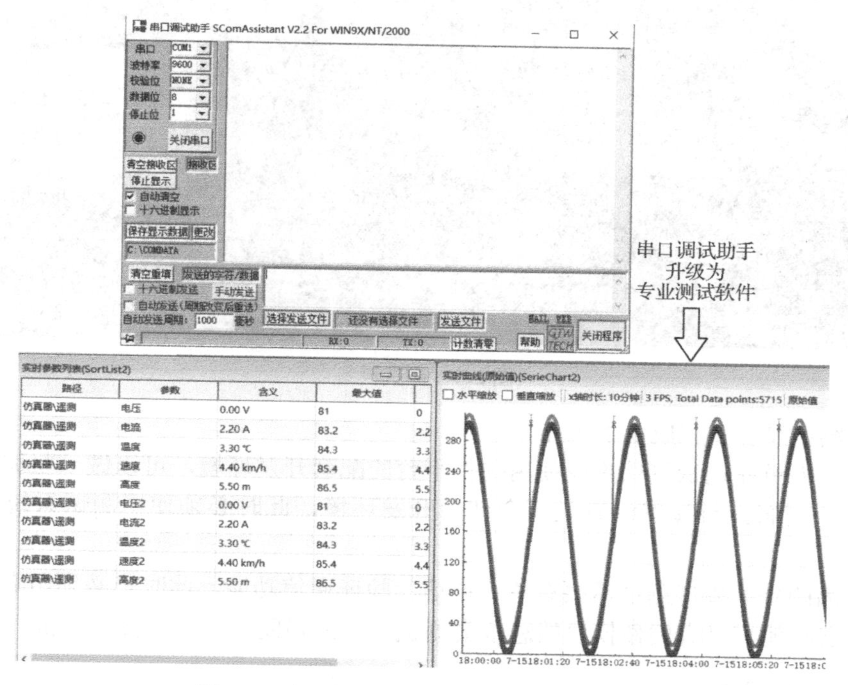

图 2-3　串口调试助手与专业测试软件对比

4．测试软件的特点

此时的测试软件必须好用，好用的具体体现如下。

（1）免安装：绿色版解压缩最好。在研发人员的计算机上，一定已经安装了各种工具软件、各种程序，他们不想再安装太多的内容。

（2）少依赖：不要依赖太多的软件环境。最好不要安装数据库，数据可以直接存到文件系统中。每台计算机都有硬盘，数据直接存硬盘。

很多软件问题都是软件环境导致的。安装了不同版本的驱动库、安装了不同版本的软件、修改了软件的配置文件等，这些都可能导致软件异常，所以尽量免安装、少依赖。

2.3.2 测试阶段——测试验证

在产品研制后期的测试阶段，有专门的测试人员执行测试验证，他会根据设计要求、测试文件、测试用例逐个执行测试。在测试人员的测试环境中，需要有专门的测试系统来验证整个产品的各项要求（功能、性能等）。

测试系统可以称为测试设备、自动化测试设备 ATE（Automatic Test Equipment）；在航天领域中有些测试系统称为地检设备、地测设备、工装等。测试设备如图 2-4 所示。

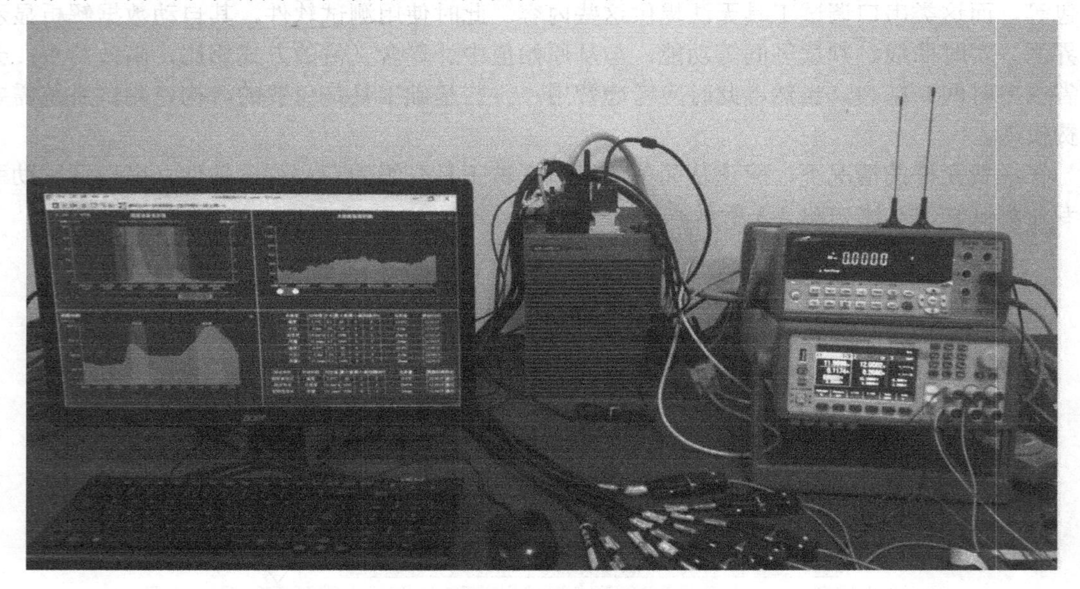

图 2-4　测试设备

此时的测试设备要完成以下工作。

（1）研发人员在调试测试阶段使用硬件平台的配套开发环境，可以做一些调试测试；而在测试阶段，测试人员显然没有且不会使用开发环境，此时必须使用测试系统辅助执行测试工作。

（2）产品的外部接口测试需要有总线通信、验证通信功能，此时也必须用真实的总线通信来测试，必须使用具有硬件模块的总线类测试系统来辅助完成外部接口测试。

1. 面向的使用者

测试阶段主要的参与者是专门的测试人员、质量控制人员，他们是此阶段测试系统、测试设备、ATE 的主要使用者。测试阶段的使用者不需要有高深的编程能力，不需要自己编程开发测试功能，测试系统应简便、好用，不能烦琐，要针对简便、好用多做一些设计。

2. 测试系统的特点

测试系统是一台测试设备，在多数研制团队的研制文件中的标准叫法也是测试设备。可以采购软、硬件，组合为一个整体的测试设备，有的研制团队会自己买采集卡、自行研制测试软件。

在工作比较多的航天领域中，对各种研究所使用较多的地面测试设备、自动测试设备的研制，用户会提出明确的设备要求、指标等，委托外部研制。在市场上有很多专门制作测试系统、测试设备的公司，很多公司使用美国 NI 的软、硬件来搭建测试系统、测试设备，使用 NI 的 LabView 编写测试软件，这也是好的方式。

此时，设备上的测试软件是专用软件，设备是专用测试设备，类似常见的仪器仪表，可以开机后直接显示到软件控制界面，也可以手动启动软件。与常见的仪器仪表不同的是，该测试设备也会充当数据分析、研发的计算机使用，会安装各种软件，如 Word 软件、Excel 软件、一些开发工具等，导致软件环境非常复杂，进而因软件环境出现一些故障。

3. 软件特点

根据此阶段特点，此阶段的测试系统中的测试软件有如下特点。

（1）此时的测试软件应可以直观地显示测试用例、执行测试用例、直观地显示执行结果、生成测试报告，可以回放测试过程，也提供数据分析的功能。界面显示可以只显示用例相关内容，如界面左侧显示各个测试用例，右侧显示执行结果。

（2）如图 2-5 所示的测试用例执行界面是指在总线仿真测试平台中自动执行测试用例功能的软件界面。该界面上部是一些功能按钮。左侧是当前的测试用例，可以勾选批量执行。中部是测试用例界面，显示测试用例的每个步骤、延时、循环次数、数据判读、执行结果、执行时刻等，右侧是日志界面。

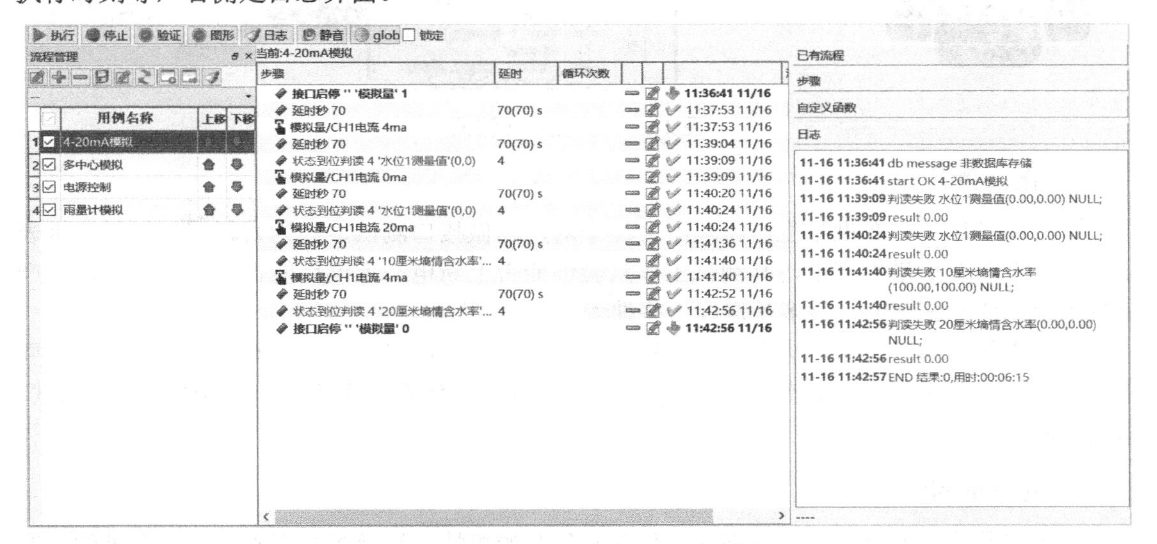

图 2-5　测试用例执行界面

（3）在测试用例自动执行过程中，若出现测试异常情况需要排查，简单地通过鼠标操作就可以把问题详细信息界面调出来，将关联的各种判读值、异常值、指令值等直观显示出来，辅助研发人员排查、定位问题。

（4）除执行测试用例外，测试过程中的各类数据、日志的分析、查询也是重要内容，如查询历史数据、测试回放、查询日志等。

2.3.3 生产阶段——自动化测试

在设备、产品研制完毕定型后，会进入生产阶段，由工厂进行批量生产，此时追求的是效率、可靠性，测试工作便是自动化测试。在工厂生产阶段中，关心结果、关心效率，对自动化测试的需求是非常必要的，使用自动化测试验证产品是否符合要求，此时的测试系统是最复杂的大型测试系统。

此时的自动化测试系统，需要有软、硬件的投入，花费巨大。生产自动化测试如图 2-6 所示。

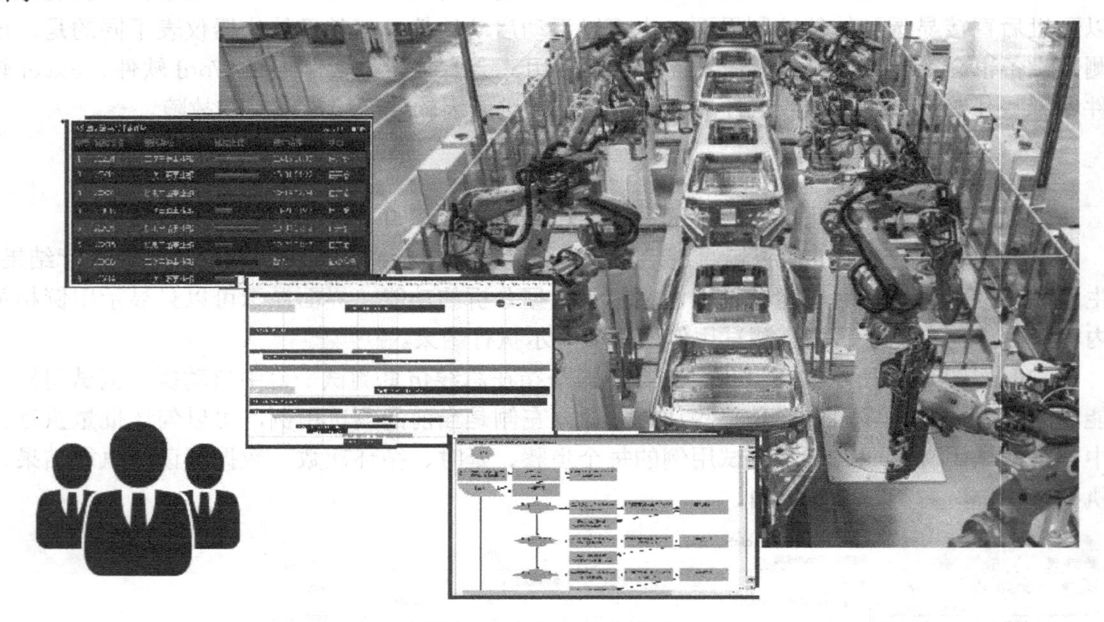

图 2-6　生产自动化测试

1．接口测试

在一些领域中，在批量生产阶段不会逐个对产品做接口测试，因为太耗时。例如，水表研制生产企业在批量生产中，其测试工作只验证能否上断电、上电后能否工作，不对每个产品执行全部的测试用例，最多是进行一些抽测。

在航天领域中，卫星、火箭等各类航天器不会一次生产很多，但是对质量、可靠性的要求极高，需要对生产的每个器件、每台设备、分系统、整体系统执行各种测试，如环境测试、电接口测试等。

2．考虑的问题

绝大多数的生产自动化测试都是一件非常复杂的事情，涉及多个因素，需要考虑的问题如下。

（1）被测试产品的外部接口情况，包括数字量总线、模拟量输入/输出，硬件如何接入，如何选择硬件模块，是否能便捷地与被测对象建立连接，现场场地的情况如何，是否需要改造。

（2）同时执行测试的产品数量，综合分析出系统的性能指标，根据指标要求选择硬件、设计硬件部分；得到软件需要支持的性能指标、软件设计如何支撑性能要求。

（3）如何设计硬件接入，生产的现场是否需要改造，如何加入部署的硬件、线缆。

（4）要根据实际情况、现场场地、资金情况、人员情况，进行综合考虑。最终的测试系统建设方案，一定是经过反复核实、修改，最终定稿的。

3．测试系统的特点

硬件是整个测试系统的大部分组成，工业现场的硬件接入、控制输出，更多是工业应用，在这方面有很多传统的自动化供应商，有现成的解决方案。因为测试系统更关注产品测试的业务逻辑，所以在测试软件方面，更能体现测试系统的价值。

生产阶段的测试系统既要完成自动化测试，又要提供测试管理功能，它具有以下主要特点。

（1）测试系统能够自动执行测试，例如可以定时执行测试、按照条件执行测试等；测试系统能够顺序执行多个测试用例，并自动判断是否符合要求，最终实现自动化测试。

（2）测试系统提供测试管理功能，能够辅助使用者做好测试工作。同时，测试系统能与其他系统交互，向其他系统提供测试数据、测试结论等，这些都属于测试信息化建设的范畴。

4. 市场情况

商业应用的测试系统一定要考虑市场情况。

（1）在车辆方面，新能源汽车是市场的风口。关于车辆生产的自动化生产线，可以针对性地构建通用化测试系统。

（2）在航天领域的微小卫星方面，其数量非常多，具有大批量生产线规模。基于卫星的工作特点，接口测试是必要的，需要构建通用化测试系统。

2.3.4 测试信息化建设

研制阶段、测试阶段的测试需求，可以用一套系统满足。而生产阶段的自动化测试涉及企业、组织各自的业务流程、管理流程，这些不是测试本身要解决的问题，而是需要信息化建设的内容，需要根据不同组织、企业的特点，单独建立系统，即测试信息化系统。

借鉴互联网各种流行技术、流行概念，可以参照云平台、大数据、数据孪生、虚拟化、容器化等概念，给测试系统使用高大上的名称，如云测试平台、虚拟测试平台等。

1. 复杂度

企业的生产规模、产品复杂度、业务流程复杂度等，会导致测试信息化建设非常复杂。此时，测试系统作为一个整体，在组织内部与其他各种系统、人员进行交互。此时，系统的构建和传统的信息化建设一致，可以参照。

（1）梳理组织的被测对象、测试需求。此时是传统的测试系统，设计软、硬件来支撑测试。

（2）梳理人员组成、组织部门结构、外部系统。根据人员、部门、交互的系统等，绘制顶层的用例图。用例图可以清晰地表示出哪些人员、部门、系统等和本系统产生交互，基于用例、建模来分析。

（3）梳理业务流程。在实际需求中，将测试系统作为一个整体，然后梳理出实际的业务流程，再绘制序列图，用序列图描述整个系统的业务流程，可以直观地理解系统。

2. 信息化建设

企业信息化建设是指通过计算机技术的部署，来提高企业的生产运营效率，降低运营风险和成本，从而提高企业整体管理水平和持续经营的能力。

企业通过专设信息机构、信息主管，配备适应现代企业管理运营要求的自动化、智能化，高技术硬件、软件、设备、设施，建立包括网络、数据库和各类信息管理系统在内的工作平台，提高企业经营管理效率。

最常见的信息化系统是各种管理系统，如库存管理系统、人力资源管理系统。

3．信息化建设——价值优势

下面介绍企业信息化建设的价值优势，测试的信息化建设也能实现这些价值优势。

（1）实现信息有效流通：消除了企业内部信息流通不畅的问题，促进了企业内部人员的有效沟通，提高了员工的合作意识，增强了企业的凝聚力。

（2）实现资源和知识共享：将员工的经验与技术转化成企业内部资源，既提高了员工的学习和创新能力，也避免了因人员的流动所导致的工作延误。

（3）提高工作效率：通过公文流转的自动化，避免了传统公文流转时由于手工递送而带来的工作延误，以及人员、时间的浪费，保证了工作能被快捷、准确地处理。

（4）实现有效管理：有效监管工作人员的工作情况，实现实时工作任务的监督与催办。

（5）职责分明：明确工作岗位与工作职责，增强人员的责任感，减少工作中的推托、扯皮等现象。

（6）降低成本：大大减少办公开支，降低管理成本。节约时间、纸张、电话费、传真费等，降低差错率，提高整体的工作效率。

（7）信息集中管理、支持企业内部用户信息共享。

（8）支持流程表单自定义、工作流程自定义，迎合不同企业的内部流程。

4．技术层面

主流的信息化建设采用 B/S（浏览器/服务器）架构，与本书的测试系统 C/S 架构完全不同，虽然基础架构不同，但一些设计思路、功能组成是可以参考的，包括测试的各种配置、组态框架、扩展接口、数据发布服务等，这些是可以借鉴到测试信息化建设中的，这些理念可以用 B/S 中的技术来实现。

常见的 B/S 架构都是基于 Java 实现的，也有使用微软的.Net 技术实现的，还有使用曾经很流行的 PHP 实现的。这三种技术都是流行度高、使用者众多的技术，三者各有特点，都是构建 B/S 系统的主流技术。

技术的选型需要综合考虑经济利益、技术成本、难易程度。

很多 Java 技术的开发框架可供使用。在 B/S 架构中有前、后台分离的设计方法，前、后台分离会使软件展示和业务逻辑分离开，便于开发和维护。采用前、后台分离的设计方法后，后台通常是服务器端的程序，前台通常是交互的界面，有很多开发框架可以用在前、后台的开发中，如知名的前台开发框架 Vue 等。

在本书第 4 部分的测试信息化建设中，将讨论这方面的一些思考、设计、涉及的技术。

第3章　C++和Qt

C++是非常流行、强大、常用的编程语言，非常适合用在系统级编程、硬件交互、运行效率高等特点的场景。在测试系统这类测试、测量领域中，充满了硬件交互、高性能等要求，非常适合使用C++。

图形界面库Qt是用C++编写的跨平台图形界面库，在军工、航空、航天、工业应用等领域中非常流行，在使用C++编写程序时，非常适合使用Qt编写图形界面。

基于C++的应用程序，通常是C/S模式的本地应用程序，但这些年非常流行基于浏览器的B/S软件，为此在本章的最后也讨论C/S软件与B/S软件，比较二者的特点。

3.1　C++

C++的英文全称是C plus plus，意为C的超集，它在C的基础上加入了面向对象的支持。在面向对象编程思想出现时，在C的基础上增加了面向对象的特征，便成了C++，所以C++向后兼容C，向前支持面向对象编程，C++的编译器都会有选项按照Cpp编译或者按照标准C编译。

C++是C的继承，它既可以进行C的过程化程序设计，也可以进行以继承和多态为特点的面向对象的程序设计。C++既擅长面向对象程序设计，又可以进行基于过程的程序设计，因而用C++可以编写多种场合的软件。

C++不仅拥有计算机高效运行的实用性特征，而且还致力于提高大规模程序的编程质量与程序设计语言的问题描述能力。

与其他流行的编程语言比较，C++具有如下显著区别。

（1）C++是编译型语言，这是与流行的Python、JavaScript等脚本语言之间的显著区别。

（2）C++编译后得到计算机可直接执行文件，这是与Java、C#等依赖运行时环境的语言间最显著的差别。

3.1.1　C++介绍

C++的内容庞大、复杂、深奥，已有大量书籍对其进行过详细介绍。本节从使用者的角度讨论程序设计语言C++的特点。

（1）C++是面向对象的编程语言，拥有面向对象编程的诸多特征，如类、对象、多态、封装、继承等。它以面向对象编程的方式编写程序，具有高度抽象的能力，能够编写各种复杂场合、复杂业务逻辑的软件。

（2）因为C++面向硬件、兼容C、直接访问内存地址，所以在面向底层硬件的场合，C++可以像C一样快速、高效、易用。

（3）用C++编译程序后，生成可直接在操作系统上运行的二进制程序，可直接运行，不需要运行时环境、运行时解释器。基于C++编写的软件，不依赖运行环境，更加灵活、适应性强。

（4）泛型编程可以在编译时展开、生成具体代码，相比链接库函数的调用方式，会少很多函数调用，从而使执行速度更快。

（5）C++的标准库简单、轻量，没有很多复杂的库函数，C++的标准库可以使 C++更易于掌握、更易于使用。C++的标准库，大都采用了泛型编程、编译时展开的机制，进一步提升了 C++的运行时效率。

（6）C++的一个显著特点是追求高效，和其他语言比较，运行时的高效是 C++最重要的优势。

（7）C++与其他编程语言比较的特点如表 3-1 所示。

表 3-1　C++与其他编程语言比较的特点

特　点	描　述
兼容 C	既兼容 C 的过程化程序设计，又具备面向对象编程设计能力。因此，很多使用过 C 的人，经过简单学习后就可以用 C++写小程序，用 C++写程序的人也可以用 C 风格写程序
执行效率高	在面向对象编程语言中，其执行效率是最高的
具有很多编码技巧	例如，泛型编程虽然不易于使用，但却是一种有效的机制。泛型编程不易理解，所以用好的人很少，程序员需要理解编译器的编译展开机制，才能更好地掌握泛型编程
抽象能力强	C++可以面向硬件，同时具有高级的抽象能力，既能编写面向硬件的底层代码，又能编写抽象、复杂的应用软件

1．开发环境

通常，在 Windows 操作系统中编写、调试、运行 C++，可以使用微软的开发工具 Visual Studio（简称 VS）和 VC 编译器，也可以使用 Qt Creator 和 MinGW 编译器，它们都是比较好用、易用的开发环境、编译器。

2．现代 C++

自 C++发布 C++98 后，C++标准沉寂了很多年，最近这些年快速发布了几个版本，包括 C++11、C++14、C++17、C++20、C++22，新增和修订了很多内容，力图追赶其他高级语言，C++从一个古老的编程语言近乎成为全新语言。这些更新确实加入了很多内容和特性，使 C++更加现代化了。

从 C++11 到 C++22 称为现代 C++。现代 C++的新特性都围绕 C++之父指明的两条主线：一是直接硬件映射，二是零开销抽象。这也正好体现了 C++的蜕变方向：更快、更好用。

现代 C++在 C++98 基础上进行了很多改进，令作者印象深刻的改进如下。

（1）新增了关键字 auto：在某些情况下，auto 很好用，如定义 map 的迭代器。在 C++98 中要写很长的类型，而用 auto 后只需要写 4 个字母，非常便捷。在编写、阅读代码时往往需要知道具体的类型，而在使用 auto 后，需要分析才能知道具体类型。

（2）新增了匿名函数 lambda 表达式：在某些情况下使用，可以避免加入很多函数。

（3）新增循环访问 foreach：可以方便地循环访问数组元素，这是现代的编程语言都具备的循环访问。

（4）标准库中有很多更新：加入了正则表达式、线程、并发操作等。因为有些人认为 C++的标准库内容太少，所以在这些年的 C++更新中大量增加了标准库内容。

3. 流行度

程序设计语言经过多年发展，出现了很多新语言。在使用量方面，在 Java 出现的头几年，抢走了很多 C++使用者，导致 C++用户量大大下降，之后到现在，C++用户量一直很平稳，没有大的起落，C++仍然拥有很多稳定的使用者。

4. 编写健壮的 C++代码

由于 C++复杂，编写代码容易出错、对开发人员要求较高，所以有很多 C++编码准则。普通 C++使用者应该避免使用复杂的 C++特性，因为普通 C++使用者花在使用高级特性的时间、精力远远大于问题本身，应该把时间和精力用在理解软件的业务逻辑上。在多数情况下程序员不应该在语言层面耽误太多时间。

编写 C++代码，要基于防御式编程的方法，可以减少程序异常出错的风险。防御式编程（Defensive Programming，来源于 *Code Complete* 即《代码大全》）。防御式编程的主要思想是：子程序不应该因传入错误数据而被破坏，哪怕是由其他子程序产生的错误数据。其核心思想是：要承认程序会有问题，程序都需要被修改。聪明的程序员应该根据这一点来编程序。

3.1.2 选择 C++

C++有诸多的特点，在实现测试系统框架时应基于如下考虑。

1. 面向硬件、高效

C 和硬件打交道比较方便，能直接操作物理地址、寄存器，C++兼容 C 也可以方便操作硬件。例如，在很多定制化的总线板卡中，板卡的驱动程序使用 C 编写，提供的驱动库也是 C 函数库，使用 C++编写应用程序，可以方便调用这些驱动库。

C++执行效率高，没有影响运行时效率的环境依赖、内存回收器，能够有面向对象编程的高度抽象能力，编写复杂应用程序，又能面向硬件高效运行。

能有效使用硬件和管理高度复杂性的应用程序，这是 C++不可替代的优势。

2. 交流的需要

技术人员在工作（包括嵌入式开发、逻辑程序开发）中经常需要和其他技术人员交流、对接调试。技术人员都会使用 C 进行通信调试、对接调试，掌握兼容 C 的 C++可以方便地和其他人交流。对于很多名称概念，如定义数据结构、位域、高位低位、字、双字、字节序等，C 和 C++的技术人员会很熟悉。

3. 如何解决弊端

在使用 C++的情况下，应遵守 C++的编程准则，执行编程规范，以提高设计、编码的健壮性。在这方面有很多具体措施，大量的有关 C++的书籍描述如何正确使用 C++。

下面介绍简单、易用的具体方法。

（1）从设计的角度，减少复杂设计、测试驱动设计、充分模块化、积极设计测试用例，为方便编写测试代码做一些设计。

（2）从编码的角度，执行一套编码规范，防御式编程。

（3）有效设计对象的生命周期、作用域。谨慎地使用 new，在编程过程中的很多时候没必要使用 new。必须使用 new 时再使用。

4．编程本身很复杂

有人认为：软件是人类有史以来最复杂的发明。

软件可以随意地编写创造，根据个人意志生成、修改，这导致了软件从需求、功能、设计、编码的每个步骤都很复杂。

编程代码本来就很复杂，为了性能、面向硬件，可以使用 C++。如果只是做普通应用程序，没有高效、硬件访问等要求，可以避免使用 C++。

3.1.3　C++与 Java 对比

Java 是这些年最流行的编程语言，也确实有很多优点，C++程序员使用 Java 后，一定会被 Java 程序的流畅所折服。相反，如果 Java 程序员使用 C++，则一定会大吐槽。

C++的程序需要由程序员自己设计层次，太依赖于程序员的编码水平。若将大量代码文件都放到一层目录中，没有区分子文件夹、没有层次，则不好区分软件模块结构，这很不友好。相比之下，Java 中包的概念就好很多，若会用 Java 则一定会用包，所以写得再烂的 Java 程序，也能分清层次，若是 C++的烂程序，则基本没法理解了。

相比之下，Java 中包、异常机制、单一继承等，从语言层面已经约定好、强制写程序的人利用好的编码习惯，而在 C++中这些是编码准则，需要完全依赖于程序员的个人水平，很落后。就好像学习 C++的人，花了大量时间学习语言本身，然后又要学习 C++编程规范，之后用几年时间将这些规范变成自己的编码习惯，而使用 Java 的程序员，在学完语言本身后，编写的程序已经具有了良好的风格。

Java 与 C++各有其特点。C++与 Java 的主要比较如表 3-2 所示。

表 3-2　C++与 Java 的主要比较

比较	Java	C++	优胜
包	在 Java 中，用包区分软件模块，在编程语言层面，自然有模块化设计	C++中没有包，只有命名空间，并且不强制要求。在 C++中，模块设计要依赖于程序员的习惯	Java
异常	在 Java 中，函数方法若抛出异常，则调用者必须处理	C++有抛出异常、捕获异常的机制，若子函数抛出异常，则上层的调用代码可以不捕获，如果一直没有捕获则最后导致软件异常	Java
继承	在 Java 中，类只允许单一继承，只有接口类可以多重继承实现	C++允许多重继承，多重继承的缺点是容易出现继承向上的二义性	Java
内存管理	Java 具有内存回收机制，Java 内置了内存回收器，在写代码时可以随意地写 new、创建对象，对不使用的对象也不必费心思收回，由 Java 内置的内存回收器负责回收	C++中没有内存回收机制，每个 new 需要主动调用 delete，导致 C++容易出现内存泄漏问题，也导致 C++程序更加复杂	Java
效率、访问硬件	C++能够超越 Java 的也就只有执行效率了，这里没有量化的比较数据，只能直观地说 C++程序比 Java 程序运行快。性能考量也是选择 C++的主要原因		C++

由于 Java 具有内存回收机制，可以随意地写 new 创建对象，导致很多程序员不再关心运行效率。然而，创建对象、申请系统的资源等操作，相对耗时进而影响程序的运行效率，这也是很多 Java 程序运行慢的根本原因。

在 Java 中为了提升运行时的性能，采用一种专门的技术（称为性能调优）对已有的 Java 代码进行改进。Java 性能的根源在于内存回收机制，即便经过性能调优后，Java 程序的执行效率仍然不会比 C++高。

3.1.4　C++的缺陷

编程语言有很多，也有很多批评 C++的声音。

关于编程语言好坏的讨论永远是程序员社区中最激烈的争论。Linux 创建者就十分讨厌 C++，经常在开源社区发文痛斥 C++。也有很多人痛斥 C++复杂、容易出错。而那些拥护 C++的人进行反驳的一条理由是：很多 C++使用者的水平低导致用不好 C++。人各有所好，各抒己见，众说纷纭。

C++是 C 的升级版，这也导致了 C++有些不伦不类。为了兼容 C，C++没有完全面向对象编程，一些面向对象的特性实现得不够良好。例如，在 C++中没有所有类的基类 Object。Java 于 20 世纪 90 年代出现，Java 中各种优良的设计使大量程序员蜂拥而至，直到现在，Java 仍然是很多人使用的编程语言。

1．C++的缺点

C++被大量开发者批评，C++的缺点如表 3-3 所示。

表 3-3　C++的缺点

缺点	描述
太复杂	C++的概念多、难懂、需要花费大量精力学习，而很多现代化编程语言的入门很容易，C++确实比较难以掌握
没有强制要求异常处理机制	在 C++中，若子函数有 throw 异常，在上一层可以不写 try catch，程序照样编译运行。在有异常出现时，软件直接崩溃退出，不给使用者提供有用的提示信息，C++的异常处理机制太鸡肋。在各种 C++库中也很少看到有人使用 C++异常处理机制。而在 Java 中调用函数抛出异常，调用者必须 catch 这个异常，然后用代码处理异常，相比 Java 的异常处理机制，C++的异常处理机制太落后了
隐式类型转换	void*可以转换任意对象，允许程序员任意转换，导致代码设计混乱，增加出错概率，很难排查
编码规范太多	用 C++编写代码，有各种编码条款、各种注意事项，太多了
变量初始化	定义基本数据类型的变量，需要主动赋值，否则变量的值是随机的异常值。因此，有一条 C++编程准则是：变量要初始化
其他	略

同时，C++中有很多概念、内容，相比其他语言确实内容庞大。编程语言复杂度比较如图 3-1 所示。

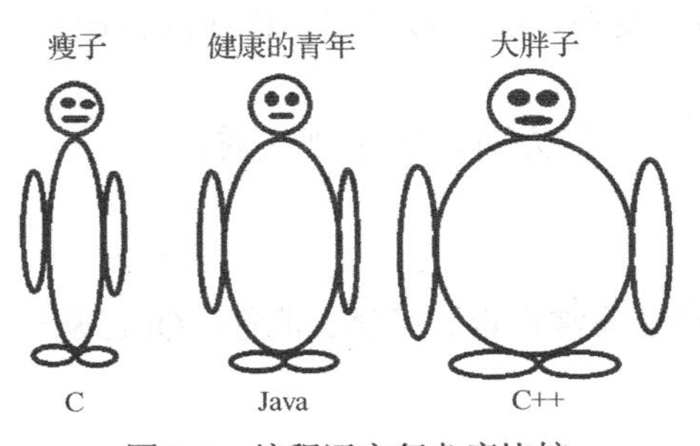

图 3-1　编程语言复杂度比较

从图 3-1 可以看出，C++是个大胖子，非常臃肿。Java 是一个健康的青年，不胖不瘦刚刚好。C 是个瘦子，没什么肉，就像 C 一样概念少。

2. 用 C++编写的软件是否稳定

有些人说用 C++编写的软件不稳定。软件是否稳定和编程语言没有关系，用其他编程语言编写的软件也会有崩溃现象。软件是否稳定、可靠视程序员而定，和编程语言无关。

可能的原因是：C++不强制要求捕获异常，软件中出现内存访问等异常时，会直接进入操作系统层面的异常处理中，操作系统会直接关闭软件，而没有有效的提示，进而导致用户觉得软件不稳定。Java 等语言内置异常处理机制，所有的异常都会进入 Java 的异常机制中，给用户的感觉更友好。

3. 少数人的自娱自乐

这些年，由于 C++不断地更新、加入新特性，更加暴露了 C++的缺点：C++更加复杂。面对 C++的复杂，很多人认为 C++已经变成了少数人的自娱自乐。多数程序员不需要使用高级、复杂的特性，绝大多数的软件代码不需要这样写，不使用这些特性也行。

4. C++是否会消失

C++本身确实有一些问题，然而人们也认可其优点。并且，大量的工业基础软件、生产工具软件是用 C++开发的，如 Chrome 浏览器的核心 V8 引擎、三维引擎 OpenGL。在很多要求高性能、高实时性的应用场景中，也要求编程语言具有一定的抽象能力，C++是首选，如工业控制软件。

纵观来看，C++不可能消失，只不过其应用领域越来越窄。

3.2 Qt

Qt 是用 C++编写的跨平台图形用户界面应用程序开发框架，从 20 世纪 90 年代后期到现在，已经稳定流行 20 多年，在世界各地各种应用程序中都经受了考验、验证。

Qt 是 Linux 操作系统中事实上的图形界面标准库。在 Windows 操作系统中，基于 C++开发图形界面程序，在有跨操作系统运行需求时，首选也是 Qt。

很多国产化操作系统选用 Qt 作为图形界面开发工具，特别是军工等领域对国产化操作系统需求量大，也导致 Qt 的使用量非常大。

在 Qt 的官方主页中，包括嵌入式领域、桌面应用领域、手机端开发，这些都是 Qt 可以应用的领域。在各类桌面应用程序中也有大量基于 Qt 的应用程序，如流行的国产化办公软件金山 WPS 就是用 Qt 编写开发的，编写移动应用程序的国产开发工具套件 HBuilder 也是用 Qt 开发的。

在流行度、稳定性、易用性等方面，Qt 表现优秀。

3.2.1 Qt 的基本特点

经过多年的发展，Qt 已经非常稳定、可靠、流行。Qt 已从一个小众的界面库成为图形界面开发领域的主流。

1. 优点

（1）源码跨平台：源码可在 Windows/Linux 等操作系统中编译、运行，这是重要的一个优点。一次编写，四处编译，在国产化的大背景下，该优点尤其重要。

（2）容易使用：Qt 非常容易使用，开发人员经过简单学习就能掌握。简单阅读几个 Qt 类代码，就会发现 Qt 中的每个类名称、接口函数名称都是容易记忆和调用的。其源码目录层级结构清楚，很容易定位到需要的类库。

（3）提供开发套件：Qt 配有开发工具套件 Qt Creator，其功能丰富、强大、跨平台，能在 Windows、Linux 等操作系统上使用，并且在各自操作系统中的表现一致。

（4）丰富的例子：Qt 内置了大量、完整的示例代码。示例代码可以直接编译、运行，在编写代码实现软件功能时，可以参考示例的源码，然后自己实现功能。

（5）文档齐全：Qt 的帮助文档 Assist 中有丰富的资料，其解释齐全、丰富，非常有用。

（6）不只具有图形界面库：除提供图形界面功能外，还包括大量其他功能组件，如网络编程组件、XML 组件、脚本引擎组件、跨平台的数据库访问组件等。

2. 人员要求

使用 Qt 不需要有高深的 C++知识，只要掌握 C++基础知识，语法、类、继承、多态、指针等就可以使用 Qt，在 Qt Creator 中建立界面工程，编写图形界面软件，做一些小型图形界面软件项目，随着经验的增加，可以参与复杂系统的开发。

3. Qt 很好用

在使用 Qt 的过程中，会发现 Qt 充分考虑了程序员的感受，提供了丰富的类，类命名、函数命名、库命名非常友好，各个类的接口方法也非常丰富，例如：

（1）QWidget 中的接口函数有：父窗口函数、子窗口函数、坐标转换函数、事件函数。

（2）QPainter 绘图函数中：重载了几十种绘图函数。

很多库非常好用，如封装的 QAbstractSocket 近乎涵盖网络通信中用到的所有操作，其他还有文件操作的 QFile、文本流操作的 QTextStream 等。

4. 界面美化

参与过 Web 界面开发的人员很清楚，可以用一套样式表 CSS（Cascading Style Sheets，层叠样式表）搞定界面美化，用 CSS 指定控件颜色、背景图标、渐变色、图标等可见的外观。Qt 的界面也可以用一套样式表来改变外观，Qt 的样式表语法与 Web 中 CSS 基本一致。使用 Qt 自带的 Qt 设计师（QtDesigner）工具，通过用鼠标拖放控件、设置布局、设置控件属性、填写 CSS，就能完成一个美观的界面，不需要任何编码。

5. 缺点

Qt 的缺点是：一些库的执行效率低，如 Qt 网络编程库不适合用于高速数据接收；脚本引擎执行效率也不高。但是这些影响不大，多数软件无太高的性能指标，如果要写一个高速通信的代码，网络接收部分则不能调用 Qt 的网络通信模块。

6. 弥补 C++标准库的不足

Qt 是图形界面库，在 Qt 中也有大量的非界面功能的类，如线程类、Socket 通信类、编码类等，正好弥补了 C++标准库中缺少的内容。

这些基础的类（如 QString、QByteArray、QFile、QTextStream 等）封装了开发中常用的操作，比 C++标准库中的接口方法更加丰富，这些类非常好用。Qt 中的常用模块举例如表 3-4 所示。

表 3-4　Qt 中的常用模块举例

Qt 模块	描述
Qt 网络通信	网络通信相关类，封装的函数容易理解、好用
Qt 线程相关	封装的线程类，包括启动、停止等，互斥量访问等
文件读写相关功能	QFile 封装了文件读写相关功能、QTextStream 文本数据读写功能、QDataStream 二进制数据读写功能
QtScript/QtXML 等	用于执行脚本的 QtScript，用于解析 XML 的 QtXML

7．跨平台

需要跨平台的首要原因是国产化，国家战略层面一直在推行国产化，作为基础软件的操作系统是重点，在各类国产操作系统中，图形界面开发又以 Qt 为主。然而，我们平时使用的很多软件只允许运行在 Windows 环境中，为了满足既能运行在 Windows 环境中又能运行在各类国产操作系统中的需求，使用 Qt 开发软件可以支持跨平台编译、运行。

在应用场景方面，必然是用 C/C++编写高速、实时通信的应用程序，此时的图形界面框架只能使用 Qt。如果采用前、后台分离原则，用 C++写后台，用其他语言写前台，显然增加了设计的复杂度。在 Linux 或者 VxWorks 环境中运行的很多图形界面都是使用 Qt 开发的。

8．嵌入式设备

Qt 的官方网站主要介绍在设备（如移动端、车辆等）上的优势。诺基亚手机、塞班操作系统中各种应用程序都是使用 Qt 开发的。诺基亚手机流行了很多年，然而在安卓（Android）系统遍天下的今天，Qt 也支持安卓等移动平台中的软件开发，并且 Qt 在一些领域中也很流行。

3.2.2　Qt 的两条技术线

Qt 至今发展了 20 多年，从早期的 Qt1 到最近的 Qt6 已经有了 6 个大的版本号，Qt 版本不断更新并增加了很多新的特性，这些特性不断改进、丰富 Qt 库，使 Qt 越来越好用、越来越强大。发展到现在，Qt 中有两条并行的界面开发技术线：一是基于 QWidget 方式开发界面，二是基于 QML（Qt Meta-Object Language，Qt 元对象语言）方式开发界面。

这两种界面开发方式的差别非常大：一种是基于 C++代码，另一种是基于描述性格式文件。这是完全不同的两种界面开发方式，所以是两条技术线。两者各有特点、适合的应用场合。

1．QWidget 方式

QWidget 属于传统界面开发，和 VB/VC/Delphi 等拖放控件开发类似。在 Qt 的各个版本中都可以基于 QWidget 方式开发界面。在 QWidget 内部调用操作系统的绘图函数，从头绘制界面，采用 QWidget 方式时，使用 C++编写代码操作控件、各种 QWidget 对象，实现界面功能，这是 QWidget 最本质的特征。

QWidget 意为小部件，是用户界面的原子：它从窗口系统接收鼠标、键盘和其他事件，并在屏幕上绘制自己，每个小部件都是矩形的，它们按顺序排列，小部件由其父部件和它前面的小部件剪裁。

本书中使用的 Qt 界面开发，是基于 QWidget 的方式。

2．QML 方式

在 Qt4.7 及后续的 Qt5 中，Qt 官方主推 QML 技术。QML 是 QtQuick 技术的一部分，用一定的格式来描述一个程序的用户界面，而不是编写 C++代码实现界面。在 QML 中，一个用户界面被指定为具有属性的对象树，用描述性的语言描述界面，而不是编写严谨、规范的 C++代码，这使得 Qt 更加便于很少或没有编程经验的人使用。

QML 是一种声明式编程语言，并且是 Qt 框架的一个组成部分。QML 的主要功能是让开发人员快速、便捷地开发出用户界面，这些界面包括桌面应用、移动设备和嵌入式应用的界面。另外，QML 还能够与 JavaScript 无缝整合一起开发使用，即在 QML 代码中可以使用 JavaScript 代码。

在 Qt4.8 中建立的 QtQuick 项目中的 QML 文件示例如下。

```
import QtQuick 2.9
import QtQuick.Controls 2.2
ApplicationWindow {
    visible: true
    width: 640
    height: 480
    title: qsTr("Scroll")

    ScrollView {
        anchors.fill: parent
        ListView {
            width: parent.width
            model: 20
            delegate: ItemDelegate {
                text: "Item" + (index + 1)
                width: parent.width
            }
        }
    }
}
```

这些年，移动端、互联网移动应用火热，Qt 针对这类应用特点推出 QML 技术。QML 旨在帮助开发者创建在移动电话、媒体播放器、机顶盒和其他便携设备上的，使用越来越多的直观、现代、流畅 UI 的工具集合。

3．比较

QWidget 和 QML 各有优势：QWidget 传统、中规中矩，QML 新颖、时尚。它们都是很强大、可靠的技术。在应用领域方面，QWidget 主要集中在传统行业，如金融、军工、安防、航天、船舶、教育等领域；QML 主要集中在移动端、互联网领域，如汽车仪表、直播、车载软件等领域。

因为本书的测试系统是应用在传统行业的一套应用软件，所以采用了 Qt 的 QWidget 方式，作为主要技术路线。

3.2.3　Qt 与 MFC 对比

MFC 是个老古董，是一个 Windows 操作系统中 C++的界面库，曾经是 Windows 上的界面开发主流框架。其他 C++/C 界面框架的流行度都不高，并且也比较小众，如 C 风格的 GTK、C++的 wxWidgets。也有一些界面框架是基于 MFC 再封装的界面库，如 Xtreme Toolkit、BCG 等，然而这些类库仍然是 MFC，依赖 MFC 的原理机制。

在 C++的界面库中，选择 MFC 进行对比。

MFC 基本理念是对 Windows 的原始 API 函数再封装。由于 Windows 的 API 接口是用 C 编写的，所以 MFC 编程风格有些类似 C 风格，即没有完全的面向对象设计。而基于图形界面程序库的软件往往是描述现实世界的，最好的方式是按照面向对象的理念进行充分封装，而 MFC 在这方面做得不好，导致 MFC 难以使用。

大部分 C++程序员做界面都曾经使用 VC/MFC，那些无处不在的各种宏、各种 ID、ID 对不上导致的各种问题，调整控件位置不停地调用 MoveWindow 函数等，即便使用 MFC 第三方的界面库，不管那些界面库多么高级，都没有改变 MFC 本身的设计问题。

MFC 与 Qt 的主要对比如表 3-5 所示。

表 3-5　MFC 与 Qt 的主要对比

对比项	MFC	Qt	优胜
界面编辑、控件	在 MFC 的 RC 资源文件中可以定义界面对话框资源。在开发工具 Visual Studio 中可以图形化编辑界面、拖放控件、挪动位置、修改属性等	Qt 的 UI 文件用于定义界面。在 Qt 设计师（QtDesigner）中可以图形化编辑界面、拖放控件、修改属性等，且 Qt 内置了大量控件	相同
控件的各种属性	在 MFC 中，控件的属性比较少。属性没有层级关系	Qt 的控件有大量的属性，包括控件的基类属性、每层的基类属性，以继承的层级逐层显示，非常易于理解、直观易用	Qt
界面布局	MFC 没有布局的概念。需要在 WM_SIZE 消息响应函数中，写代码移动每个控件的绝对位置	在 Qt 中有布局。布局后，界面控件可以根据窗口大小，在调整后自适应位置、大小，不用写代码挪动位置	Qt
样式表	在 MFC 中，没有样式表机制	Qt 支持样式表。可以用样式表修改界面显示的外观，非常易于修改界面的外观	Qt
动态创建	MFC 没有内置的动态创建机制，只能使用 Windows 的 COM 机制，实现运行时的创建界面	Qt 内置了动态 UI 机制。在运行时加载 UI 文件，可动态创建、显示界面	Qt
基类	CWnd 是所有界面类的基类。CWnd 只提供了少量的接口方法，在实现很多功能时，仍然要依赖于 C 风格的宏定义、Windows 原始 API 编程	QWidget 是所有界面相关的基类。QWidget 提供了和界面相关的各种函数	Qt
性能、执行效率	都是基于原始 API 的绘图函数，都是人工点击操作，代码都是 C++，所以 MFC 与 Qt 在界面库的性能基本一致		相同

3.2.4　Qt 与其他界面库对比

除 C++的各类界面框架外，其他编程语言的图形界面框架也有很多，下面罗列一些与界面相关的技术，与 Qt 进行对比。

1．C#的 WinForm

Windows 中最常用的莫过于.Net 环境的 WinForm、WPF，对应 WPF 在 Qt 中有类似的 QML 技术。应将 QWidget 与 WinForm 进行比较，WinForm 确实很易于开发界面，入门也简单。下面以 Qt 的 QWidget 方式和 C#的 WinForm 进行比较，找出的缺点如下。

（1）WinForm 不是开源界面库，使用多年 WinForm 之后仍不知道原理，不会知道 WinForm 的各种效果如何实现，在遇到问题时，无法根据源码推导出解决方案。而在 Qt 中，实现一些复杂的效果时可以跳到 Qt 的源码中，参考源码、弄懂原理，然后自己实现。

（2）WinForm 中的控件属性编辑窗口中的属性太多且没有层级，很难被定位、使用，一些控件有属性，另一些控件没有属性，让人搞不懂、疑惑。Qt 中的控件属性编辑窗口，有一层一层的基类继承关系，可以知道控件的属性、信号是哪个基类的，很容易记忆、使用。

2．安卓应用程序界面开发

缺点是：安卓的界面支持图形化拖放、布局、控件、样式等，编辑完界面后，需要手写代码，将界面中的控件通过 ID 绑定到代码中的对象，这需要手写代码。Qt 的 qMake 自动生成代码、生成对象，自动将控件 ID（Object Name）绑定到对象，相比之下，安卓要落后一些。

3．Web 界面 HTML 开发

缺点是：没有好的可视化编辑方式，在 Web 前台界面的 HTML 开发中，多数的开发方式是手写前台界面中的各种 HTML 标签元素、表单等，然后在浏览器中运行查看效果，没有好用的可视化编辑工具。与其他图形界面开发比较，其开发效率、调试效率低一些。有些复杂的界面会有界面专职美工设计，但对于多数开发者，仍然是手写 HTML 代码、用浏览器运行看效果的，没有主流的面向程序开发者的可视化界面工具。

3.3　使用 Qt

在本书的测试系统框架中，Qt 是应用的核心技术。本节首先介绍从搭建开发环境到基本使用，接着介绍 Qt 的重要概念等内容，作为 Qt 使用入门。

1．基础

Qt 好用易学，掌握 C++是掌握 Qt 的基础，应先学习好 C++基础，之后找一本关于 Qt 的书籍，阅读且掌握前面基础的几章就够用，然后是实践，在实际项目中多用 Qt，调试程序、查看 Demo、使用 Assist，多用就可以掌握、用好 Qt。

推荐阅读《C++ GUI Qt 4 程序设计》（第二版）。

掌握如下基本内容，可以事半功倍。

（1）使用 Qt Creator：Qt Creator 是集成开发工具，可先使用 Qt Creator 编辑源码，然后编译、调试、运行程序等，还要掌握一些常用快捷键。

（2）使用 Assist：Assist 是安装 Qt 后的帮助文档，其中包括多个手册，借助 Assist 可使用索引和查询帮助、查询出示例代码，然后可以打开示例代码、编译、运行示例。

（3）使用 Demo：Demo 是 Qt 安装后的示例程序，可以找范例、源码，编译、执行范

例源码工程。

（4）使用 Qt 设计师：设计 UI 界面，包括拖放控件、设置布局、修改属性、连接信号和槽等。

2．集成开发环境

基于 Qt 开发应用程序，要使用集成开发环境，既可以使用微软的 Visual Studio，也可以使用 Qt 官方提供的 Qt Creator。推荐使用 Qt Creator，这是 Qt 提供并推荐使用的开发工具，是专为 Qt 开发的集成开发工具，其功能丰富，也易于使用，在 Windows、Linux 上的表现一致。如果开发的应用程序需要跨平台编译、执行，使用 Qt Creator 不需要修改任何工程文件，就可以在 Windows、Linux 中打开 Qt Creator 工程文件、编写代码、编译运行、调试代码，掌握 Qt Creator 的快捷键可以提高工作效率。

Qt Creator 在 Windows 操作系统、Linux 操作系统等环境中，其外观、使用等表现均一致。在 Qt 官方网站的下载页面中，有 Windows、Linux 等操作系统的 Qt Creator 可供下载使用。Linux 环境的 Qt Creator 如图 3-2 所示。

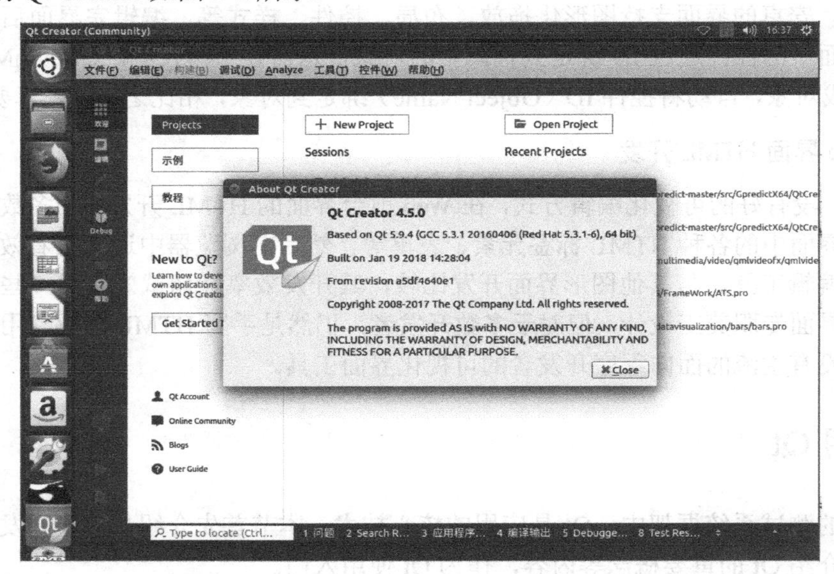

图 3-2　Linux 环境的 Qt Creator

3.3.1　开发环境

有多种方式可供搭建 Qt 的开发环境，可以自己下载 Qt 源码，自己用编译器编译生成静态库、动态库，可以使用 Qt 提供的编译好的安装包。在最近的更新中，Qt 也提供了在线安装方式。

在 Qt 官网的下载页面中，有很多的 Qt 版本可供使用，可以根据自己的情况选择下载安装。用早期版本 Qt 搭建开发环境会有些麻烦。

1．Qt4 环境搭建

基于 VC 编译器的 Qt4 开发环境，需要执行几个步骤，包括安装 Qt Creator、安装对应 VC 编译器的 Qt 包，然后运行 Qt Creator，在 Qt Creator 的“选项”对话框中，设置构建和运行的编译器、Qt 版本、路径等内容。Qt Creator 3.6 的“选项”对话框如图 3-3 所示。

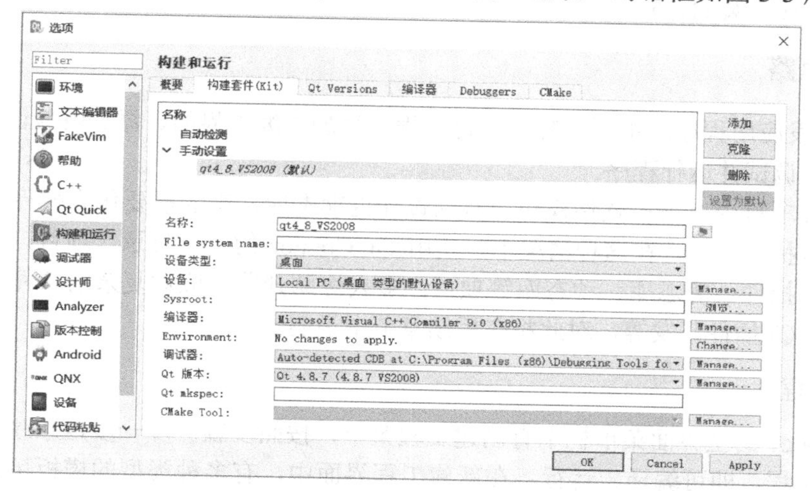

图 3-3　Qt Creator 3.6 的“选项”对话框

2．基于 opensource 的开发环境

一些版本的 Qt 中提供了 opensource 文件，可以直接安装。例如，在 Qt 官方网站的下载页面中选择 Qt5.5 版本，定位到 qt-opensource-windows-x86-mingw492-5.5.0.exe 选择下载该文件，执行顺序安装，在安装过程中会提示选择安装的编译器、Qt 组件等步骤，Qt5.5 opensource 安装设置如图 3-4 所示，可根据需要选择安装，安装完毕之后可将编译器、Qt 库、Qt Creator 等全部安装上，之后直接启动 Qt Creator 就可以编写、调试 Qt 程序。

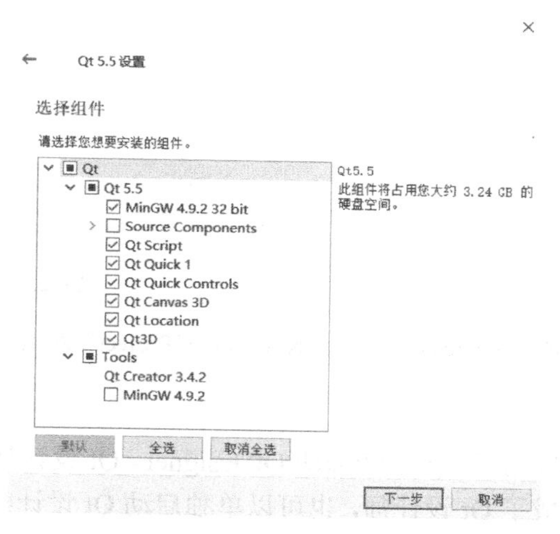

图 3-4　Qt5.5 opensource　安装设置

3．在线安装

自 Qt5.15 版本和 Qt6 全系列开始，对于个人非商业版本，也就是开源版本，Qt 不再提供已经制作好的操作系统下的离线安装包，安装 Qt 有以下两种选择。

（1）下载编译源码：例如 qt-everywhere-src-5.15.2.zip，但是编译过程烦琐，需严格遵循编译步骤，且花费数小时的时间。

（2）在线联网安装：基于 Qt 提供的在线安装工具，安装步骤相对简单，顺序执行安装即可，所以推荐在线安装的方式。

3.3.2　工程思路

使用 Qt 开发应用程序的主要步骤：创建工程、添加并编辑界面、添加响应函数。之后，编写业务代码、调试并运行程序。

在复杂工程项目中有很多软件模块，有的设计为动态库，有的需要作为控件。此时，不是一个单一的可执行程序。在这种情况下，使用 Qt Creator 的“子目录”项目，在其中建立主程序、自定义控件、静态库、动态库等项目，多人协助开发。应对复杂的软件设计，一定会用到框架化、Qt 插件开发等，对此将在后续章节中说明。

1. 创建工程

在 Qt Creator 的主界面菜单栏中有创建工程菜单，按照步骤一步一步地顺序执行，建立一个图形界面工程，即可编译、运行。在新建工程界面中，有多种类型的模板可供选择。在如图 3-5 所示的 Qt Creator 3.6 的“New File or Project”对话框中有 Qt Widgets Application（界面 QWidget 应用）、Qt Console Application（命令行应用）、Qt Quick Application（QtQuick 应用）等，可根据需要选择模板。

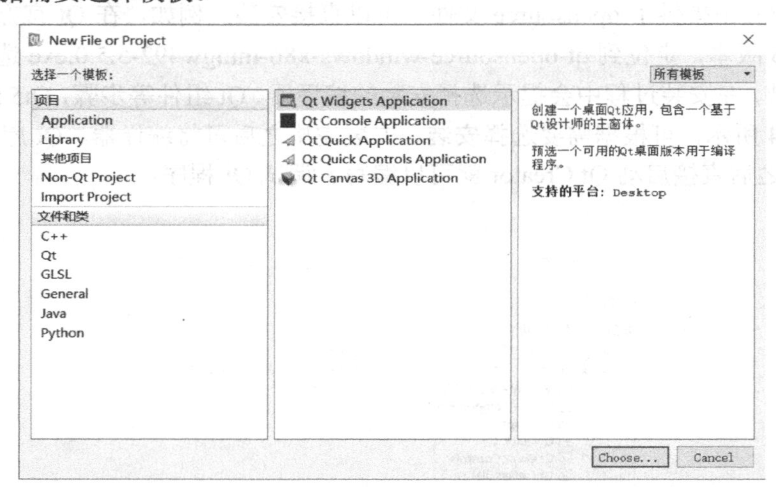

图 3-5　Qt Creator 3.6 的“New File or Project”对话框

2. 添加并编辑界面

编辑界面的核心思路是，使用 Qt 设计师即 QtDesigner。Qt 设计师是可视化的界面设计工具，在 Qt Creator 中已经集成了 Qt 设计师，也可以单独启动 Qt 设计师，在其中编辑 UI 界面。在 Qt 设计师中编辑 UI 界面，如图 3-6 所示。

（1）新建 QWidget 工程后，会自动添加一个 MainWindow 界面，Qt Creator 主界面会打开 Qt 设计师的编辑界面窗口，编辑新建的 UI 文件，在 Qt Creator 左侧的控件视图（Widget Box）中，可以拖曳控件到 UI 界面中。

（2）用鼠标选中控件，在属性窗口（属性编辑器）中会显示该控件的属性，根据需要在属性窗口中将控件的属性值改为自己想要的属性值。

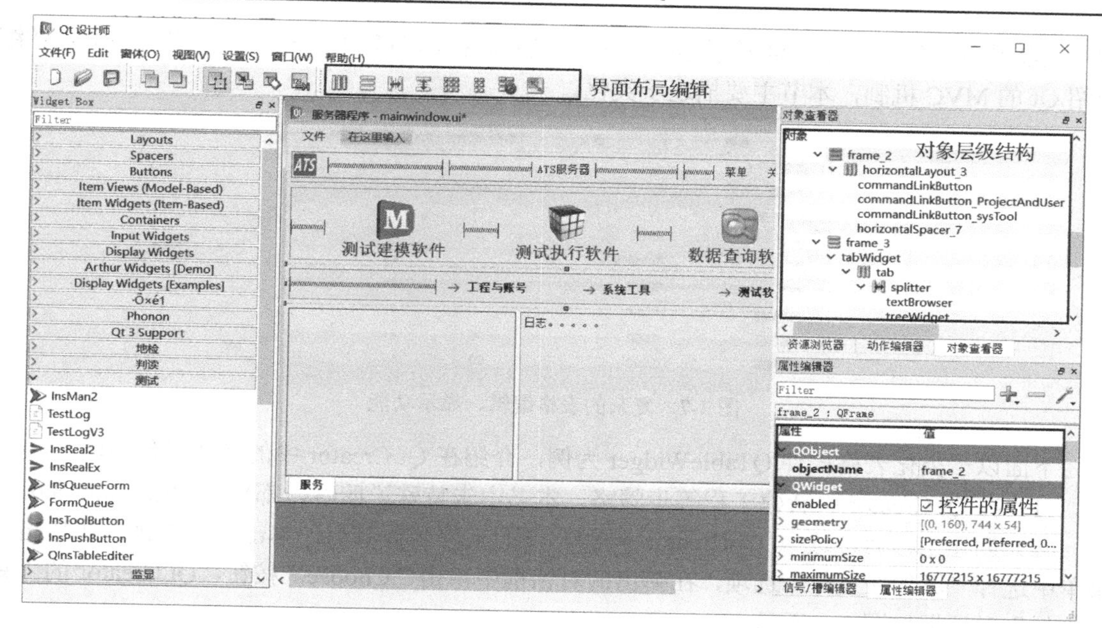

图 3-6　在 Qt 设计师中编辑 UI 界面

（3）编辑控件的布局，调整界面控件的排列显示，包括水平、垂直、表格等布局方式，调整界面各控件位置、大小，修改属性、外观等，达到自己想要的效果。

3．添加响应函数

完成界面中的控件、布局、属性等编辑后，需要为控件添加信号的槽函数，以及具体代码。

（1）在 UI 设计界面中选中控件，选择右键菜单（指单击鼠标右键后弹出的菜单）中的“转到槽”选项，为控件添加信号的槽函数。在槽函数中编写具体的代码。

（2）各种控件有丰富的信号，控件有基类、基类的基类等，在通过“转到槽”选项打开的对话框中，可以看到很多信号，它们是控件、控件的基类提供的信号。

3.3.3　子类化

子类化是程序设计的一个重要的内容。这里的子类化是指基于 Qt 中已经存在的控件类，继承该类，将实现具体功能的代码实现在子类代码中，之后在界面的 UI 设计中将一个基类控件提升为子类化的类。

下面举例实现一个复杂的表格编辑功能，实现复杂的表格编辑、显示功能，如图 3-7 所示。

1．复杂表格功能

实现一个复杂的表格功能，可以子类化 Qt 的表格类 QTableWidget，在子类中实现具体功能，在主界面 UI 设计中只需要拖放一个 QTableWidget 控件，将该控件提升为子类化的类，将大部分功能代码编写在子类中，这样主界面的代码会非常简洁、清晰。

在这个复杂的表格功能中，单元格的显示、编辑都与常见的表格不同。例如，有的单元格的编辑会弹出下拉框，有的单元格会有选择框，有的单元格会有背景色标黄、标红。实现这些功能必须子类化 QTableWidget，既复用了 QTableWidget 的一些表格功能，又能写代码实现一些特殊的功能，这里还涉及了 Qt 的 MVC 机制。在本书第 3 部分“工程实践”中会详细介绍 Qt 的 MVC 机制，本节主要描述子类化。

	参数	含义	单位	原始值(HEX)	填充
1	指令编码字	42		2a	>>
2	时间戳	0		00 00 00 00	>>
3	参数长度	17		11	>>
4	模式	关闭		--	>>
5	源选择	指向值指向		--	>>
6	选择	粗跟踪		--	>>
7	扫描使能	不扫描		--	>>
8	扫描半径	0.000		00	>>
9	扫描速率	0.000		00	>>

图 3-7　复杂的表格编辑、显示功能

下面以子类化表格控件 QTableWidget 为例，介绍在 Qt Creator 中的具体操作步骤。

（1）在 Qt Creator 中新建工程等步骤略。本书中未特殊说明时，都使用 Qt Creator 3.6。

（2）创建工程后，选中 Qt Creator 界面左侧的工程名称节点，单击鼠标右键，在弹出的菜单中选择“添加新文件”选项，在弹出的对话框中单击“Choose”按钮，Qt Creator 的“新建文件”对话框如图 3-8 所示。

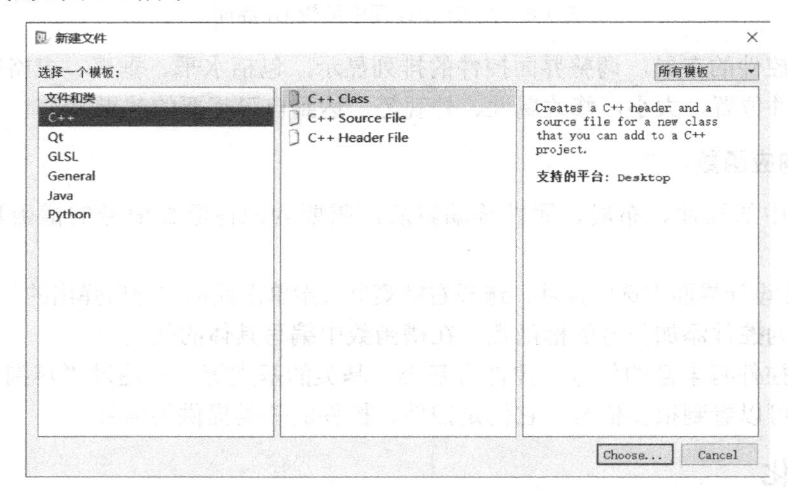

图 3-8　Qt Creator 的“新建文件”对话框

（3）在弹出的如图 3-9 所示的“向导—添加类”对话框中，填入名称和子类名称，使类继承自 Qt 的表格控件 QTableWidget。如果这个对话框中没有要子类化的 Qt 类，则可以选择 QWidget，之后在生成的代码中手动修改继承类、头文件引用等。单击“下一步”按钮，Qt Creator 就会生成这里子类化的类。

（4）生成得到子类化的类后，打开主界面 UI 文件的 Qt 设计师窗口，拖曳一个 QTableWidget 控件，单击鼠标左键选中该控件，单击鼠标右键弹出菜单，选择“提升为”菜单，打开如图 3-10 所示的“提升的窗口部件”对话框，在“提升的类名称”框中填入子类名称，在“头文件”框中填入相对路径，单击“添加”按钮，在上部“提升的类”框中会出现添加的类，选中一个，单击下方的“提升”按钮，关闭该对话框。之后，UI 设计界面中的表格控件就是子类化的那个类。

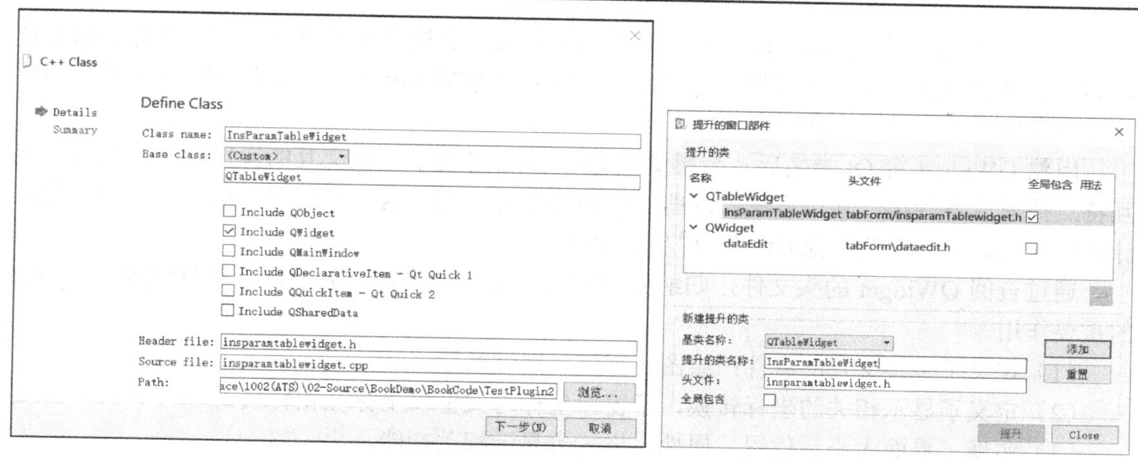

图 3-9　“向导—添加类”对话框　　　图 3-10　“提升的窗口部件”对话框

（5）将控件提升为子类后，就可以在界面的源码文件中，以 ui->xxxx 来访问子类对象（xxxx 换成对象名称），调用子类的方法、函数，等等。

2. 自定义控件

也可将子类编译为自定义控件，之后在编辑 UI 界面时，在 Qt Creator 界面左侧的控件面板中可以看到自定义控件，可以拖放到自己的 UI 界面中。

Qt 自定义控件技术是一种非常有用的技术，适用于代码复用、框架软件、协作开发等场合。后面会对 Qt 自定义控件开发进行详细描述。

3.3.4　QObject

下面介绍重要的类——QObject。Qt 中的 QObject 类是绝大多数 Qt 类的基类，QObject 使每个子类都是一个对象类，即“万物皆对象”。Qt 中各种机制的实现（如信号槽机制、子类父类的动态转换、定时器、子对象查询遍历等）都依赖于 QObject。

打开 QObject 的源码头文件，分析出下列 QObject 的主要内容。

（1）获取父对象，子对象查找、转换。

（2）信号槽机制的实现。

（3）动态属性机制的实现。

（4）事件机制的实现。

（5）定时器的启动、停止。

（6）类型的动态转换。

在 Qt 源码中定位到 QObject 源码，逐个阅读 QObject 的方法，这样可以帮助理解 Qt 的机制。在使用 Qt 的过程中，很多功能的实现（如定时器、对象转换、对象查找）都可以使用 QObject 的方法。

3.3.5　QWidget

图形界面类的 QWidget 类是窗口显示的基本单元。Widget 意为小部件，所有的界面类都派生自 QWidget。它实现界面绘制、绘图、拖曳、鼠标响应等事件，提供坐标转换等丰富的方法，与界面操作相关、能够想到的人机交互需求，在 QWidget 中都有接口方法。

Qt 官方在 Qt5 中推荐以 QML 方式开发图形界面，这视个人习惯而定，因为 Qt5 也支持以 QWidget 的方式开发，所以使用 Qt5 仍然可以采用 QWidget 方式。Qt4 的程序升级至 Qt5，修改少量代码就可以成功升级。

用熟 QWidget 等 Qt 类之后，会感觉到 Qt 库充分考虑了人机交互的操作特点，将人机交互特点抽象成各种类、接口方法，这些设计的类非常好用。这一点是非常值得学习的，在设计接口代码时，也应使其像 Qt 库一样易于使用。

通过查阅 QWidget 的头文件，归纳出 QWidget 的主要内容，列出以下条目解释 QWidget 的重要作用。

（1）定义了多种交互的事件：绘图、拖曳、定时器等。

（2）定义了显示相关的坐标转换，子窗口坐标与父窗口坐标互相转换。

（3）实现了界面大小、位置、属性、样式等显示相关功能。

（4）实现了窗口的基本属性和操作，如显示、隐藏、风格样式等功能。

（5）定义了父 QWidget 和子 QWidget 的查找、转换等方法。

3.3.6 QtTest

QtTest 是 Qt 中的单元测试库，与 Qt 库的兼容性非常好，可以模拟界面事件、数据驱动、鼠标点击、键盘输入等，非常利于界面代码的单元测试编写。

在 Qt Creator 中可先建立 QtTest 的单元测试工程，然后编译使用 QtTest。

QtTest 的主题包括数据驱动测试、模拟 GUI 事件、播放 GUI 事件等，具体参见 Qt 帮助文档中的 QtTest 部分。

参照一段 QtTest 的单元测试代码，其中定义了一个单元测试函数 toUpper，用于测试 QString 的 toUpper 函数，判断能否正确转换大小写。测试代码中定义小写的 hello 字符串，之后调用 QString 的 toUpper 函数与大写的 HELLO 字符串比较，QVERIFY 判断结果是否通过，编译运行后，在 Qt Creator 的输出窗口中可以看到执行结果。

```
#include <QtTest/QtTest>
class TestQString: public QObject
{
    Q_OBJECT
private slots:
    void toUpper();
}
void TestQString::toUpper()
{
    QString str = "hello";
    QVERIFY(str.toUpper() == "HELLO");
}
```

可以看出单元测试代码很容易编写，只需要编写几行代码，就能使用 QtTest 执行单元测试。虽然各种单元测试的库基本上都是易于使用的，但在 Qt 中使用 QtTest 就足够了，没必要再使用其他单元测试库。

3.4　基础架构

在一套应用软件的基础架构中，要指明是采用 C/S（Client/Server，客户端/服务器）还是采用 B/S（Browser/Server，浏览器/服务器）。现在流行使用 B/S 技术实现各种应用软件，而本书的测试系统框架是基于 C++和 Qt 开发的 C/S 应用程序，可以使用流行的浏览器程序实现吗？后面的章节分析 C/S 和 B/S 的特点，对此进行讨论。

有些应用会采用混合编程，根据功能需求的特点，交叉使用 B/S、C/S，交叉使用多个编程语言、技术。在本节后面对此有一些讨论。

3.4.1　B/S 和 C/S

B/S 和 C/S 是基础架构，在实现一套软件系统时，首先要明确是使用 B/S 还是使用 C/S。

B/S：各种在浏览器打开、操作的软件系统。使用者不需要复制任何程序文件、软件安装包，有浏览器即可使用，互联网中的各类 Web 应用都是 B/S 软件。

C/S：各种本地启动 exe 执行操作的软件系统，包括各种本地应用程序都是 C/S。使用者需要复制安装包，安装后才能使用。

这些年，一直流行唱衰 C/S 应用，从 B/S 应用流行的最近一二十年更甚，甚至用 B/S 应用完全取代 C/S 本地应用程序。但这是不可能的，大量的电脑游戏、编译开发工具、工业软件等本地应用程序不可能被替代。

本地应用程序越来越少，但总还是有的。前几年流行远程操作系统，通过浏览器操作计算机，但直到今天，C/S 应用仍然是非常重要的。

1．HTML5

一直以来，B/S 应用很难替代本地应用的一些功能，显著的是绘图功能，直到 HTML5 的问世才出现了一些颠覆。HTML5 中增加了大量特性，如绘图、流媒体，解决了传统浏览器应用不能实现的一系列功能，进而出现了大量 Web 应用颠覆传统软件的趋势。令人印象深刻的是，在 HTML5 刚出现时，有个网络版的照片处理软件，跟本地应用的 PhotoShop 软件基本一致。

技术不断向前发展，HTML5 是一个里程碑。

2．浏览器中的 JavaScript（DOM 编程）

浏览器提供的开发接口有 DOM（Document Object Model，文件对象模型）编程。由 W3C 国际万维网协会约定的浏览器标准要求所有浏览器都支持 DOM。可以将 DOM 认为是浏览器提供给 JavaScript 的接口函数库。在所有的 B/S 前端页面中，都会调用 DOM 实现各种功能，DOM 能访问、定义、修改浏览器界面的所有效果、多种功能。各类 Web 应用如此丰富，都是因为有 DOM 的支持。

3.4.2　Web 应用

Web 应用是现在各类软件的主流，特别是在互联网火热的现今，有各种在浏览器中使用的 Web 应用程序。这些应用软件只要有浏览器、能上网就能使用。

1. 特点

互联网上的 Web 应用是基于网页浏览器的软件系统，是一种典型的 B/S 系统，其最大特点是不需要安装任何程序，打开浏览器、输入网址就能够访问、使用，非常便捷。常见的 Web 应用如下。

（1）阿里云的远程桌面：在浏览器中运行的远程桌面、管理自己的云服务器，效果和 Windows 内置远程工具基本一致，很好用。

（2）在线绘图软件 ProcessOn：支持在浏览器中多人同时绘图，实时性很好，可实现实时编辑、实时保存、多人实时协作编辑。

（3）在线 UI 设计软件 Figma：功能丰富、强大，支持在浏览器中多人协同设计，实时性很好，可实现多人实时协作编辑。

常见的各类企业内部的办公自动化软件、审批软件、财务报销软件等，现在都基于浏览器模式。基于浏览器的免安装方式，使用非常方便。

这类应用的特点是：免安装、在浏览器中直接使用、有浏览器即可。

2. 技术分析

Web 应用等各类 B/S 软件都基于 HTTP 协议。在 HTTP 协议中，没有服务器主动向客户端发送数据，只能由客户端主动向服务器发送请求，服务器接收客户端的请求后，服务器才反馈数据给客户端。为了实时获取服务器的数据，只能定时用 Ajax 技术向服务器主动请求数据，达到一些实时效果。

因此在 Web 应用中，如果要实现两个浏览器间的交互，则需要设计一套服务器通信机制。在各个浏览器页面中设计一个定时器，Ajax 定时向服务器请求数据，此时的实时性依赖于定时器的执行效率，可以近似实现假的实时性，在要求不高时可以这样使用。

3. Ajax

对于基于浏览器执行的各类应用软件，为了更新界面显示数据，经常需要使用者手动执行浏览器的刷新界面功能。为了避免反复执行刷新界面功能且没必要刷新整个界面，可使用异步的数据更新方式——Ajax。例如，在页面的 JavaScript 代码中加入定时器，定时通过 Ajax 向服务器请求数据，更新界面某个元素的显示，以此避免刷新整个界面，并能达到近乎实时刷新数据的效果。

Ajax（Asynchronous JavaScript and XML，异步 JavaScript 和 XML）在 2005 年被提出，用来描述一种使用现有技术集合的“新”方法，包括 HTML 或 XHTML、CSS、JavaScript、DOM、XML、XSLT，以及最重要的 XMLHttpRequest。

使用 Ajax 技术，网页应用能够快速地将增量更新呈现在用户界面上，而不需要重载（刷新）整个页面，这使得程序能够更快地回应用户的操作。

可以认为 B/S 在技术层面的重要缺点是：无法实现真正的实时交互。因为很多应用也不需要真正的实时交互，所以 B/S 中的假实时交互也够用了。

4. 分析

大量领域的系统都已基于 B/S 设计，这些领域也确实应该是免客户端模式，这是正确的。

5. B/S 应用的缺陷——实时性差

B/S 应用很多、很灵活、很好用。然而，这些应用不具备高实时性、本地硬件资源访问能力，这些功能是 B/S 系统实现不了的，这些功能也必须使用 C/S 程序、本地应用程序来实现。

实时性是很多软件系统的要求。在 B/S 应用程序中，浏览器的客户端程序受到 HTTP 协议本身的限制，没有服务器主动向客户端发送数据，所以不具备实时性。只能用异步请求（Ajax）定时向服务器请求数据，将定时器间隔时间改得很小，以模拟实时的数据显示、同步。针对这种实时性不强的问题，可以采用设计的方式进行改进。

（1）在服务器处理完大量数据后，直接把结果发送到客户端，此时只要服务器处理及时，就能够满足这种实时性需求，如流行的前、后台分离。

（2）界面数据更新频率是 B/S 系统实时性的主要表现形式。这时有影响的因素如下：网络环境怎么样、硬件性能怎么样、软件环境怎么样。改进这些因素可以提升 B/S 系统的实时性。

在 B/S 系统中实现实时性的功能，需要定义定时器，定时向服务器请求数据。此时，涉及定时器的周期，周期越短，实时性越高。但是，周期越短，越依赖于客户端的软、硬件环境，因此周期不能非常短。无法明确约定定时器的周期具体是多少，需要根据实际的需求自行确定。B/S 系统中的定时器的周期最短单位是毫秒级，对于小于毫秒的实时性数据处理，B/S 系统是无法完成的，必须用 C/S 程序实时处理。

6. B/S 应用的缺陷——不能访问本地硬件资源

这是 B/S 应用的硬伤，浏览器中的程序不能访问本地硬件资源，最常见的是不能访问文件，网页中的 JavaScript 代码不能直接创建文件、直接访问文件，需要依赖 HTML 的文件控件才能进行有限的文件操作。

因此，在软件需要访问本地硬件资源时，浏览器的程序无法实现，必须使用本地应用程序，即便是编写浏览器插件提供服务，这个插件也算是本地应用程序。

3.4.3　本地应用程序

绝大多数的企业信息应用都是基于网页版本的 B/S 应用，找不到 C/S 应用，只有一些和本地操作有关联的软件，如办公软件、三维软件、各种程序开发工具、浏览器、安全软件、设备控制类软件、数据采集类软件等。

1. 本地应用软件

找几个需要客户端与服务器通信的程序，比较常见的如下。

（1）在线游戏软件，多人联机游戏，在线互动。

（2）即时通信软件，聊天软件 QQ、微信、钉钉等，涉及文字、语音、视频的软件。

（3）远程协助软件，远程操作计算机、协助客户解决问题等。

2. 程序库

在程序库方面，选择以下两个知名度高、重要性高的程序库。

（1）三维引擎 OpenGL：几乎所有的虚拟现实游戏的基础都是 OpenGL。OpenGL 是绝大部分的三维显示的基础。OpenGL 是用 C++编写的程序库。也有一些编程语言封装了 OpenGL，将接口封装提供给了其他编程语言，基础是 OpenGL。

（2）脚本引擎 Google V8：谷歌浏览器中实现 DOM 的核心组件是 Google V8，Web 应用的基础是浏览器，而有些浏览器的核心是基于 Google V8 实现的 JavaScript 脚本引擎。知名的 Web 服务端程序库 Node.js 以 Google V8 的高性能做支撑。

3. 应用的特点

在线游戏软件的特点是：绚丽的界面、三维炫酷、多玩家实时互动，这需要软件后台实时通信、实时性高、运行效率高。

即时通信软件需要高实时性地传递语音、视频等，其后台数据量大、实时性高。

4. 技术分析

本地应用可以访问本地资源，读取硬盘数据、访问音/视频设备、访问计算机总线等，这些都是 B/S 浏览器无法实现的，依赖这些本地资源的软件必然是 C/S 本地程序的领地。

实现这些功能需要调用操作系统、设备驱动库，这些都是本地程序才能实现的。

5. 未来趋势

几个假设：如果浏览器能够支持访问本地资源、如果 HTTP 协议改进能够支持服务器主动通信、如果浏览器的 JavaScript 执行性能进一步提高、如果网络带宽无限大，那么计算机只需要一个浏览器。

这很难实现，因为涉及多个层面的问题，不只是涉及技术，还涉及浏览器的定位、HTTP 协议的定位等。这些需要大量的组织、协会来思考、约定，进展会非常慢。

在看得见的未来若干年，浏览器应用和本地应用一定会并存下去，大量传统的本地应用软件会被 Web 应用替代。

6. 测试系统中的 B/S 功能

最后答案：在测试系统中可以加入一些浏览器的 B/S 功能，用浏览器执行一些配置编辑、数据查询等没有实时性要求的功能，这些可以规划为测试信息化。本书的第 4 部分专门介绍测试信息化建设的内容。

第2部分 关键技术

实现通用测试系统会用到很多技术，复杂的技术有 B/S 或者 C/S、Java 或者 C++，其他的如界面库、曲线库、数据采集库，涉及的技术多而庞杂。有一些是比较基础的共性技术主题：面向接口程序设计、动态创建技术、组态软件技术、脚本引擎技术。这些技术主题也是设计通用测试系统的核心技术主题。

C++和 Qt 是本书的基础技术，已经在第 1 部分介绍。

本部分包括以下 4 章。

第 4 章为面向接口编程，介绍了软件架构中的基础方法，用抽象接口思维来分析问题，用抽象接口来设计软件。

第 5 章为动态创建技术，介绍了在框架软件中实现插件加载、识别、创建的原理与方法。

第 6 章为组态软件技术，介绍了应用广泛的组态软件技术，以及基于 Qt 如何实现组态。

第 7 章为脚本引擎技术，介绍了在很多软件系统中都具有的脚本执行功能，同时介绍了几种 C++相关的脚本引擎程序库，重点介绍了 Google V8 脚本引擎。

第 4 章 面向接口编程

本章首先从程序设计开始，介绍程序设计方法、准则，介绍设计要解决的问题及如何解决，引出重要的程序设计方法：面向接口编程。

然后介绍建模工具 UML。在 UML 中有很多种图，这些图可以应用在软件开发的各个阶段。本书中使用较多的是类图、序列图。

最后，选取框架软件中常用的几个设计模式，结合实际应用进行描述。设计模式是指对一类设计问题进行归纳总结，得到解决方法、设计思路。因为单纯地描述设计模式非常抽象、难以理解，难以与实际应用场景联系起来，所以结合测试系统的应用场景，对框架软件中常用的设计模式进行介绍是有意义的。同时，在实际应用场景中描述设计模式，对掌握设计模式非常有效。

4.1 程序设计

现今的主流程序设计方法是面向对象编程。多数编程语言都是面向对象编程语言。在学习程序设计的课程中，必学的也是面向对象编程。所谓面向对象即万物皆对象，用描述现实世界的方式，来设计、编写计算机程序，以便我们能够更好与计算机交流。

在面向对象编程中，概念多且复杂，如类、对象、多态等。讲解这些概念不是本章节的重点，这里介绍面向对象编程的一个核心内容：面向接口的程序设计即面向接口编程。这是面向对象编程中一种重要的程序设计方法、思想，也是现代软件架构的核心思想。在设计复杂的软件系统时，应用面向接口的概念可以将系统逐步简化、隔离复杂度，设计出可靠、稳定、易于维护与升级的系统。

4.1.1　面向过程和面向对象

自电子计算机出现之日起，就有了程序设计语言。程序设计语言是人和计算机沟通的语言，人们只有通过程序设计语言才可以控制计算机完成工作。用程序设计语言编写出来的文字称为代码，组织语言、编写代码的过程可以称为程序设计。在计算机发展过程中，为了更好地与计算机沟通，计算机程序设计语言也在不断发展。目前，主流的程序设计语言有两类：一是过程化程序设计语言，其典型代表是 C 语言；二是面向对象程序设计语言，如 Java/C++等。

1. 过程化编程

过程化编程是指用数据结构和函数（算法）编写程序即面向过程。C 语言在一些特定领域中的应用很广。例如，在操作系统、嵌入式软件等与硬件打交道的领域中，在需要程序访问硬件时适合使用 C 语言。因为在访问物理寄存器、物理内存的场合中的软件，不太需要描述现实世界且不需要高级的抽象，所以在这种与硬件打交道的场合适合采用过程化编程语言 C。

C 语言举例如下。

```
#include <stdio.h>
int _tmain(int argc, _TCHAR* argv[])
{
        printf("hello world!");
        getchar();
        return 0;
}
```

2. 抽象现实世界——面向对象编程

随着计算机应用越来越广泛，软件也越来越多，各行业都需要软件。此时，软件处理任务更多的是现实世界的各种事务，如财务管理、绘图设计等，对应的程序设计、代码编写也需要描述现实世界，此时，过程化程序就显得力不从心，于是面向对象编程就应运而生了。面向对象编程将整个世界看成各种类、各种对象，编写程序便是设计这些类，以及对象调用、交互等。

类是面向对象程序语言中的基本概念。类中有成员变量和方法（函数），看起来像是数据结构和算法的合集。类是一种自定义的数据类型，类实例化之后则为对象，对象是实际的变量，既可以在程序加载时创建，也可以在程序运行过程中创建。

下面是一个常见的字符串类 string，其中封装了字符串相关的一些操作，如字符串的复制、查找、获取长度。

```
class    string
{
public:
```

```
        string(char* str);
        const char *   data();
        int   length();
        void   copy(const char* str);
        const char *   find(const char* str);
    private:
        char * data;
        int dataLen;
    }
```

3. 模块化设计

编写 C 语言代码时，设计的函数、数据结构、源码文件都可以算作各种代码模块。在 C++ 程序设计中，将需要解决的问题转化为各种类（class）、命名空间（namespace）、源码子目录，它们也算作模块。

模块的最小单元是函数、类、数据结构、变量。面向实际的问题，根据功能相近、作用相近等方法，可设计出很多模块，还可以将这些模块进一步组合成更大的模块。例如，先设计出曲线显示、表格显示、图标显示等显示模块，再组合成一个大的数据显示模块，数据显示模块还可以是整个系统的一个子模块。这些都是模块化设计，是程序设计的一个基本思路。

4. 自顶向下、逐步细化

在软件工程课程中，软件模块设计的基本方法包括自顶向下、逐步细化。该方法是先将复杂的软件系统一步一步地拆分成若干模块，然后再对各个模块进行拆分，拆分到最小模块，得到类、函数、数据结构，即从最大的模块开始设计，拆分到最小模块。

5. 类的设计原则

基于面向对象编程的程序设计，有很多设计原则。面向对象设计的七大设计原则如表 4-1 所示。

表 4-1　面向对象设计的七大设计原则

名称	介绍	好处
开闭原则	对扩展开放，对修改关闭。以子类化的方式增加新功能，不能直接修改父类	降低维护带来的新风险
依赖倒置原则	子类可以扩展父类的功能，但不能改变父类原有的功能。高层不应该依赖于低层，要面向接口编程	更利于代码结构的升级扩展
单一职责原则	一个类只干一件事，实现类要单一	便于理解，提高代码的可读性
接口隔离原则	一个接口只干一件事，接口要精简单一	功能解耦，高内聚、低耦合
迪米特法则	不该知道的不要知道，一个类应该保持对其他对象最少的了解，降低耦合度	只和朋友交流，不和陌生人交流，减少代码臃肿
里氏替换原则	不要破坏继承体系，子类重写方法功能发生改变，不应该影响父类方法的含义	防止继承泛滥
合成复用原则	尽量使用组合或者聚合关系实现代码复用，少使用继承	降低代码耦合

与程序设计的基本原则一样，七大设计原则的目的也是：降低对象之间的耦合、增加类（模块）的内聚，提高程序的可复用性、可扩展性和可维护性。

6．设计的好和坏

程序设计的基本准则是高内聚、低耦合。高内聚指将复杂的问题放在一个模块内，在同一时间只关注一个问题。低耦合指减少模块间的依赖关系，在编写、修改一个模块时，能够最大限度地不影响其他模块，能够最大限度地不被其他模块影响，减轻程序员的脑力负担。

7．设计接口类

接口是个很宽泛的概念，现实世界的各个方面都可以有接口：两个公司有业务往来，负责对接的部门、员工可以称为对外接口；计算机中供人使用的键盘、屏幕可以称为人机接口；计算机内部操作系统向应用程序提供系统调用函数的开发接口；一套应用软件可以向其他软件系统提供服务，可以有软件接口。

在面向过程编程中，一个软件模块向其他模块提供调用接口是指提供接口函数。在面向对象编程中定义类作为对外接口，这些类通常称为接口类。由于接口类没有执行具体的任务，在很多情况下可以将接口类中的所有函数都定义为 C++的纯虚函数，此时称为抽象接口类。抽象接口类是通用的概念，在大多数面向对象编程语言中都有这个概念。

8．终极目的

程序设计中有很多的概念，需要掌握这些概念以便做好程序设计。做好程序设计带来的好处是：提高软件开发效率、节约软件开发成本和维护成本。

4.1.2 面向接口编程

在设计软件模块、设计类时，首要考虑这些模块对外提供哪些方法函数（也可称为提供的服务），将这些方法函数归纳成为抽象接口类，作为这个模块的对外接口。完成一个复杂的系统设计后，会得到若干抽象接口类。这样的设计方法便是面向接口编程。

此时的设计是指设计系统中有哪些抽象接口类。

在复杂的软件系统中，用面向接口编程的方法做设计，可以解决各种复杂的设计问题，同时设计出低耦合、高内聚、充分封装的各个软件模块。面向接口编程的思路可以使我们的设计最优化。

1．根据业务来抽象

软件是为了解决一类问题而设计、实现的，这些实际的问题称为业务。一个软件能做什么就是这个软件的核心业务，在研发软件时必须搞懂这些业务，以此为依据设计软件模块、设计每个模块的接口，根据核心业务定义出类，根据核心业务抽象出业务的接口类。

2．纯虚函数和接口类

在 C++的类中，被 virtual 关键字修饰的函数称为虚函数；在不定义函数体而用=0 时，称为纯虚函数。当类中成员函数都是纯虚函数时，称这个类为抽象接口类。

两个模块间的调用是指一个模块向另一个模块提供服务，调用者只需要关心接口方法，不用关心具体的实现者。这样做的好处是：当抽象接口类让我们的眼睛和脑袋在看代码、思考代码时，只关心有用的信息，不用看更多行的代码，即让我们关心重要的内容。

3．使用纯虚函数

当设计一个类为接口类时，可将子类能重写的方法函数定义为纯虚函数。

此时的好处是：当使用纯虚函数时，只要修改方法函数、增加方法函数，子类则必须对应修改代码，否则编译不通过，这是一个强制的代码检查。

如果只是定义为虚函数，那么当基类修改这些方法函数、增加方法函数时，子类没一同修改却也能编译通过。此时，运行软件根本不能进入子类的方法函数中，从而产生异常问题，需要花费时间调试才能解决这个问题，因为该问题的产生原因仅是修改函数名称，所以需要加入这样一个强制的代码检查。

4．举例

为了说明面向接口编程的意义，下面举一个总线读取数据的例子。在总线仿真测试软件中，总线通信需要设计为一个模块（也称为插件）。总线通信模块（也称为总线通信插件）要面向多种总线，如串口、CAN 等，不同的测试需求中会用不同的总线，所以软件系统会从各种计算机总线读取数据。此时，可以抽象总线操作，抽象出一个接口类，应用场景如图 4-1 所示。

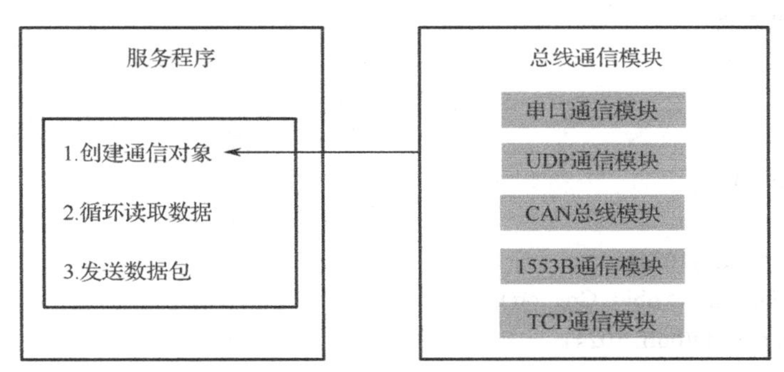

图 4-1　应用场景

我们使用面向接口编程的方法，设计一个抽象总线类 IBus。它包括 read 和 write 两个纯虚函数，分别对应从总线读取数据、从总线发送数据。

设计串口总线类 ComBus、以太网总线类 NetBus，还会有其他各种总线数据读取类。在实际的测试需求中，用到哪个总线就创建那个类的对象，而对其他模块只需要关心 IBus 类，不用关心具体是 ComBus 还是 NetBus 或者不认识的哪个 Bus，即对其他模块代码不需要做任何修改，这非常符合前述的设计原则。

下面是示例代码，其中的 Creator 函数返回基类 IBus 指针，这里使用了工厂模式，对此将在 4.4.1 节中描述。

```
namespace BUS
{
    // 接口类
    class IBus
    {
    public:
```

```
        virtual int read(char * data, int dataLen) = 0;
        virtual int write(const char * data, int dataLen) = 0;
    };
    // 串口总线
    class ComBus : public IBus
    {
        // 代码略
    };
    // 以太网总线
    class NetBus : public IBus
    {
        // 代码略
    };
};

// 服务模块
namespace Server
{
    // 数据采集模块
    class DataReader
    {
    public:
        void Run()
        {
            char buff[1024];
            BUS::IBus* obj = Creator();
            obj->read(buff, 1024);
        }
    };
};
```

在知名的图形界面框架Qt中，大量应用了面向接口编程，有很多抽象接口类，如输入输出设备接口QIODevice，项视图的QAbstractItemDelegate、QAbstractItemModel，等等。

5. 设计的重点

在软件工程的课程中介绍软件开发时，必然会提及模块化、自顶向下，也就是将软件拆分成多个模块，每个模块又可以拆分成子模块，从上到下、一层一层地拆分。这个思路也是一个通用思想，可以应用到各个领域中。

程序设计也是这样，通常是建立多个模块，如在Java语言中的包、C++命名空间、源码的子文件夹，模块的最小单位是类、函数；下一步考虑的是这些模块向其他模块提供哪些接口函数，复杂的模块间提供哪些接口类，接口类有哪些方法函数，这些方法函数如何调用、何时调用，等等。

这时，我们的设计重点是抽象出有哪些接口类，思考接口类应提供什么方法。

4.2 建模工具——UML

在面向对象的软件开发中，使用 UML（Unified Modeling Language，统一建模语言）作为描述建模的工具。UML 应用广泛，在软件研发的各个阶段都可以使用。UML 的内容是各种图，这些图可以用在软件研发过程的各个阶段，用图来描述流程、描述功能、描述需求、描述设计。图的特点是直观、易理解。多人之间进行交流，一个图的功效比说很多话更好，而且说的话可能过后就忘记了，图可供日后长期使用。

在软件设计阶段，描述设计时常用 UML 中的类图、序列图。例如，用类图描述软件模块，用序列图描述模块间的时序调用关系。本书后续章节也大量使用了这两种图，为方便阅读，下面对类图、序列图做简要描述。

4.2.1 类图

类是面向对象编程中的基本概念，类用来描述具体的事物，由成员变量和方法函数组成。在面向对象编程中，类也是基本的软件模块。在基于面向对象的程序设计时，要先设计各种类、类之间的关系，然后绘制类图，用类图可以清晰地表示出类的组成、类的关系。

UML 的类图中有很多图元组成。类图的图元组成如表 4-2 所示。

表 4-2　类图的图元组成

图元	描述
类 + attribute1:type=defaultValue + attribute2:type - attribute3:type + operation1(params):returnType - operation2(params) - operation3()	类图能够体现类名称、属性（成员变量）、方法函数。 （1）类图是一个矩形框，分为上、中、下三个部分：上部是类的名称，中部是类的属性，下部是方法。类名称用斜体表示抽象接口类。也可以简化为只画一个框等形式。 （2）用“+”表示公共（public），用“-”表示私有（private），用“#”表示受保护的（protected）。 （3）在属性中先填写属性名称，然后是冒号“:”，最后是类型。 （4）在方法中先填写方法名称，然后在括号里填写形参，之后是冒号“:”，最后是返回值
————▷	泛化关系用空心三角和直线连接，对应代码中的继承关系，类继承另一个类
- - - - -▷	面向对象中的实现关系用空心三角和虚线连接，对应代码中的实现抽象接口类
◆————>	组合关系用实心菱形和直线箭头连接，对应代码中的数组、向量等，如 QVector<Object>，组合需要维护内部对象的生命周期
◇————>	聚合关系用空心菱形和直线箭头连接，对应代码中的数组、向量等，如 QVector<Object*>，聚合不需要维护内部对象的生命周期
————>	拥有关系用直线箭头连接，对应代码中的成员变量等，既可维护生命周期也可不维护生命周期。关联比较常见，在后续章节中，类图用得比较多
- - - - ->	依赖关系用虚线和箭头连接，对应代码中的形参、引用等，一个类需要知道另一个类的属性和方法

4.2.2 序列图

在程序中设计出软件模块后，还需要设计模块间的交互，特别是一些复杂的工作流程，多个模块间的顺序交互、互相调用。这些内容用语言文字描述会很麻烦，也不方便。使用序列图可以直观地将这些内容表示在一张图上，非常便于沟通、理解。

序列图的主要作用是描述交互。对于软件设计中重要、复杂的模块间交互，非常适合使用序列图。在第 3 部分“工程实践”中，对一些软件模块间的交互有绘制序列图，可以参考。

序列图的图元组成如表 4-3 所示。

表 4-3　序列图的图元组成

图元	描述
对象	实体、生命线。实线的矩形框表示一个实体、对象，在用序列图描述软件设计实现时，可以填写对象名称、类名称。竖向的虚线称为生命线，用来表示实体、对象的生命周期
简单消息 异步消息 同步消息 返回消息	消息。带箭头的直线表示两个实体间的交互。例如，调用某个函数，虚线的箭头表示调用后的返回
对象	活动。生命线上的竖向矩形框称为活动，当一个对象要给另一个对象发送消息时，需要先画一个活动，然后才能发消息、画消息的箭头直线

4.2.3　绘图工具

UML 是一种灵活的建模工具，可先用纸、笔绘制草稿，然后用绘图工具软件绘制到计算机中。绘制 UML 的专业工具有很多，本书中的 UML 图主要使用在线绘图软件 ProcessOn 绘制。

4.3　Qt 中面向接口编程

大型、复杂的软件系统必然要应用面向接口编程，以知名的图形界面库 Qt 为例，Qt 中的很多主题是由面向接口编程得到的，如 MVC 机制、输入/输出（简称 IO）接口类 QIODevice、自定义控件接口 QCustomPlugin、数据库驱动插件 QSqlDrive 等。下面介绍 Qt 中的两个技术主题。

1. Qt 的 MVC 机制

MVC（Model,View,Controller，模型、视图、控制器）是一种古老的设计理念，是用于将数据、显示、控制组合起来的一种设计方法。在各种编程语言、代码库中都有 MVC 机制，而 Qt 的 MVC 是比较直观、容易理解的若干类。

Qt 的 MVC 是一种典型的用面向接口编程方法设计的类库。

QAbstractItemDelegate 是数据代理类，负责数据编辑、修改、显示效果等用户操作与显示的接口方法。例如，如要实现双击时显示下拉框，则需要用子类化 QAbstactItemDelegate 来实现。

QAbstractItemModel 是数据模型类，负责数据的各种接口，如获取当前显示数据、设置当前显示数据。数据类中使用了变体类 QVariant，使用 QVariant 类的好处是：可以表示多种数据类型、存储指针等。

使用类图可以直观地描述类的结构组成。MVC 的类图如图 4-2 所示。

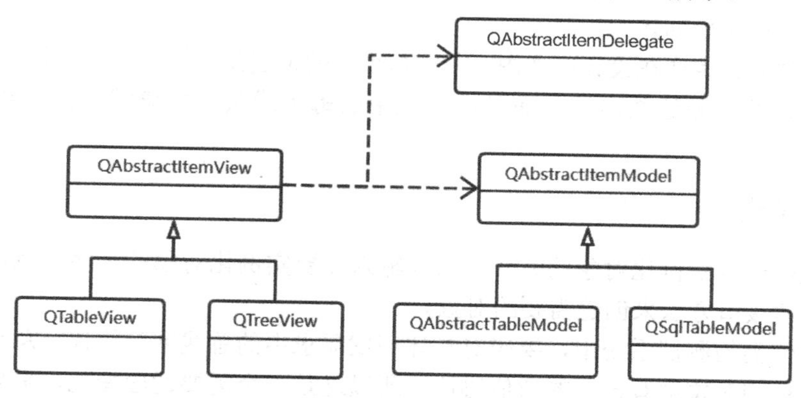

图 4-2　MVC 的类图

在第 13 章 13.4.2 节中，将基于 Qt 的 MVC 实现一个表格编辑控件。

2. 输入/输出接口类 QIODevice

在 Qt 中抽象出输入/输出接口类 QIODevice。QIODevice 封装了输入/输出接口的操作，如基本的打开、关闭、读数据、写数据、是否有数据等接口。在 Qt 中有很多类继承实现了 QIODevice，如文件的 QFile、网络通信的 QAbstractSocket、缓存的 QBuffer。

很多类会使用 QIODevice，如文本流的 QTextStream，流中不关心具体是文件还是网络、缓存等，流中只关心能读取到数据，有 QIODevice 接口即可。

常用的几个 QIODevice 子类如图 4-3 所示。

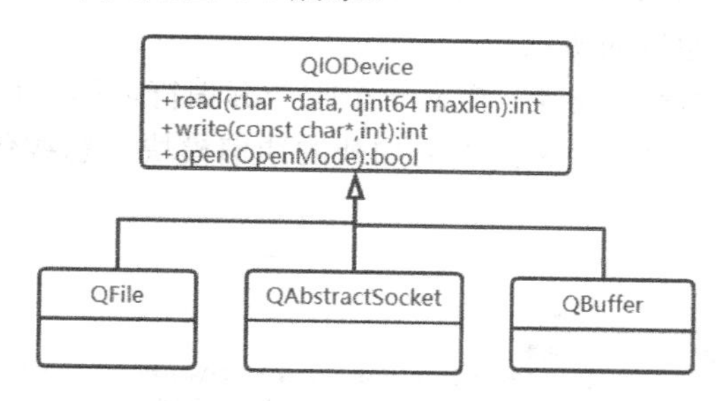

图 4-3　常用的几个 QIODevice 子类

4.4　几个设计模式

在面向对象编程出现之后，软件研发领域大量应用了面向接口编程的方法，积累了很多面向接口编程的经验，并发现很多设计是可通用的，一些特定问题域的设计也是有共性的。因此，总结这些特定问题域的设计，得到的即设计模式。

关于设计模式的书籍有很多。本节描述在通用测试系统中应用较多的几个设计模式。

本章秉承一个简单理念：设计指设计软件模块（类）、模块间的关系（公共方法），套用设计模式以辅助我们设计出软件模块、模块间的关系。

应用设计模式后，我们的设计会得到一组类及这些类间的关系，如继承、关联、实现等。

在软件模块内部需要关心下列内容。

（1）对象是谁创建的。

（2）对象是在哪里创建的。

上述这两项内容也要在设计中考虑。在一套系统的顶层架构设计中，需要清楚这些内容，不仅是架构师需要清楚这些内容，而且项目组中的每个成员都应该清楚：对象由谁创建、在哪里创建。

4.4.1 工厂模式

工厂模式是一种实例化对象的方式，只要输入需要实例化对象的名字，就可以通过工厂对象的相应创建接口方法来创建需要的对象。

在总线通信类的测试系统中，要应对具体测试需求中的总线通信协议。总线通信协议各式各样，不同被测对象都有自己的通信协议，所以这是一个需要适应变化、需要特例化处理的需求点。当增加新的总线通信协议时，一定要尽可能少地影响原有代码、减少对各个模块的影响，对已有代码修改越少，维护成本就越低、软件就越稳定，这就需要应用工厂模式。

本节以测试系统中常见的总线数据读/写为例，描述应用工厂模式的具体设计。

1．设计

首先抽象总线数据处理的业务接口类，然后为每个通信协议定义一个具体类，在每次新增通信协议时再定义一个具体类，每个具体类对应一种通信协议。在软件运行时，根据通信协议判断应该创建哪个具体类。

设计如下。

（1）应用面向接口编程的思路，在软件中抽象出总线数据处理的业务接口类 IBus，专门处理总线数据读/写等面向通信的协议。

（2）每种通信协议子类化 IBus 类，定义一个唯一标识符名称，用名称唯一对应一个子类。例如，在总线仿真测试平台中可以见到当前加载的通信模块。总线仿真测试平台中的通信模块如图 4-4 所示。

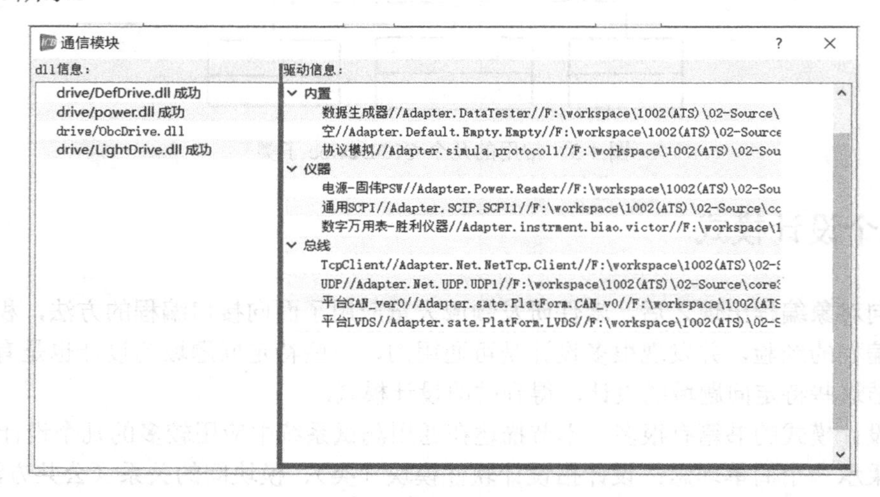

图 4-4 总线仿真测试平台中的通信模块

（3）具体定义两个总线类：NetBus 为以太网的通信、ComBus 为串口的通信。

（4）定义创建者接口类 ICreator，提供一个创建接口方法，用于创建 IBus 对象。具体定义两个子类，分别用于创建 NetBus 和 ComBus。

（5）定义工厂类 Factory，面向使用者提供两个接口方法，分别是注册创建者和创建接口对象。

动态创建的类图如图 4-5 所示。

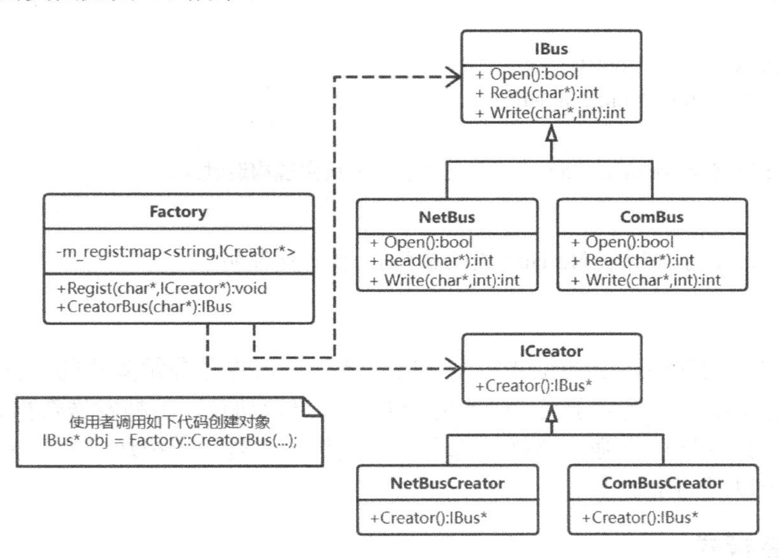

图 4-5　动态创建的类图

2. 注册创建者

两个具体类（NetBus 和 ComBus）在实现 IBus 接口类后，还需要在工厂类中注册自己，使工厂类能够知道具体的总线类、具体的创建者，在创建者 NetBusCreator 和 ComBusCreator 的构造方法中需要调用 Factory::Regist（char*,ICreator*）。

NetBusCreator 的主要代码如下。

```
class NetBusCreator : public ICreator{
public:
    NetBusCreator();
    IBus * Creator();
};

// 在构造函数中注册自己
NetBusCreator::NetBusCreator(){
    Factory::Regist("NetBus", this);
}

IBus *NetBusCreator::Creator(){
    return new NetBus();
}
```

在 NetBus 类中定义一个静态变量，在静态变量构造时执行了注册。NetBus 的主要代码如下。

```
class NetBus : public IBus
{
public:
    NetBus();
public:
    virtual int Read(char * buff);
    virtual int Write(char* buff, int len);
private:
    static NetBusCreator m_creator;      // 使用静态变量实现构造时注册
};
```

ComBus 类的注册机制与 NetBus 类的相似，不重复说明。

3. 效果

在总线类通信软件中，总线是非常多样的，通信协议也是非常多样的。抽象的通信协议接口类，为每种总线通信建立子类。子类完成具体的通信协议、组帧发送数据、数据解析等，使软件平台的可扩展性非常强。这样，每个总线通信协议是一个模块，非常独立、内聚性非常强，非常利于以后的维护。

4.4.2 观察者模式

观察者模式又称为发布订阅模式。它定义了对象之间一对多的依赖。当一个对象状态发生改变时，它的所有依赖者都会收到通知并自动更新相关内容，即建立一个（Subject 类）对多个（Observer 类）的关系，在 Subject 的对象变化时，使依赖这个对象的多个 Observer 的对象实例也能够同步进行相应的改变。

观察者模式中包括下列角色。

（1）抽象主题（Subject）：该角色是一个抽象类或接口，定义了增加、删除、通知观察者对象的方法。

（2）具体主题（Concrete Subject）：该角色继承或实现了抽象主题，定义了一个集合存入注册过的具体观察者对象，在具体主题的内部状态发生改变时，给所有注册过的观察者发送通知。

（3）抽象观察者（Observer）：该角色是具体观察者的抽象类，定义了一个更新方法。

（4）具体观察者（Concrete Observer）：该角色是具体的观察者对象，在得到具体主题更改通知时更新自身的状态。

1. 测试系统中的应用

在总线通信中会读取、采集很多数据，之后的处理流程包括有效数据解析、数据显示、数据处理。数据显示会有很多不同需求，常见的有图标、曲线图、数据表格、针对性的数据展示；不同的测试需求中会有自己特殊数据处理，如对比、判断等。在测试系统的这类数据显示、处理等需求中，非常适合使用观察者模式。

此时的观察者是实时曲线图、实时数据表格、实时判断等功能，这些功能需要总线数据。

当系统从总线读取到数据后，会将数据发送给这些观察者。

还可以加入订阅关系，系统给观察者只发送其需要的数据。

2. 设计

首先根据业务抽象，抽象出数据处理的业务接口类，作为观察者接口类，然后为实时曲线、实时数据表格等功能定义具体的观察者类。

（1）抽象出业务接口类 IDataPlugin，表示数据处理接口，主要接口方法 OnDataReceive 用于接收系统传递过来的数据。

（2）定义两个具体类（SortList 和 Chart），分别实现 IDataPlugin 接口，分别用于实现实时数据表格、实时数据曲线等功能。

（3）抽象出系统的主题接口类 IRegist，用于注册观察者、移除观察者等。

（4）定义具体类 MainWorker 实现 IRegist 接口，其中会存储观察者。除实现接口方法外，在 do_work 方法中将总线实时数据传递给各个观察者 IDataPlugin。

数据订阅机制的类图如图 4-6 所示。

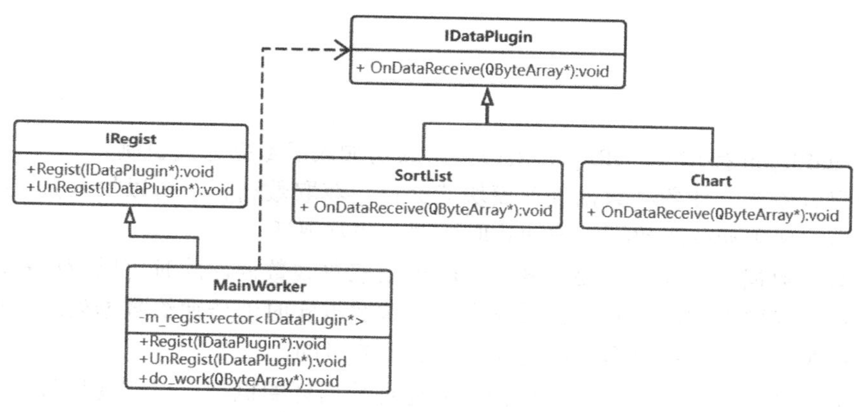

图 4-6　数据订阅机制的类图

3. 主要代码

在 MainWorker 中实现的注册接口方法，会存储观察者、移除观察者。

MainWorker 的主要代码如下。

```
class MainWorker : public IRegist
{
public:
    MainWorker();
    void Regist(IDataPlugin* plugin);
    void UnRegist(IDataPlugin* plugin);
    void do_work(QByteArray * data);
public:
    QVector<IDataPlugin*> m_regist;
};

void MainWorker::Regist(IDataPlugin *plugin){
```

```
        m_regist.push_back(plugin);
    }

    void MainWorker::UnRegist(IDataPlugin *plugin){
        for (int i = 0; i < m_regist.size(); i++){
            if (m_regist.at(i) == plugin){
                m_regist.remove(i);
                break;
            }
        }
    }

    void MainWorker::do_work(QByteArray * data){
        foreach (IDataPlugin* obj, m_regist) {
            obj->OnDataReceive(data);
        }
    }
```

4．效果

通过 IDataPlugin 接口类、IRegist 接口类，成功加入了数据订阅机制。

应用观察者模式，使各种数据处理模块能够自由获取数据。还可以加入获取指定数据的机制，进一步实现主动获取数据、被动获取数据，非常灵活。

例如，有些数据处理模块需要高效、实时地获取总线数据，此时可以应用被动获取数据的方式。在被动获取数据的方式中，系统会将总线数据实时地传递给数据处理模块，数据处理模块能够在第一时间处理数据，达到高效、实时的目的。

在框架类软件中应用观察者模式设计出的这种数据订阅机制，可实现框架软件中框架和插件的交互，使插件能够接收到总线采集的数据包，实现数据分析、展示的功能。观察者模式是实时数据处理中常用的设计模式，可使框架软件、插件有效地协调工作。

观察者模式也是设计模式中常用的一种模式，在很多数据交互的场景中都可以使用。

4.4.3 总结

工厂模式是典型的创建型模式，接口类的子类可以在工厂中注册自己，之后，使用者调用工厂的创建接口，根据字符串名称创建具体类的对象。

观察者模式是关系型模式，描述了多个模块间的关系，在数据处理类的场景中很常用。

1．顶层设计

设计模式贯穿在整个设计过程中，这里介绍的几个设计模式只是在系统的顶层设计中的几个部分。在整个设计的各个层次都会有设计模式，应在自顶向下的原则下做好顶层设计。

2．取舍

多数人在学习了设计模式之后，都迫不及待地要在项目中实际使用一下，哪怕是几个界面按钮的响应操作，也非要设计一套命令模式，这真的没必要。这要归咎于人的心理因素，总是想证明自己，但这对后续维护人员来说太痛苦。

引入设计模式之后，除基本业务代码实现功能外，还要编写设计模式的接口类代码，导致增加了代码量，也就延长了程序员理解代码的时间、增加了脑力劳动量。应尽量减少不必要的设计，给大脑减负。

3．减少不必要的设计

减少不必要的设计：首先应考虑为什么要采用这个设计，手边备一本设计模式的书籍，当需要采用某个设计模式时，先阅读书中对应的应用场景章节，然后再做决定。基本原则：在项目中有复杂的设计问题时再考虑设计模式，这时也必须采用设计模式。

在程序设计中应遵循下列基本思路：分层设计、逐步细化、自顶向下。这也是用脑力解决世间万物问题的简单、有效方法。

第 5 章 动态创建技术

在一套框架软件中，很多功能是由插件实现的。在框架软件中有很多插件，可以新增插件、移除插件、选择插件。在框架软件中增加插件后，框架软件就能够自动识别出当前新增的插件，识别出该插件的位置在哪里、插件的信息有哪些。框架软件识别插件涉及动态创建技术。

动态创建技术是框架软件中的基础，在使用 C++编写的框架软件中，插件都是动态库文件。在这些动态库文件中，会有插件的信息（包括插件的名称、描述、图标等）。框架软件加载这些动态库后，能够自动识别出其中包含的插件、插件的各种信息，由用户选择插件或者根据名称创建对应插件，其中包括注册、识别、创建等内容。

5.1 动态创建

动态创建：在程序运行过程中加载动态库，且能够获知动态库中有哪些接口类，并能够创建这些接口类的对象，即在软件运行时加载动态库、创建动态库中的类对象，称为动态创建。创建对象之后，就能通过对象的方法执行动态库中的代码；替换动态库之后，就能调用新动态库中的代码执行功能。

这是很常用的基础技术，能用来完成框架、插件、扩展接口等一系列复杂且有用的功能。下列知名技术中都应用了动态创建技术。

（1）流行且古老的 COM 编程。

（2）Qt 中的自定义控件、各种插件。

（3）各种框架软件，如 Eclipse 的各种接口插件。

5.1.1 动态库

动态库是操作系统、编程语言提供的一种程序和数据共享的方式。一些公共的程序和数据可以放到动态库中，在软件执行时再加载，而不是在每个可执行程序文件中都存储一份。使用动态库可减少程序中的重复数据、重复代码，这是一种有效、可靠的机制。

动态库是一个包含可由多个程序同时使用的代码和数据的库。使用动态库，进程可以调用不在其可执行代码文件中的函数。函数的可执行代码位于一个动态库中，该动态库包含一个或多个已被编译、链接并与使用它们的进程分开存储的函数。动态库有助于共享数据和资源。多个应用程序可同时访问内存中单个动态库副本的内容。

在本地应用程序类的框架软件中，各种插件都以动态库文件形式存在。

动态库的一个显著特征是，在操作系统的一个进程中，一个动态库只会被加载一次，即便重复加载这个动态库，这个动态库也只会被加载一次，其全局变量在这个进程的内存中只有一份。这个特征会用在后面的动态创建中，用于维护唯一的映射关系。

5.1.2　运行时加载动态库

动态创建涉及软件编译、加载、执行的过程。一般的应用程序是在编译时把功能代码编译到可执行程序中，如果需要添加功能、更新功能，则必须重新编译程序源码。对于复杂的软件程序来说，反复地修改代码、重新编译容易出现版本不可控、耗时、代码不可控等问题。而操作系统提供的运行时加载机制，如 Windows 的 LoadLibrary 函数，可以实现在程序运行时选择性地加载动态库文件，即将软件功能写入动态库中，在软件运行时可根据需要只加载对应功能的动态库，其优点如下。

（1）软件可以插件化：即将软件的基本功能作为一个可执行程序，其他的功能作为动态库提供，编写这些动态库的代码可满足用户需求。

（2）多人协同开发：大型软件系统有很多模块，将这些功能模块分布到多个动态库中，项目组成员分别开发各自模块，互不影响。

运行时加载动态库是操作系统提供的，即将动态库加载到内存的方式。此时，只是将动态库加载到了内存中，软件尚未调用其中的可执行代码。若要执行动态库中的函数，软件需要知道动态库的导出函数名称，调用操作系统的函数 GetProcAddress 来获取函数地址、调用函数。

1．静态加载、动态加载

在用 C/C++程序代码生成可执行程序的过程中，需要经过编译链接。使用动态库时有两种方法：静态加载和动态加载。

（1）静态加载：在编译时需要指定动态库的 lib 文件，编译器会将 lib 文件编译到生成的可执行文件中。在软件启动加载时，操作系统会将关联动态库自动加载到内存中。

（2）动态加载：在编译时不指定动态库的 lib 文件，在软件启动运行后，调用 LoadLibrary 函数加载指定的动态库文件，调用 GetProcAddress 函数获取动态库中的函数指针，然后调用获取到的函数执行动态库中的代码。动态加载实现了运行时加载动态库。

2．动态加载后创建类对象

采用动态加载动态库的方式，调用 GetProcAddress 函数得到的是 C 风格的函数，而我们想要的是面向对象编程的类对象，以类对象的方式执行动态库中的代码，但 GetProcAddress 函数不能满足需求，也没有直接创建类对象的函数，需要自己创建类对象。

动态加载动态库后创建类对象，即动态创建。动态创建包括两部分内容：运行时加载动态库、动态创建对象。运行时加载动态库指调用操作系统的库函数，如 Windows 的 LoadLibrary，解决的是程序加载问题；程序加载到内存后，软件需要获知其中的类、创建类对象，此时是动态创建对象。

5.1.3　创建对象的方法

在 C++中实现动态创建有多种方法。简单的方法是已知导出函数，复杂的方法是高级别动态创建。下面介绍这两种方法。

1．已知导出函数

一些基于运行时环境的语言已经内置了动态创建方法，如 Java 运行时导入库；而在另一些语言（如 C++）中需要自己实现动态创建。在 C++中的一种实现方法：约定动态库导出一个创建函数，约定该导出函数的名称，该导出函数用于创建类对象、返回一个对象指针。

这样，在动态加载动态库后，根据已知的导出函数名称、导出函数的具体定义，定义函数指针变量，调用 GetProcAddress 函数，获取动态库中的函数入口地址，赋值给函数指针变量。此时，函数指针变量即指向了动态库内存中对应的函数地址，通过调用这个函数指针变量来创建类对象，非常简便。

以总线测试的通信接口举例：假设每个通信模块动态库都有 GetModelName()函数、CreatorBus()函数，CreatorBus()函数用于创建 IBus 接口类对象。在我们的程序中定义这个函数指针变量，调用 GetProcAddress 函数获取函数地址，就能实现动态库加载后的动态创建类对象。

例如，在动态库中有如下导出函数。

```
extern "C" __declspec(dllexport) IBus * WINAPI CreatorBus(void);
```

那么在使用时，加载动态库、创建对象的主要代码如下。

```
// 定义函数指针
typedef IBus * (WINAPI * CREATOR_BUS)(void);

IBus * DynamicObject(string dllName)
{
    // 加载动态库 dll
HMODULE dll = LoadLibrary(dllName.c_str());

    // 获取 dll 中名称为 CreatorBus 的函数地址
    CREATOR_BUS    func = (CREATOR_BUS)GetProcAddress(dll , "CreatorBus");
    if (func != NULL)
    {
        // 调用 CreatorBus 函数，得到类对象
        IBus * ret =    func();
        return ret;
    }
    return NULL;
}
```

在上述代码中，根据动态库文件名称加载动态库文件，通过 GetProcAddress 函数获取“CreatorBus”函数的地址，之后调用 func 函数指针变量、调用动态库中的 CreatorBus 函数、创建 IBus 对象，实现了在软件运行中加载动态库、创建类对象。

这个动态加载方法依赖导出函数的字符串名称。如果动态库很多，则导出函数也很多。依赖字符串名称的方法容易出错，这样的代码不是最优化的。

可以设计一种方法：在加载动态库后自动建立映射关系，简化这个根据函数名称实现的动态创建。

2. 高级别动态创建

高级别动态创建：在将动态库加载到系统后，软件系统能够自动识别出其中有哪些接口

类，每个接口类约定唯一标识符 sId，软件系统根据接口类 sId 创建接口类对象，不需要事先知道动态库中有哪些导出函数（如前面例子中的导出函数 CreatorBus()）。

接口类 sId 是设计程序时给每个类指定的一个字符串名称。这个字符串 sId 可以唯一地标识一个类。字符串格式的 class ID 在 COM 技术中称为 cId 或 sId 或 strId 等。调用 LoadLibrary 后，软件能够识别出这个动态库中有哪些接口类 sId。

此时，高级别动态创建完成两件事：一是识别出接口类 sId，二是根据 sId 创建类对象。

在下一节中，我们用 C++实现一套动态创建机制，包括自动注册接口类 sId、识别出接口类 sId 和根据 sId 创建对象。

5.2　C++动态创建

在 C++语言中没有直接提供动态创建机制，需要自己实现。上一节提到的已知导出函数的动态创建是一种简便易用的方法。另一种方法是高级别动态创建，需要设计一套注册、创建机制，可以根据接口类的 sId 创建对象。

C++动态创建实现如下内容，即可实现运行时根据 sId 动态创建对象。

（1）系统加载动态库后，系统自动识别出其中的接口类 sId：需要设计一套注册 sId、识别 sId 的机制。

（2）软件根据接口类 sId 创建具体类的对象：需要使用设计模式中的工厂模式，使用静态方法提供创建的接口方法，实现从接口类 sId 到创建者的映射。

（3）这些接口类 sId 的管理、维护：需要设计一个独立的动态库，提供注册 sId、维护注册、创建对象等接口方法。

5.2.1　原理

首先考虑工厂模式，但在工厂模式中没有提及如何在多个动态库中实现的方法。为实现动态库间识别、注册、创建，需要设计一个存储从 sId 到实际创建者的独立的映射。可以基于动态库的原理设计一个独立的动态库，其中用全局变量存储这个映射，达到全局唯一的目的。

1. 工作原理框图

在这个独立的动态库中，主要的内容是能够存储 sId、sId 和具体创建者的映射，这里称这个库为动态创建模块。动态创建工作原理框图如图 5-1 所示。

动态创建模块有两个主要的对外接口。

（1）注册创建者的方法：能够接收一个 sId 和一个创建者，插件调用该方法注册创建者。

（2）创建接口对象的方法：能够根据 sId 返回一个接口类对象，框架软件调用该方法。

在插件（动态库）中要有一个创建者，创建者的接口方法是创建具体类。插件有两个主要的动作。

（1）在插件被加载时，插件应主动调用动态创建模块的接口方法，主动告知一个 sId 和一个创建者接口。动态创建模块的工作是将这个 sId 和创建者接口存储起来，即实现了动态注册。

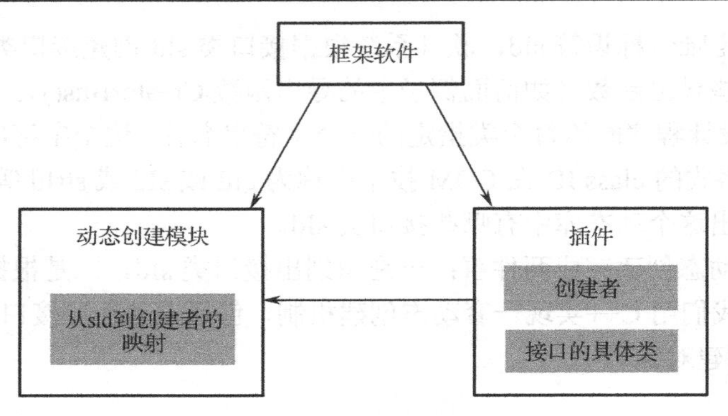

图 5-1　动态创建工作原理框图

（2）在动态创建模块中的创建接口方法中，可先根据传入的 sId，匹配到一个创建者接口，然后调用创建者接口的创建方法，调用这个创建方法创建对象，即实现了动态创建。

2. 基础知识

实现高级别动态创建涉及 C++中的几个基本概念，包括动态库加载过程、C++静态变量初始化过程、C++静态方法。

（1）动态库加载过程。操作系统执行加载时，首先将应用程序文件的各个分区（PE 格式）加载到内存中，然后将全局变量区的变量执行初始化，最后执行动态库的初始化函数。全局变量会首先执行初始化，多个全局变量初始化时，顺序不确定。

利用全局变量初始化这个特点，可以尽可能早地执行代码，在动态库的入口函数之前就执行代码，在实现接口类 sId 的注册机制时利用了这个特点。

（2）C++静态变量初始化过程。类成员的静态变量的作用类似于全局变量，在加载可执行程序、动态库时，作为全局变量执行初始化。加载时，所有的全局变量、静态成员变量顺序加载。如果一个静态变量访问另一个静态变量，而另一个静态变量还没有初始化，则会出错，要避免这种调用。

（3）C++静态方法。类成员的静态方法是 C++中的基本概念。因为调用静态方法不需要实例化类，可通过类名直接调用，所以类的静态成员方法类似于全局函数。在动态创建模块中，用静态方法定义了注册接口类 sId、创建接口等方法。

5.2.2 举例

下面以总线仿真测试平台的实际需求举例。在总线仿真测试平台中，总线通信模块是平台中的一种插件，是独立的动态库，框架软件可以加载这些动态库文件、创建这些动态库中的接口类对象，因此需要设计为动态创建。

先约定我们的设计目标：

（1）软件能够识别出系统中有哪些通信模块的接口类 sId。

（2）软件根据接口类 sId 创建接口类对象。

1. 设计出的软件模块

在总线仿真测试平台中，动态创建技术涉及三个部分，分别是框架软件、插件、动态创建模块。动态创建模块专门用于实现动态创建。框架软件使用动态创建模块加载插件、创建插件对象。插件使用动态创建模块注册自己、使自己能被框架识别。

下面以总线通信模块为例说明如何实现动态创建。

C++动态创建——总线通信模块类图如图 5-2 所示。

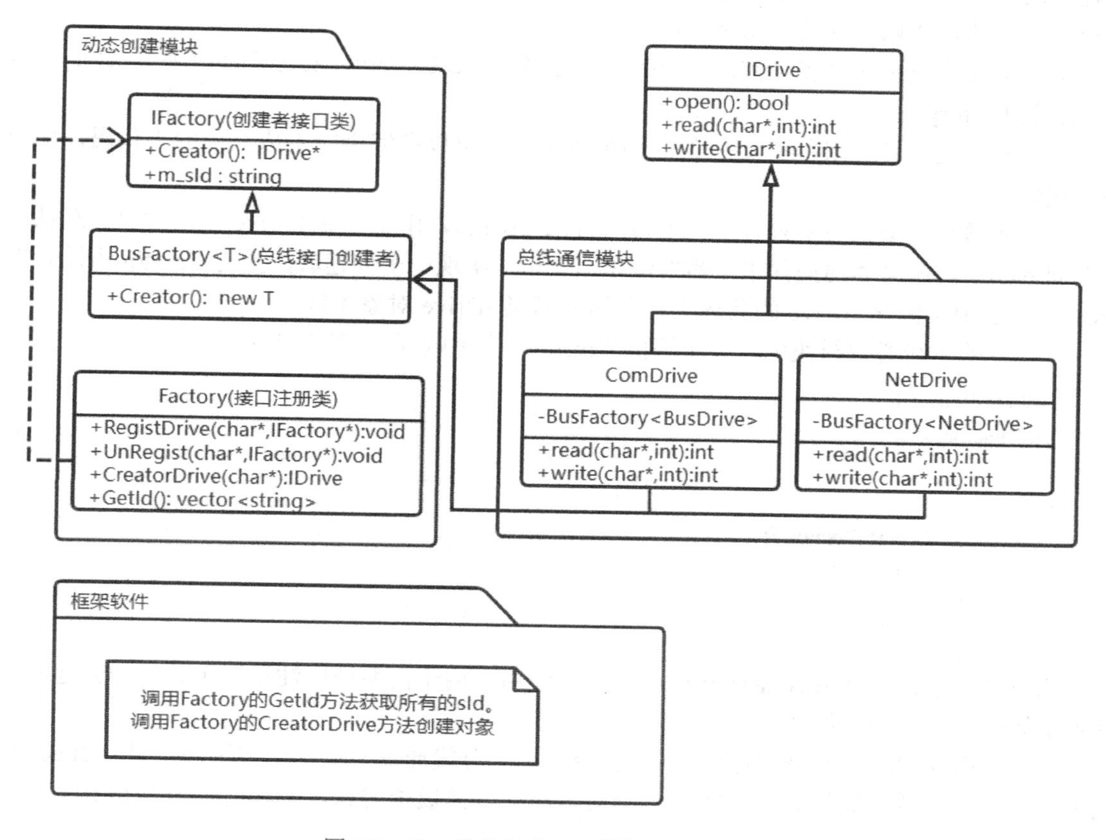

图 5-2　C++动态创建——总线通信模块类图

（1）框架软件：框架软件是面向软件用户、完成各种功能的可执行程序。在框架软件启动时自动加载各种插件的动态库，在软件界面中可以使用这些插件。用户可选择使用这些插件，框架软件通过插件向用户提供实际功能。

（2）总线通信模块：是总线仿真测试平台中的一种插件，编译为动态库。在动态库初始化时，会向动态创建模块注册自己的 sId，同时提供创建接口用于创建接口类对象。在本例的总线通信模块中，子类化了两个总线通信模块类，即串口通信类 ComDrive、网络通信类 NetDrive，分别对应串口通信功能、以太网通信功能。

（3）动态创建模块：是实现动态创建的核心模块，编译为动态库，提供对外的注册、创建、获取接口类 sId 等接口，用静态方法提供各种接口方法。Factory 类作为导出类，框架软件、插件都需要链接本模块。

2. 总线通信模块接口类 IDrive

本例中的插件是总线通信模块，其接口类为 IDrive，表示硬件总线的各种操作，封装了总线通信相关的读数据 read、写数据 write、打开通信 open 等方法，是 C++的抽象接口类。

本例实现的动态创建，要根据 sId 创建指定的具体类。

3. 动态创建模块

动态创建模块是一个动态库，其核心作用是实现动态注册插件接口类、根据接口类 sId 创建并返回插件接口对象。动态创建模块内部会维护从 sId 到创建者的映射，因为这个映射是全局、唯一的，所以必须使用动态库。

动态创建模块中包括多个类：总线接口创建者类 BusFactory、创建者接口类 IFactory、接口注册类 Factory。

总线接口创建者类采用了 C++的泛型编程机制，可以在编译时生成具体的类代码，用于简化代码量。

创建者接口类 IFactory 只有一个虚接口方法 Creator，用于创建 IDrive 接口对象，默认实现返回 NULL。在具体的插件中，需要继承 IFactory 实现一个创建者，重写 Creator 方法，在 Creator 方法中实例化 IDrive 的具体类，并返回基类 IDrive 对象指针。

在具体的总线通信模块中，在重写的 Creator 方法中会真正创建对象。

```
#include "IDrive.h"
class IFactory
{
public:
        virtual IDrive* Creator(){
                return NULL;
        }
};
```

总线接口创建者类 BusFactory 提供给插件使用，用于向系统中注册一个具体的创建者，使系统能够识别一个插件。

这里使用泛型模板类来简化创建者类，否则每个总线通信模块都需要手写子类化 IFactory 代码。应用了泛型模板类后，实例化一个这里的泛型模板类对象，编译时展开即得到一个具体的 IFactory 子类。

```
#include "IFactory.h"
#include "Factory.h"
template<class T>
class BusFactory : IFactory
{
public:
        BusFactory(char * sId){
                Factory::RegistDrive(sId,   this);
        }
        virtual IDrive* Creator(){
                return (IDrive*)(new T());
        }
};
```

接口注册类 Factory 提供给框架软件使用，在其中需要创建抽象接口类对象时，调用 Factory 的静态方法 CreatorDrive，传递类标识符 sId，返回创建的对象指针。Factory 也负责对象生命周期管理，对象不使用时的销毁也需要调用接口销毁对象。

Factory.h 中的几个接口方法用静态修饰，可以直接调用。

```
#include "IFactory.h"
#include <map>
#include <string>
class Factory
{
public:
    Factory(void);
    ~Factory(void);
public:
    // 注册一个创建者
    static void RegistDrive(char * sId, IFactory * ifactory);
    // 注销一个创建者
    static void UnRegist(char * sId, IFactory * ifactory);
    // 创建 IDrive 对象
    static IDrive* CreatorDrive(char * sId);
    // 返回所有的 sId
    static std::vector<string> GetId();
private:
    static std::map<std::string, IFactory*> * m_mgr;
};
```

Factory 维护了一个从 sId 到创建者接口 IFactory 的映射关系 map，注册创建者时在 map 中插入 sId 和 IFactory，注销创建者时在 map 中移除 sId。创建时，根据 sId 在 map 中查找 IFactory，找到 IFactory 对象后调用 IFactory 的创建函数。

Factory.cpp 的主要源码如下。

```
std::map<std::string, IFactory*> * Factory::m_mgr = NULL;

Factory::Factory(void){
}
Factory::~Factory(void){
}
void Factory::RegistDrive(char * sId, IFactory * ifactory){
    if (m_mgr == NULL) m_mgr = new std::map<std::string, IFactory*>();
    (*m_mgr)[sId]= ifactory;
}
void Factory::UnRegist(char * sId, IFactory * ifactory){
    std::map<std::string, IFactory*>::iterator it = m_mgr->find(sId);
    if (it != m_mgr->end()) {
        m_mgr->erase(it);
    }
}
IDrive * Factory::CreatorDrive(char * sId){
    if (m_mgr == NULL) m_mgr = new std::map<std::string, IFactory*>();

    std::map<std::string, IFactory*>::iterator it = m_mgr->find(sId);
```

```
        if (it != m_mgr->end()) {
            return it->second->Creator();
        }
        return NULL;
}
```

4．总线通信模块

为简便起见，在总线通信模块中实现了两个 IDrive 接口，即串口通信类和网络通信类。这两个类的注册机制一致，下面以串口通信为例进行说明。

串口通信类实现插件的 IDrive 接口，调用操作系统的串口函数、实现串口通信，定义静态成员变量 static BusFactory<ComDrive> m_reg，实现注册、创建功能。

该类的声明代码如下。

```
class ComDrive : public IDrive
{
public:
        ComDrive(void);
        ~ComDrive(void);
public :
        virtual void read(char * data, int len);
private:
    // 静态变量
        static BusFactory<ComDrive> m_reg;
};
```

在 ComDrive.cpp 中需要初始化静态类成员变量，向动态创建模块执行注册，在泛型模板类 BusFactory 中调用了 Factory 的注册接口。这里的串口通信类的 sId 为“ComDrive”，之后在框架软件中，可以通过这个 sId 实例化 ComDrive 对象。

```
// 静态变量初始化时，执行注册
BusFactory<ComDrive> ComDrive::m_reg("ComDrive");
```

将这个 BusFactory<ComDrive>展开后，注册的原理会一目了然。BusFactory<ComDrive>展开后的代码如下，其中的 Creator 方法创建了具体类 ComDrive 的对象。可见，如果不使用这个泛型，那么每个 IBus 具体类的创建都需要有一个 IFactory 的具体类，应用泛型编程简化了代码。

```
class BusFactory : IFactory
{
public:
      BusFactory(char * sId){
            Factory::RegistDrive(sId,    this);
      }
      virtual IDrive* Creator(){
            return (IDrive*)(new ComDrive());
      }
};
```

5. 框架软件

框架软件是一个独立的可执行程序，依赖于动态创建模块，所以在编译选项中加入链接动态创建模块的 lib 文件。

程序启动后，加载指定路径中的总线通信模块，之后调用动态创建模块 Factory 的接口方法，获知有哪些接口类 sId 并获取这些接口的信息。

```
std::vector<string> classId = Factory::GetId();
for (size_t i =0; i < classId.size(); i++){
    qDebug() << classId.at(i).c_str();
}
```

在需要创建、使用总线通信模块时，调用动态创建模块 Factory 的静态方法 Factory::Creator，传入字符串接口类 sId，得到接口类 IDrive 对象指针，到这里已经达到了动态创建的目的。使用者调用 Factory 的主要代码如下。

```
std::vector<string> classId = Factory::GetId();
string sId = classId.at(0);
IDrive* bus = Factory::CreatorDrive(sId);
...   // doWork
```

5.3　Qt 动态创建

在 Qt 中也有很多动态创建，在编写 Qt 界面程序时，依赖的是 QtGUI 模块，在 Qt 的 QtGUI 模块中包括很多界面类，这些界面类也叫控件。在 Qt 集成开发环境 Qt Creator 中创建界面类后，会打开一个界面编辑窗口，Qt 内置控件如图 5-3 所示，左侧是 QtGUI 模块内置的各种控件，可以拖放到自己的界面中。

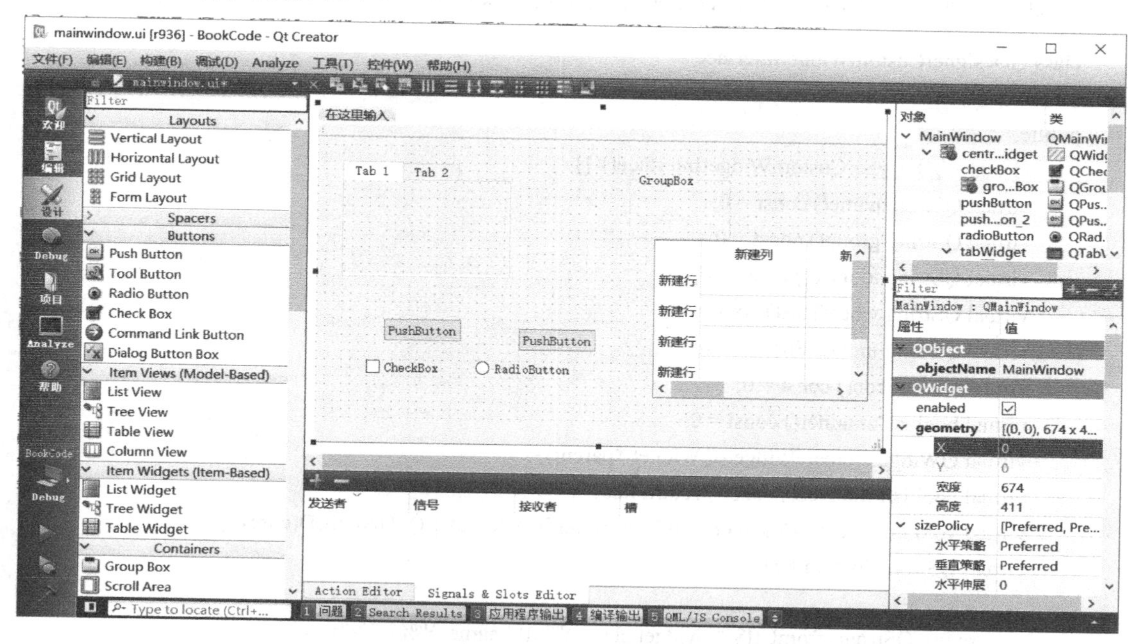

图 5-3　Qt 内置控件

除 Qt 内置的各种控件外，Qt 还提供一种自定义控件，可以由程序员自己编写控件，集成到 Qt 中，使自定义控件显示到 Qt Creator 左侧的控件窗口中。

Qt 自定义控件编译后得到动态库文件，自动生成到 Qt 的插件目录中，自定义控件的目录名称是 designer。Qt 自定义控件的目录如图 5-4 所示，其中的各个文件都是 Qt 自定义控件。

此电脑 › OS (C:) › Qt › 4.8.7_VS2008 › plugins › designer　　搜索"designer"

名称	修改日期	类型	大小
taskmenuextension.dll	2015/5/8 4:37	应用程序扩展	34 KB
qwebview.dll	2015/5/8 3:32	应用程序扩展	19 KB
qt3supportwidgets.dll	2015/5/8 3:32	应用程序扩展	175 KB
qdeclarativeview.dll	2015/5/8 3:32	应用程序扩展	17 KB
qaxwidget.dll	2015/5/8 3:32	应用程序扩展	252 KB
phononwidgets.dll	2015/5/8 3:32	应用程序扩展	48 KB
myplugin.dll	2021/11/19 11:12	应用程序扩展	22 KB

图 5-4　Qt 自定义控件的目录

由此可见，Qt 自定义控件是 Qt 中典型的动态创建。

下面以 Qt 自定义控件接口作为 Qt 动态创建的例子。

5.3.1　Qt 自定义控件接口

QDesignerCustomWidgetInterface 是 Qt 设计师中用于识别自定义控件的设计师接口类，编写自定义控件需要实现这个接口类，实现其中的各个方法。

这个接口类的每个方法对应一个 Qt 设计师中可见的内容，通过方法名称就能很好地理解方法的功能。例如，name 表示自定义控件的名称，group 表示分组的名称，icon 是自定义控件的图标，等等。

在 Qt 的源码文件 CustomWidget.h 中定义了自定义控件的接口类，如下。

```
class QDesignerCustomWidgetInterface
{
public:
    virtual ~QDesignerCustomWidgetInterface() {}
    virtual QString name() const = 0;
    virtual QString group() const = 0;
    virtual QString toolTip() const = 0;
    virtual QString whatsThis() const = 0;
    virtual QString includeFile() const = 0;
    virtual QIcon icon() const = 0;
    virtual bool isContainer() const = 0;
    virtual QWidget *createWidget(QWidget *parent) = 0;
    virtual bool isInitialized() const { return false; }
    virtual void initialize(QDesignerFormEditorInterface *core) { Q_UNUSED(core); }
    virtual QString domXml() const
    {
        return QString::fromUtf8("<widget class=\"%1\" name=\"%2\"/>")
```

```
                .arg(name()).arg(name().toLower());
        }
        virtual QString codeTemplate() const { return QString(); }
};
Q_DECLARE_INTERFACE(QDesignerCustomWidgetInterface, "com.trolltech.Qt.Designer.CustomWidget")
```

其中，类成员的方法多数是 C++纯虚函数，在代码的最后调用了 Q_DECLARE_INTERFACE 宏，这个宏实现了接口类的注册，在 5.3.2 节中有这个宏的展开代码。调用了这个宏之后，Qt 设计师软件可根据“com.trolltech.Qt.Designer.CustomWidget”创建并返回 QDesignerCustomWidgetInterface 对象实例，即根据名称创建对象，这个长长的“com.trolltech.Qt.Designer.CustomWidget”对应动态创建中的类 sId。

Q_DECLARE_INTERFACE 宏能够使 Qt 设计师识别出我们编写、生成的自定义控件，识别有哪些 QDesignerCustomWidgetInterface 类，并能创建对象实例，是一个典型的动态创建。

5.3.2　实现原理

Qt 自定义控件的实现从根源上一定会用到动态创建技术，通过分析源码的形式可得出 Qt 是如何实现动态创建的。

在 Qt 中大量使用了宏。宏是 C/C++语言中非常有效的一种编译时展开机制，可以在编译时展开生成具体代码。在 Qt 自定义控件的接口头文件中有很多宏定义的应用，通过分析这些宏就可以推导出实现原理。

1. Q_DECLARE_INTERFACE 宏

查阅 Qt 源码，分析 Qt 中是如何实现动态创建机制的。首先用 Qt Creator 创建自定义控件工程，顺序执行即可创建一个自定义控件工程，从生成的源码跳转到 Qt 的源码 CustomWidget.h 文件，其中有如下宏定义。

```
#   define Q_DECLARE_INTERFACE(IFace, IId) \
        template <> inline const char *qobject_interface_iid<IFace *>() \
        { return IId; } \
        template <> inline IFace *qobject_cast<IFace *>(QObject *object) \
        { return reinterpret_cast<IFace *>((object ? object->qt_metacast(IId) : 0)); } \
        template <> inline IFace *qobject_cast<IFace *>(const QObject *object) \
        { return reinterpret_cast<IFace *>((object ? const_cast<QObject *>(object)->qt_metacast(IId) : 0)); }
#endif // Q_MOC_RUN
```

其中有三个泛型模板函数：qobject_interface_iid<IFace*>返回字符串，用来获得类的字符 IId；另两个泛型模板函数用来将 QObject 转为接口类对象。宏定义在编译时会展开，得到如下代码。

```
template <> inline const char *qobject_interface_iid<QDesignerCustomWidgetInterface*>()
{
        return "com.trolltech.Qt.Designer.CustomWidget";
}
template <> inline IFace *qobject_cast<QDesignerCustomWidgetInterface*>(QObject *object)
```

```
{
    return reinterpret_cast<QDesignerCustomWidgetInterface*>((object ? object->qt_metacast
            ("com.trolltech.Qt.Designer.CustomWidget") : 0));
}
template <> inline IFace *qobject_cast<QDesignerCustomWidgetInterface*>(const QObject *object)
{
    return reinterpret_cast<QDesignerCustomWidgetInterface*>((object ? const_cast<QObject *>
            (object)->qt_metacast("com.trolltech.Qt.Designer.CustomWidget") : 0));
}
```

分析该源码可见，主要内容是定义了 IId，通过 IId 转换为具体接口类。IId 的作用与 C++动态创建中设计的接口类 sId 一致，用于唯一标识出一个具体类，Qt 中会用这个 IId 创建一个具体类。

2. Q_EXPORT_PLUGIN2 宏

在生成代码中会调用 Q_EXPORT_PLUGIN2 宏，跳到源码可见这个宏的具体内容，其中定义了两个导出函数：qt_plugin_query_verification_data 用于获取插件版本等信息，qt_plugin_instance 调用了另一个宏 Q_PLUGIN_INSTANCE。

```
#  define Q_EXPORT_PLUGIN2(PLUGIN, PLUGINCLASS) \
    Q_PLUGIN_VERIFICATION_SECTION Q_PLUGIN_VERIFICATION_DATA \
    Q_EXTERN_C Q_DECL_EXPORT \
    const char * Q_STANDARD_CALL qt_plugin_query_verification_data() \
    { return qt_plugin_verification_data; } \
    Q_EXTERN_C Q_DECL_EXPORT QT_PREPEND_NAMESPACE(QObject) * Q_STANDARD_CALL
qt_plugin_instance() \
    Q_PLUGIN_INSTANCE(PLUGINCLASS)
```

在宏 Q_EXPORT_PLUGIN2 中，调用了另一个宏 Q_PLUGIN_INSTANCE。这个宏的定义中有一个静态变量，若静态变量没有初始化，则创建对象并返回；若已创建，则直接返回对象。

这里基于静态变量的机制，可以防止对象的重复创建。

```
#define Q_PLUGIN_INSTANCE(IMPLEMENTATION) \
{ \
    static QT_PREPEND_NAMESPACE(QPointer)<QT_PREPEND_NAMESPACE(QObject)> _instance; \
    if (!_instance) \
        _instance = new IMPLEMENTATION; \
    return _instance; \
}
```

假设自定义控件接口类的子类名称为 SortListPlugin，展开 QT_PLUGIN_INSTANCE 这个宏，得到如下代码。

```
extern "C" __declspec(dllexport)   QObject * qt_plugin_instance()    // 以 Windows 环境为例
{
    static ::QPointer<::QObject> _instance;    // QPointer 已经初始化指针
    if (!_instance)
```

```
            _instance = new SortListPlugin;
        return _instance;
    }
```

其中，使用了static修饰变量_instance，并判断_instance只在为空时创建，与在5.2节的动态创建中static的用法一致，都基于static的特点，用于只创建一次对象。

建立的自定义控件必须导出qt_plugin_instance等函数，在Qt设计师中加载自定义控件时，才能通过这几个函数名称获得接口类实例，通过接口类实例创建自定义控件对象。

另外，在Qt中使用泛型模板、宏定义的这种编译时展开的技术也值得我们学习。

3. 总结

本节通过分析Qt自定义控件源码，介绍Qt实现动态创建的基本原理：定义抽象接口类、运行时加载动态库、创建接口类对象。

Qt 自定义控件技术是总线仿真测试平台的核心主题。关于 Qt 自定义控件开发的详细内容将在后面的章节中介绍。

5.3.3 Qt插件

在Qt中除自定义控件外，还有一套插件机制。这些插件包括数据库驱动插件、图形格式插件、文本编码器插件、风格插件和部件插件。这些插件也基于动态创建技术实现。我们可以自己编写、实现这些插件，在应用程序中使用我们编写的插件。

（1）数据库驱动插件QSqlDriverPlugin，路径：$QTDIR/plugins/sqldrivers。

（2）图形格式插件QImageFormatPlugin，路径：$QTDIR/plugins/imageformats。

（3）文本编码器插件QTextCodecPlugin，路径：$QTDIR/plugins/codecs。

（4）风格插件QStylePlugin，路径：$QTDIR/plugins/styles。

（5）部件插件QWidgetPlugin，路径：$QTDIR/plugins/designer。

Qt的应用程序会自动辨识这些插件，因为插件都是保存在插件子目录下的，Qt会自动查找这些目录，执行动态加载。这些Qt插件与所有的插件一样，都是基于动态创建技术实现的。

数据库驱动插件是最常用的一种插件。在Qt中操作数据库时，必须指定数据库驱动插件。大部分应用程序都需要访问数据库，在发布应用程序后，在可执行程序目录中必须有数据库驱动的子目录，其中有数据库驱动的各个插件。在Qt中访问数据库时需要调用QtSQL模块。QtSQL模块是在Qt中执行数据库操作相关的组件，能够支持各种数据库，如Oracle、MySQL、DB2、SqlLite等，实现各种数据库的连接、操作，通过数据库驱动插件实现不同数据库的支持。每种数据库都必须有一个数据库驱动插件，在有新的数据库时，只需要添加一个新数据库驱动插件即可。

可以打开Qt目录，定位到Qt提供的几个数据库驱动源码，如MySQL数据库驱动源码，在Qt目录的src\plugins\sqldrivers\mysql中，使用Qt Creator打开其中的mysql.pro工程文件。打开工程后，可见源码比较简单，有main.cpp、qsql_mysql.h、qsql_mysql.cpp三个源文件，MySQL数据库驱动工程如图5-5所示。

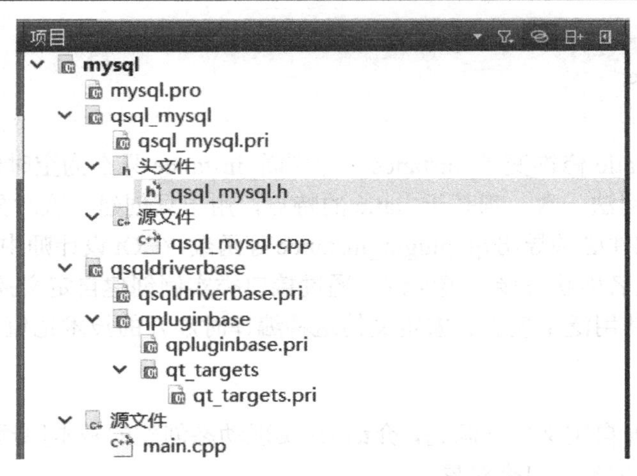

图 5-5　MySQL 数据库驱动工程

在 main.cpp 中定义了 QMYSQLDriverPlugin 类，实现 Qt 的数据库驱动插件接口。

```
class QMYSQLDriverPlugin : public QSqlDriverPlugin
{
public:
    QMYSQLDriverPlugin();
    QSqlDriver* create(const QString &);
    QStringList keys() const;
};
```

主要的接口方法 create 用于创建一个数据库驱动接口类 QSqlDriver 的对象，keys 方法用于返回当前驱动库中的驱动名称（接口类的 sId）。这里的 create 返回了 qsql_mysql.h 中的类 QMYSQLDriver 的实例对象。

```
QSqlDriver* QMYSQLDriverPlugin::create(const QString &name){
    if (name == QLatin1String("QMYSQL") || name == QLatin1String("QMYSQL3")) {
        QMYSQLDriver* driver = new QMYSQLDriver();
        return driver;
    }
    return 0;
}
QStringList QMYSQLDriverPlugin::keys() const{
    QStringList l;
    l << QLatin1String("QMYSQL3");
    l << QLatin1String("QMYSQL");
    return l;
}
```

在 main.cpp 中使用了两个宏：Q_EXPORT_STATIC_PLUGIN、Q_EXPORT_PLUGIN2。这两个宏的目的是将 MySQL 驱动插件类 QMYSQLDriverPlugin 注册到 Qt 中，使 Qt 的数据库组件能够识别到这个 MySQL 驱动插件。这两个宏展开后，与 Qt 自定义控件接口中的宏类似，这两个宏是实现了动态创建的宏。

```
Q_EXPORT_STATIC_PLUGIN(QMYSQLDriverPlugin)
Q_EXPORT_PLUGIN2(qsqlmysql, QMYSQLDriverPlugin)
```

打开 qsql_mysql.h 文件，其中是针对具体 MySQL 数据库的开发接口类 QMYSQLDriver。QMYSQLDriver 向 Qt 数据库组件提供 QSqlDriver 接口类，实现操作 MySQL 数据库的功能，例如打开数据库 open、创建查询对象 createResult、获取结果集 record 等。QMYSQLDriver 的主要代码如下。

```
class Q_EXPORT_SQLDRIVER_MYSQL QMYSQLDriver : public QSqlDriver
{
    Q_OBJECT
    friend class QMYSQLResult;
public:
    explicit QMYSQLDriver(QObject *parent=0);
    explicit QMYSQLDriver(MYSQL *con, QObject * parent=0);
    ~QMYSQLDriver();
    bool hasFeature(DriverFeature f) const;
    bool open(const QString & db,const QString & user, const QString & password,
    const QString & host, int port,          const QString& connOpts);
    void close();
    QSqlResult *createResult() const;
    QStringList tables(QSql::TableType) const;
    QSqlIndex primaryIndex(const QString& tablename) const;
    QSqlRecord record(const QString& tablename) const;
    QString formatValue(const QSqlField &field, bool trimStrings) const;
    QVariant handle() const;
    QString escapeIdentifier(const QString &identifier, IdentifierType type) const;
    ...  // 略
};
```

编译具体数据库驱动的工程需要加入对应数据库的开发接口文件，MySQL 的数据库驱动工程需要加入 MySQL 开发接口的头文件路径、lib 静态库路径。编译后得到的动态库文件，需要放到程序的指定目录中，在软件运行时，会根据目录动态加载这个驱动、创建驱动中的接口类对象。

```
INCLUDEPATH += E:/software/mysql/mysql-5.7.28-win32/include
LIBS += -LE:/software/mysql/mysql-5.7.28-win32/lib/ -llibmysqld
```

MySQL 这个例子是 Qt 已经提供的一个数据库驱动插件源码，可以直接编译使用，在 src/plugins/sqldrives 目录中，已经有多个常见数据库驱动插件源码。如果我们使用的数据库里没有对应插件，那么需要让数据库厂家提供 Qt 的数据库驱动插件，或者自己编写对应的代码，通常情况下应由数据库厂家提供。

5.4　如何应用

动态创建技术是一种基础技术，在任何大型的软件系统中都会用到。动态创建不区分编程语言，在各种编程语言中必然会存在这种动态创建技术，但是实现的方法肯定不同。

在应用本章的动态创建技术时，除编写功能代码外，还需要编写很多的加载代码、创建代码，这增加了工作量。在项目中若要使用动态创建技术，则一定要仔细评估是否需要这样做。并非所有的软件都需要动态创建。

在应用动态创建时，可以评估自己的软件，评估软件的研制目标，确定是要做一个复杂的框架软件，还是一个小软件。只有大型软件系统才需要动态创建。

判断的情况如下。

（1）软件是一个框架软件，提供各种插件，提供接口类用于软件扩展。

（2）定义的接口类在软件发布后需要替换具体实现类、更新算法实现类。

上述两种情况都需要使用动态创建技术，应先定义软件接口，将功能实现到动态库中，在软件运行时加载动态库，运行时创建接口对象。

第 6 章　组态软件技术

在框架软件中，可以应用组态软件技术，实现灵活的界面配置、运行时加载等功能。Qt 中的多个技术主题支持实现组态，基于 Qt 更容易实现组态功能。

本章先讨论组态软件，然后描述在 Qt 中能用来完成组态功能的相关技术。

6.1　组态软件

组态软件，通常指工业控制领域的组态软件，在工业控制领域用于现场数据采集、环境数据监测、现场控制等。组态软件在工业控制领域非常流行，如电厂的各种现场系统、采集系统、监测系统等。

组态软件能够实现对自动化过程和装备的监视与控制。它能从自动化过程和装备中采集各种信息，将信息以图形化等更易于理解的方式进行显示，将重要的信息以各种直观显示方式呈现给相关人员，对信息执行必要的分析、处理、存储，发出控制指令等。

组态软件的编辑功能包括数据采集设置、界面设计两部分。在界面设计的工具软件中拖曳各种显示、控制的控件，编辑设置界面，给控件绑定数据点，之后可以生成监控界面，启动加载界面后即可监视现场数据、发送控制指令等。组态软件易于使用，使用者不需要有专业的软件技能，就可以用组态功能搭建一套采集、控制系统。组态软件十分灵活。

6.1.1　测试系统中的组态

这里借鉴组态软件的特点。组态是软件中提供的设置、配置、参数化等方式，通过界面图形拖曳、填写属性值、编写配置文件等操作，来指定软件的界面、功能、执行流程等。用户通过这些简单操作之后，定义出软件功能，得出一套有具体功能的新软件。软件提供的这一系列功能称为组态功能。

组态的最大特点是不需要编程、不需要专业程序知识，简单操作之后就可以得到一套全新功能、全新界面外观的新软件。

在一个框架软件中，组态是必备的基础功能。提到框架软件，首先想到这是给程序员编程开发的基础库。然而，我们的框架中还有组态，可供用户以非编程方式生成一套新系统。

把工业控制领域的组态概念借鉴到通用测试系统中，测试系统框架中提供基本的功能模块、运行参数、配置文件，针对特定的产品测试需求，由用户组合这些功能模块，通过拖曳、配置等操作，由用户生成自己的界面、软件功能。组态是通用测试系统的重要基础技术。

1. 由最终用户满足自己的需求

需求是源自用户的，用户最清楚自己需要软件做什么。应用组态之后，可由最终用户自己完成满足其需求的工作。而且，很多用户对自己“创造一套软件”也是很兴奋的。在这种情况下，不需要程序员来理解细枝末节、易变的需求，程序员的主要工作是搭建基础的软件模块，这些软件模块怎么组合、如何使用都交给最终用户来实现，这是软件技术中应对变化的一种高级方法。

图 6-1 《我的世界》

知名游戏《我的世界》如图 6-1 所示。这个游戏的特点是可以创造，玩家通过鼠标点击方块像素等操作，可以建造房子、城堡、怪兽、人物，自己设计游戏情节，创造一个世界。

如果采用类似于《我的世界》的操作方式，通过简单点击、设计就可以生成一套软件，那么大部分程序员会失业。

2．最大功能集合

令程序员最头疼的事情就是修改需求，而且是各种细枝末节的修改。软件设计中需要考虑如何应对需求变更，应用组态可以应付一些变更、调整的需求变化场景。例如，用户想要调整按钮位置、调整点击按钮的动作、调整表格显示内容，这些需求在组态软件中可以由用户自己编辑完成。

此时的组态软件类似于最大功能集合，由用户挑选出功能，组合、配置挑选出的功能，之后得到满足自己需求的一套软件。应用组态要有如下考虑：

（1）面向一个业务领域，实现这个领域的功能，而不是应对所有领域。

（2）在一个业务领域的需求中，将功能拆解为各种小软件模块。

（3）组态是面向一个行业的，它实现这个行业的主要需求，将这些需求做成可配置的功能。

3．应用于行业

组态看似很完美，但并非如此，首先是复杂度会提升：应用组态技术后，软件设计人员需要将系统拆解为零碎的各种软件模块，定义出哪些是基础功能、哪些是可用于组态的模块。

什么样的需求需要使用组态？

工业控制是最典型的场景。首先，分析工业控制软件的特点：现场数据采集、现场数据显示、开关控制、开关状态显示、现场数据监显/控制。几乎所有的工业控制软件都有这些功能，所以是基本需求，可以做成配置文件、参数化显示等。这些解决方法和组态软件特点符合。

然后，分析测试领域的特点：实现通信协议、数据包解析、组数据包、界面显示参数数据、编辑发送指令，曲线、表格、图标、按钮、开关指令。数据包解析可以做成参数化、配置化；软件界面显示可以做成配置化，根据配置显示曲线、表格、图标。采用参数化、配置文件这些特点类似于工业控制软件的特点，所以适合采用组态方式。

采用组态可以满足数据采集、控制、显示一类软件的各种需求，这些特点也是测试系统框架的特点。其他行业需要根据特点分析是否适合使用组态。

4．运维监控类软件

有很多软件系统也实现了界面配置、数据源编辑功能，这些也算是组态。

例如，运维监控类的软件系统有多个账号，每个人可能需要关注自己负责的一些值，界面需要灵活配置，显示曲线、表格、仪表等。知名的开源运维监控软件 Grafana 如图 6-2 所示，在 Grafana 中，从数据源、界面显示到报表等都是可以配置的，这其中有组态的理念。

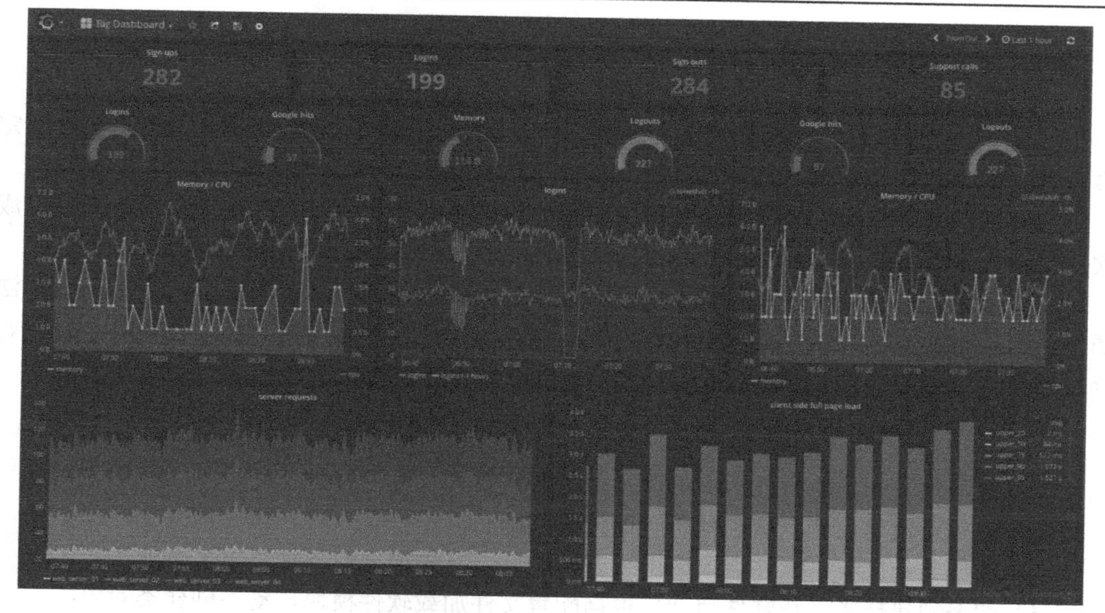

图 6-2　开源运维监控软件 Grafana

5．泛化意义上的组态

进一步分析组态软件可以发现，组态中的编辑配置功能主要实现了两方面的灵活配置：编辑数据来源、编辑交互界面，即数据从哪里来、数据如何展示。这两方面也是绝大多数软件的功能，但是很多软件内部实现了一些数据处理的算法，这些算法是特殊的且无法用配置化解决的，测试系统中提供了数据处理的算法插件，以应对这类需求。软件中使用了这两类功能，都可以算是使用了组态技术。

6.1.2　技术基础

为了实现组态功能，需要什么样的程序设计技术呢？需要如何设计呢？如何编码呢？首先分析组态的特点，然后得出所需技术的特点。

1．功能组成

实现组态，应识别哪些需求可变化，提炼出各种属性、配置文件、设置参数。例如，实时曲线图的属性可以有外观（背景色、线条颜色、线型、网格等）、坐标轴时间或计数、双坐标系、显示图例、显示标线，相当于做了一个最大化合集曲线图，用户在使用时自己设置这些属性。

组态功能包括以下内容。

（1）软件应该充分模块化，拆分为多个需求点，各个需求的实现分散在不同软件模块中，例如，显示的需求有表格显示、曲线显示、图标显示，都做成控件。

（2）用于编辑界面的组态工具软件，能够将可用的软件模块、界面显示内容、界面组成等拖曳设置到一个界面配置文件中，可以设置各个界面各元素的属性值、可视化的界面编辑工具。

（3）编辑数据来源的工具软件，可以设置从硬件模块采集数据、从数据库读取数据，也可以编写数据插件来获取数据等。

（4）生成工具，将上一步工具软件生成的内容重新生成一个新的软件，给最终用户使用。

2. 简化的组态

应用到测试系统中的组态功能，是配置工具软件、框架软件、插件。

（1）配置工具软件：包括配置文件编辑、界面UI文件编辑、属性设置、插件选择、绑定参数等，各类配置的编辑、配置文件生成功能，若干个工具软件。

（2）框架软件：加载各类配置文件、界面配置文件，加载各类插件，根据配置文件生成软件界面、提供功能。框架软件可以加载这些文件，显示呈现给最终用户的软件。

（3）插件：插件有很多种，包括界面显示可见的控件，通信的各类插件，数据处理算法插件，自定义的各种控件。测试系统中内置了各类显示控件，如表格、曲线、图标、按钮、分组框等。这些控件可以绑定参数，显示参数实时值；可以绑定指令，编辑并执行指令。

3. 对应的技术内容

经过上面对组态功能的分析，可以发现组态需要具有如下技术。

（1）软件模块化设计，这也是所有设计的基础。

（2）抽象业务接口，软件需要应用组态功能后，首先根据业务抽象出多个业务接口。

（3）动态创建技术，在软件启动后根据配置文件加载软件模块，动态创建类对象。

（4）动态UI技术，运行时创建软件界面，运行时加载界面文件创建界面。

掌握面向接口的程序设计是使用这些技术的基础。

6.2 Qt组态支持

面向接口编程是组态功能的设计基础，同时需要动态创建对象、运行时创建界面。动态UI技术是指在软件运行时动态地创建软件界面，在Qt技术中提供了运行时创建界面、加载界面相关技术主题。这几个技术主题能够实现动态UI。

动态UI技术依赖于前述的面向接口编程、动态创建技术。这两项也是本书大部分技术主题的基础。

Qt的动态UI涉及Qt的几个基础内容：Qt的元对象系统（Meta Object System）、动态属性。在6.4节中将详细描述Qt的动态UI技术。

6.2.1 Qt元对象系统

Qt设计了一套对象机制，可以支持父类、子类的互相转化，子对象、父对象的查找、迭代。该机制依赖于QObject，QObject是Qt中绝大多数类的基类，对Qt中的任意一个对象都能知道具体类。该机制不依赖于编译器实现的运行时类型信息（Run Time Type Information，RTTI）识别，而是由Qt元对象系统实现。

元对象（Meta Object）是描述另一个对象结构的对象，如获得一个对象有多少成员函数、有哪些属性。在Qt中，我们将要用到的是QMetaObject这个类。

以QObject作为基类。在类声明的私有区域中，Q_OBJECT宏使我们能够使用元对象的特性，如动态属性、信号、槽等。

元对象编译器（Meta-Object Compiler，MOC）为QObject子类生成具有元对象特性的代码。重要方法如下。

（1）可以通过QObject类的一个成员函数获得该类的元对象。

```
QMetaObject *QObject::metaObject() const
```

（2）QMetaObject::className()返回运行时类的名称（Qt 元对象实现，非 C++中的运行时类型信息识别机制）。

（3）QMetaObject::methodCount()返回类中方法的个数。

之所以要介绍元对象，是因为 Qt 中的很多用法是基于元对象的。如果不支持元对象，如没有继承 QObject，那么很多东西将无法使用。下面对此做进一步介绍。

基于 Qt 的 qMake 程序，在所有 QObject 类中，替换 Q_OBJECT 宏，并加入很多的元对象系统的代码，这些代码即 QMetaObject，用于对象间的转换、识别等元对象系统的机制。

如下的类型转换代码，qobject_cast 是 qMake 工具为所有 QObject 类加入的机制，可以用于所有 QObject 子类、父类间的转换。

```
if (QLabel *label = qobject_cast<QLabel *>(obj)){
    label->setText(tr("Ping"));
}
else if (QPushButton *button = qobject_cast<QPushButton *>(obj)){
    button->setText(tr("Pong!"));
}
```

6.2.2　Qt 属性系统

Qt 属性系统可以在不知道子类的情况下，查询出对象的子类属性，并调用 setProperty 和 property 这两个函数执行子类的方法。这两个函数真的是“万能函数”，有很多绝妙的用处。

1. QtDesigner 中的属性窗口

一个常见的 Qt 属性系统场景是 QtDesigner（Qt 设计师）的属性窗口。假设我们编码实现了一个自定义控件 SortList2，QtDesigner 肯定不认识我们的自定义控件，只知道 QObject、QWidget，但是在属性窗口中可以看到自定义控件 SortList2 的所有属性，这就是通过属性系统获取的。QtDesigner 中自定义控件的属性如图 6-3 所示。

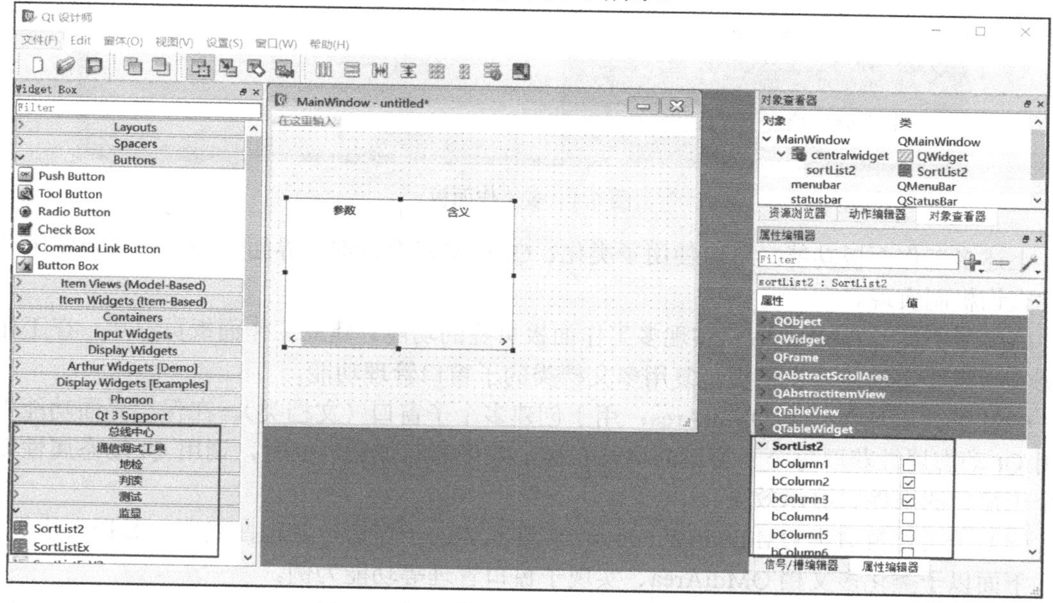

图 6-3　QtDesigner 中自定义控件的属性

Qt 提供了巧妙的属性系统，它与某些编译器支持的属性系统相似。然而，作为平台和编译器无关的库，Qt 不能够依赖于那些非标准的编译器特性，Qt 的解决方案能够被任何 Qt 支持的平台下的标准 C++编译器支持。它依赖于元对象系统，元对象系统通过信号和槽提供对象间通信的机制。

2. 一个有益的场景

动态属性在一些情况下非常有用，可以在只有基类对象指针的情况下，通过动态属性调用子类的接口方法，如下面的代码。

```
QWidget * label = (QWidget *)new QLabel();
QString text = label.property("text").toString();
```

这段代码看起来和脚本语言 JavaScript 的 property 很类似，然而这是 C++代码，绝不是脚本代码可比拟的。

考虑这样一个需求：一个多文档界面软件，每个文档窗口中可以有很多子窗口，每个子窗口可以有表格、曲线，在实现方面通过子类化方法，我们设计了很多 QWidget 的子类，每个子类对应一个子窗口。

现在，我们要实现保存界面、加载界面的功能，包括添加工作面板页签、给面板页签指定名称、在面板页签中添加子窗口、在子窗口中添加控件、保存界面、加载界面等。

实现的效果如图 6-4 所示的多工作面板。

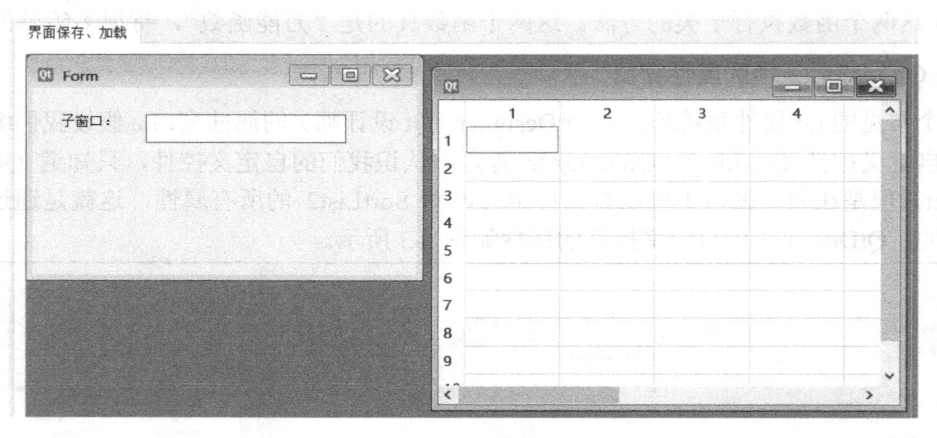

图 6-4 多工作面板

上述多工作面板功能，可以使用子类化、Qt 动态属性查询，界面的保存、加载使用动态属性查询机制实现。

（1）子类化 QTabWidget：实现多工作面板页签的功能。建立工作面板页签后，在工作面板页签中需要实例化多文档类，复用多文档类的子窗口管理功能。

（2）子类化多文档类 QMdiArea：用于创建多个子窗口（文档类）。在保存界面功能中，调用 Qt 动态属性获取每个子窗口的属性、显示效果等；加载界面时，调用 Qt 动态属性设置每个子窗口的属性、显示效果。

（3）子类化窗口类 QMdiSubWindow：实现具体的子窗口，实现曲线图、数据表格等。

下面以子类化多文档 QMdiArea、实现子窗口管理等功能为例。

在子类化的 MyMdiArea 中，定义了保存界面的方法函数 SaveWindow，其中调用了

QSettings 打开 ini 配置文件，将各个子窗口大小、位置、属性等写入 ini 文件中。

```
void MyMdiArea::SaveWindow()
{
    // 打开 ini 配置文件，将各个子窗口大小、位置、属性等写入 ini 文件中
    QSettings set(QDir::currentPath() + "/Window.ini", QSettings::IniFormat);
    QList<QMdiSubWindow*> list = this->subWindowList();
    set.beginGroup("QMidSubWindow");
    set.setValue(QString("count"), list.size());

    // 遍历各个文档窗口
    for (int i=0; i < list.size(); i++)
    {
        QMdiSubWindow* wnd = list.at(i);
        // 此时不需要知道文档窗口的具体类型
        set.setValue(QString("%1_geometry").arg(i), wnd->geometry());
        set.setValue(QString("%1_class").arg(i), typeid(wnd).name());
        // 访问 configStr 属性
        set.setValue(QString("%1_configStr").arg(i), wnd->property("configStr").toString());
    }
}
```

在子类化多文档类 MyMdiArea 中，有加载界面的函数定义。LoadWindow 函数读取配置文件，读取子窗口的 className，根据 className 创建类对象。该代码也可以使用工厂模式、动态创建等进行改进，这里只是简便地创建。

创建对象之后调用 setProperty 设置属性 configStr，各个子窗口解析各自的配置字符串。

```
void MyMdiArea::LoadWindow()
{
    this->closeAllSubWindow();
    // 打开 ini 配置文件
    QSettings set(QDir::currentPath() + "/Window.ini", QSettings::IniFormat);
    set.beginGroup("QMidSubWindow");
    int count = set.value(QString("count")).toInt();
    // 逐个读取
    for (int i=0; i < count; i++)
    {
        QRect size = set.value(QString("%1_geometry").arg(i)).toRect();
        QString className = set.value(QString("%1_class").arg(i)).toString();
        QString configStr = set.value(QString("%1_configStr").arg(i)).toString();
        // 创建类对象
        QWidget * w = NULL;
        if (className == typeid(SortList).name())    {
            w = new SortList(this);
        }
        else if (className == typeid(Form).name())        {
```

```
            w = new Form(this);
        }
        else    {
            continue;
        }

        QMdiSubWindow* wnd = this->addSubWindow(w);
        wnd->setGeometry(size);
        // 设置属性 configStr
        wnd->setProperty("configStr", configStr);
    }
}
```

实现三个自定义 QMdiSubWindow：列表数据显示、曲线数据显示、文本数据显示。QMdiSubWindow 只能嵌入多文档类 QMdiArea 中，还需要分别子类化 QTableWidget、QWidget、QLabel，以实现对应的功能。

下面的代码展示子类化 QTableWidget 实现的列表数据显示控件。

```
#include <QWidget>
#include <QTableWidget>
// 列表数据显示类
class SortList : public QTableWidget
{
    Q_OBJECT
    Q_PROPERTY(QString configStr READ configStr WRITE setConfigStr NOTIFY configStrChanged)
    QString m_configStr;
public:
    explicit SortList(QWidget *parent = 0);
    QString configStr() const;
signals:
    void configStrChanged(QString configStr);
public slots:
    void setConfigStr(QString configStr);
};
```

掌握了 Qt 的动态属性机制后，应该能发现大量的应用场景，很多程序中的设计问题都可以用动态属性解决。

按照前面介绍的面向接口编程技术使用动态属性的代码，也可以用抽象接口类替代。然而，增加接口类会增加整体的复杂度，简单情况下可以直接使用 Qt 动态属性。

3．深入研究实现机制

Qt 的属性机制如何实现呢？基础是元对象系统，可以查看 QObject 的源码，一步一步地找到实现的机制。

6.3　Qt 自定义控件

在 Qt 中内置了很多控件，常见的有表格 QTableWidget、页签 QTabWidget、按钮 QPushButton 等。大部分的图形界面开发都使用这些控件。有时，我们在项目中实现了一个非常通用的界面，如做了一个美观的汽车仪表盘，想要在其他地方直接使用，可以有多种方法。例如，直接复制、粘贴源码；还可以封装成一个自定义控件；加入 Qt 中，在设计界面时就可以在 Qt 设计师中直接使用。

自定义控件是将一系列的功能封装到一个 dll（动态库）文件中，对外提供头文件、lib 文件、dll 文件，可以在 Qt 设计师中使用，对 Qt 的控件做扩展。

使用 Qt 的自定义控件，也可以不在 Qt 设计师中使用，而是通过动态创建控件、调用动态属性，即在运行时加载一个自定义控件的 dll 文件。此时，可不编译 lib 文件、不引用特定的头文件，这是一种非常灵活的使用方式，在后续有关 Qt 动态 UI 的章节中会对此进行描述。

6.3.1　Qt 设计师

Qt 设计师（QtDesigner）是 Qt 提供的编辑界面 UI 文件的工具软件，安装 Qt 后在安装目录的 bin 子目录中可找到 QtDesigner.exe 程序文件。该工具软件可以生成扩展名为.ui 的 XML 格式文件，该文件用于描述界面。UI 文件中包括了很多内容，如控件布局、样式美化、链接信号槽等。

在 Qt 设计师界面左侧的控件中，有 Qt 内置控件、用户自定义控件。Qt 设计师的操作简单，很容易使用。

用户自定义控件是 Qt 控件机制提供的扩展方式，是由用户自己开发且可以在 Qt 设计师中直接使用的一类控件。

Qt 设计师如图 6-5 所示。

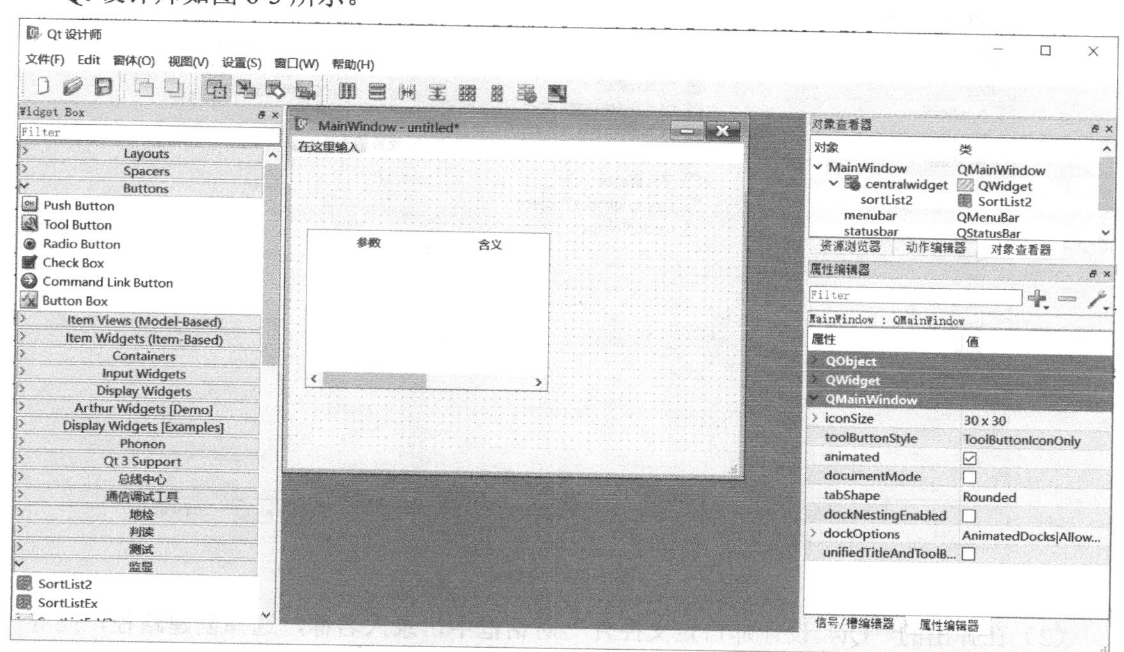

图 6-5　Qt 设计师

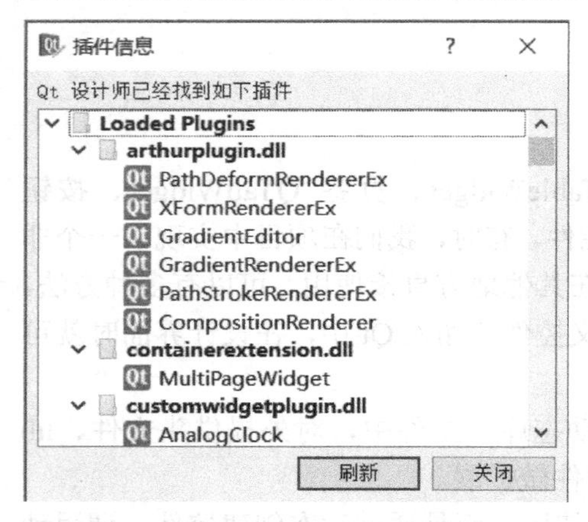

图 6-6　在 Qt 设计师中查看已加载插件

需要单独说明的几点如下。

（1）路径：Qt 设计师会加载相对路径 designer 目录中的 dll，designer 子目录中存放所有的自定义控件 dll。在 Qt 用于创建界面的类 QFormBuilder 中，默认会加载 designer 子目录中的各个 dll，也可以修改这个默认的加载。在后面章节中将详细说明 QFormBuilder。

（2）查看自定义控件是否加载成功：可以首先单击菜单栏的“帮助”菜单，然后单击“关于插件”选项，在弹出的对话框中可以看到自定义控件的 dll 是否加载成功。加载不成功的多数原因是 dll 依赖的问题，可用工具软件 Depends 查证。在 Qt 设计师中查看已加载插件，如图 6-6 所示。

6.3.2　自定义控件工程

在 Qt Creator 中，新建工程时可以选择“设计师自定义控件”，以向导方式一步一步地创建自定义控件。查阅向导生成的源码，可以看出自定义控件是一个非常典型的面向接口编程的案例。

下面介绍在 Qt Creator 中以向导方式一步一步地创建自定义控件的过程（本书中未特别说明时都是以 Qt Creator 3.6 为准）。

（1）在菜单栏中，单击“文件”菜单中的“新建文件或项目”选项，打开“New File or Project”对话框，向导 1 如图 6-7 所示。单击对话框左侧的“其他项目”，在对话框中部选择“Qt4 设计师自定义控件”，单击“Choose”按钮。

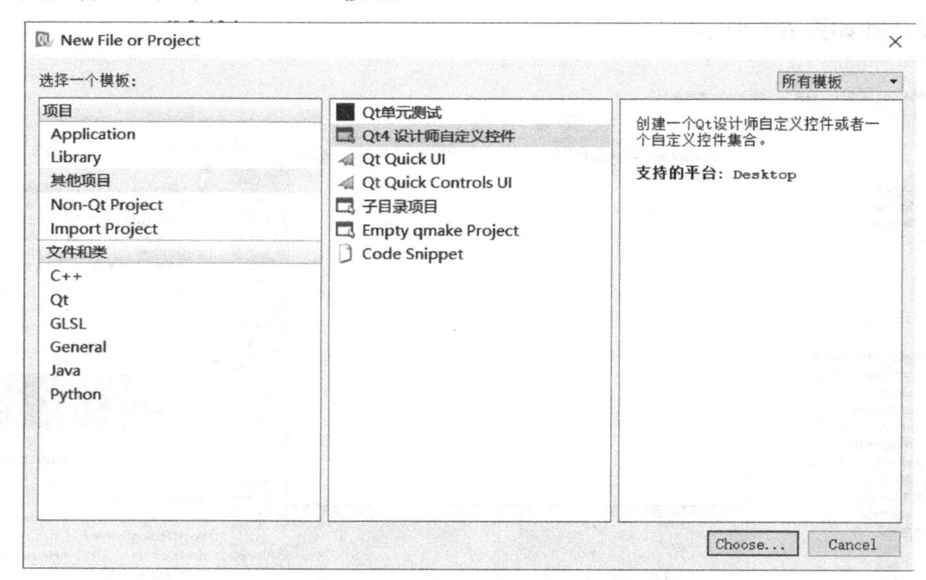

图 6-7　向导 1

（2）在弹出的“Qt4 设计师自定义控件”对话框中，录入名称，选择创建路径，向导 2 如图 6-8 所示。单击“下一步”按钮。

图 6-8　向导 2

（3）输入控件名称，创建自定义控件类，这里允许创建多个控件类。向导 3 如图 6-9 所示。单击“下一步”按钮。

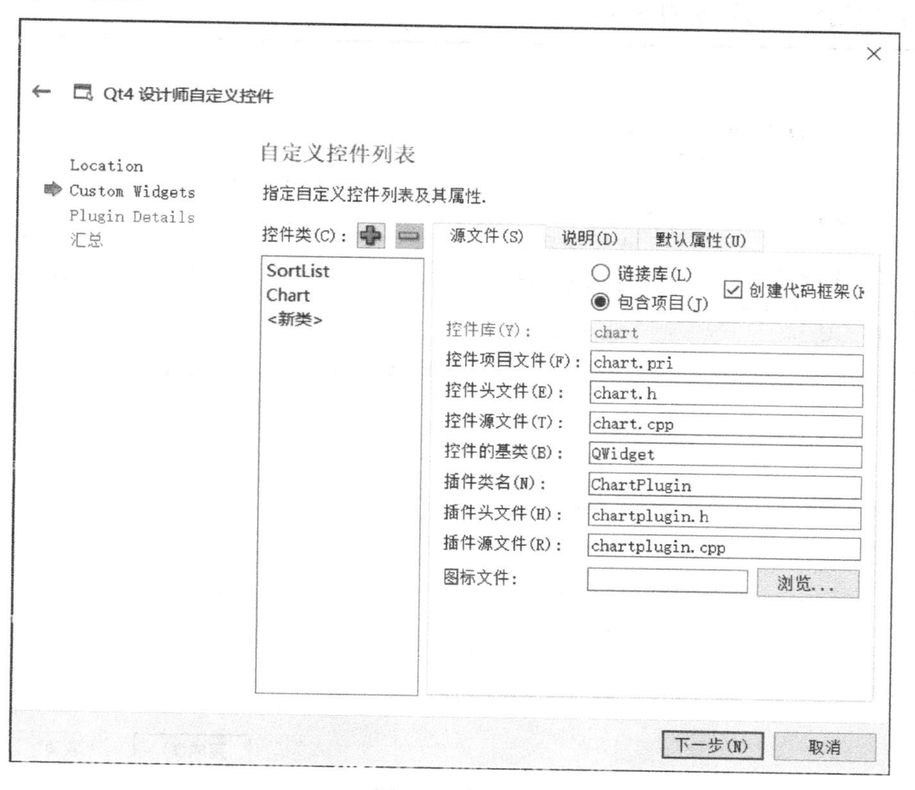

图 6-9　向导 3

（4）填入集合类名称。向导 4 如图 6-10 所示。单击“下一步”按钮。

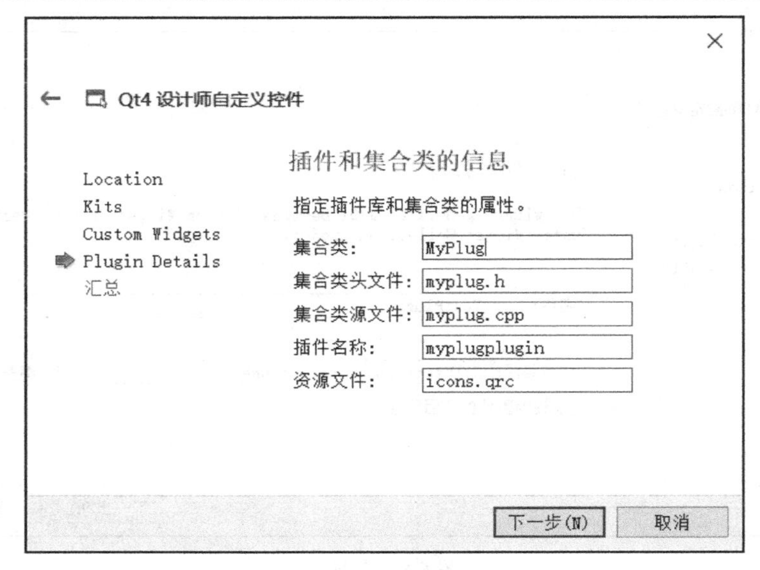

图 6-10　向导 4

（5）在汇总窗口中显示即将生成的所有代码文件，之后单击“完成”按钮即可完成自定义控件工程的创建。向导 5 如图 6-11 所示。

图 6-11　向导 5

自定义控件工程编译生成后，在 Qt 的 designer 目录中可以找到我们的 dll，这是因为 Qt Creator 的工程文件中有一行设置输出位置，可设置 dll 输出到 Qt 的系统目录，打开 Qt 设计师可以看到刚才生成的自定义控件。Qt 设计师中插件、目录的关系如图 6-12 所示。

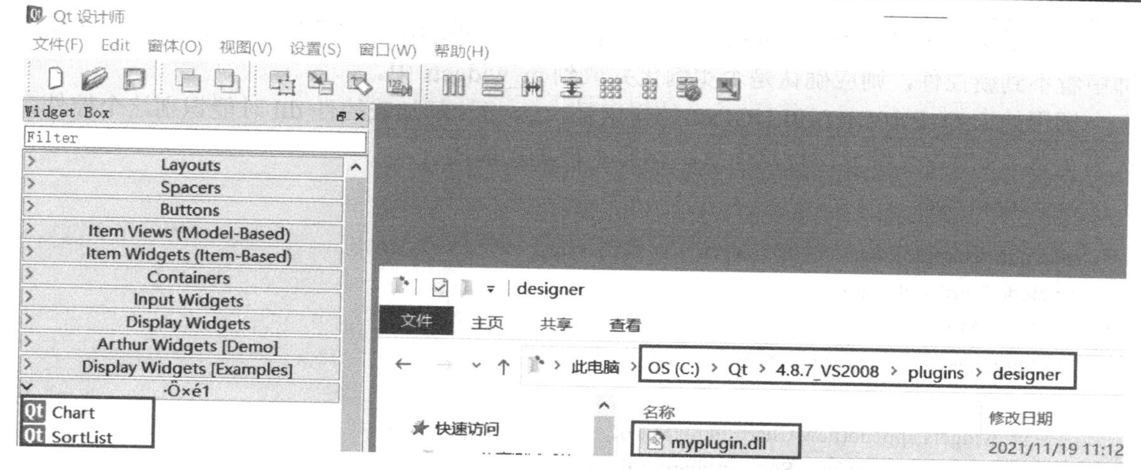

图 6-12　Qt 设计师中插件、目录的关系

说明：如果使用的是 MinGW 编译器，那么在 Qt Creator 中可以看到这个控件；如果是使用 VC 编译器编译自定义控件，那么在 Qt Creator 中无法看到自定义控件。原因是，Qt Creator 和 Qt 设计师是 GCC 编译的，不能加载 VC 编译的自定义控件。

6.3.3　Qt 设计师控件集合类

使用 Qt Creator 创建自定义控件工程后，可分析生成的源码文件 myplugin.h 和 myplugin.cpp。MyPlugin 类是 Qt 设计师识别的自定义控件集合类，MyPlugin 类必须实现 QDesignerCustomWidgetCollectionInterface 的抽象接口方法 customWidgets，m_widgets 返回当前集合类中自定义控件的合集。

该类中的主要成员变量是 QList<QDesignerCustomWidgetInterface*> m_widgets，存储多个自定义控件接口类对象。

MyPlugin.h：

```
#ifndef MYPLUG_H
#define MYPLUG_H
#include <QtDesigner>
#include <qplugin.h>
class MyPlugin : public QObject, public QDesignerCustomWidgetCollectionInterface
{
    Q_OBJECT
    Q_INTERFACES(QDesignerCustomWidgetCollectionInterface)
public:
    explicit MyPlugin(QObject *parent = 0);
    virtual QList<QDesignerCustomWidgetInterface*> customWidgets() const;
private:
    QList<QDesignerCustomWidgetInterface*> m_widgets;
};
#endif
```

在构造函数中，实例化控件接口类，插入 m_widgets 中。如果工程中有多个自定义控件时，则必须实例化并放到 m_widgets 中。如果在工程中手动添加了新控件，编译后在 Qt 设计师中看不到新控件，则应确认是否实例化并放到 m_widgets 中。

调用的宏 Q_EXPORT_PLUGIN2 的作用是，Qt 设计师加载控件 dll 时能识别这个控件。在第 5 章 5.3 节中已经介绍过这个宏，这里不再重复描述。

MyPlugin.cpp：

```
#include "chartplugin.h"
#include "sortlistplugin.h"
#include "MyPlugin.h"
MyPlugin::MyPlugin(QObject *parent)
    : QObject(parent)    {
    m_widgets.append(new ChartPlugin(this));
    m_widgets.append(new SortListPlugin(this));
}
QList<QDesignerCustomWidgetInterface*> MyPlugin::customWidgets() const    {
    return m_widgets;
}
#if QT_VERSION < 0x050000
Q_EXPORT_PLUGIN2(myplugin, My)
#endif // QT_VERSION < 0x050000
```

6.3.4 控件抽象接口类

下面分析相关的代码。SortListPlugin 是自定义控件接口类，必须实现设计师自定义控件抽象接口类 QDesignerCustomWidgetInterface。

继承该接口并加入自己的代码，重要的接口方法是 createWidget，创建对象并返回对象。name()方法返回控件的名称。这些抽象方法都比较重要，可根据实际情况使用。

QDesignerCustomWidgetInterface 接口类是自定义控件的接口类，使 Qt 能够识别出自定义控件，如在 Qt 设计师中识别每个 dll 中有哪些自定义控件。

```
class QDesignerCustomWidgetInterface
{
public:
    virtual ~QDesignerCustomWidgetInterface() {}
    virtual QString name() const = 0;
    virtual QString group() const = 0;
    virtual QString toolTip() const = 0;
    virtual QString whatsThis() const = 0;
    virtual QString includeFile() const = 0;
    virtual QIcon icon() const = 0;
    virtual bool isContainer() const = 0;
    virtual QWidget *createWidget(QWidget *parent) = 0;
    virtual bool isInitialized() const { return false; }
    virtual void initialize(QDesignerFormEditorInterface *core) { Q_UNUSED(core); }
    virtual QString domXml() const
```

```
    {
        return QString::fromUtf8("<widget class=\"%1\" name=\"%2\"/>")
            .arg(name()).arg(name().toLower());
    }
    virtual QString codeTemplate() const { return QString(); }
};
Q_DECLARE_INTERFACE(QDesignerCustomWidgetInterface, "com.trolltech.Qt.Designer.CustomWidget")
```

其中，createWidget 接口返回一个 QWidget 对象指针。QWidget 是界面可显示的窗口，在获取 QWidget 对象指针之后，可以在软件中直接显示该窗口、嵌入其他界面显示等，也可以通过动态属性机制直接调用子类的方法。

注意事项如下。

（1）一定要与名称对应，在控件的几个代码文件中，控件的名称一定要唯一；在几个接口函数中，name()、domXml 的名称一定要一致，否则创建不成功。

（2）类需要公开（public）继承 QObject，类中需要有 Q_OBJECT 宏，这两项必须有。如果在 Qt 设计师中不能创建控件，则检查这些内容。少了 Q_OBJECT 宏就无法使用 Qt 的元对象系统，Qt 系统就无法识别这个控件。

该接口类的各个方法，在 QtDesigner 中能够和界面显示的一一对应。各个接口类方法名称与界面显示相比会更加直观。Qt 设计师插件的属性与代码接口相对应，如图 6-13 所示。

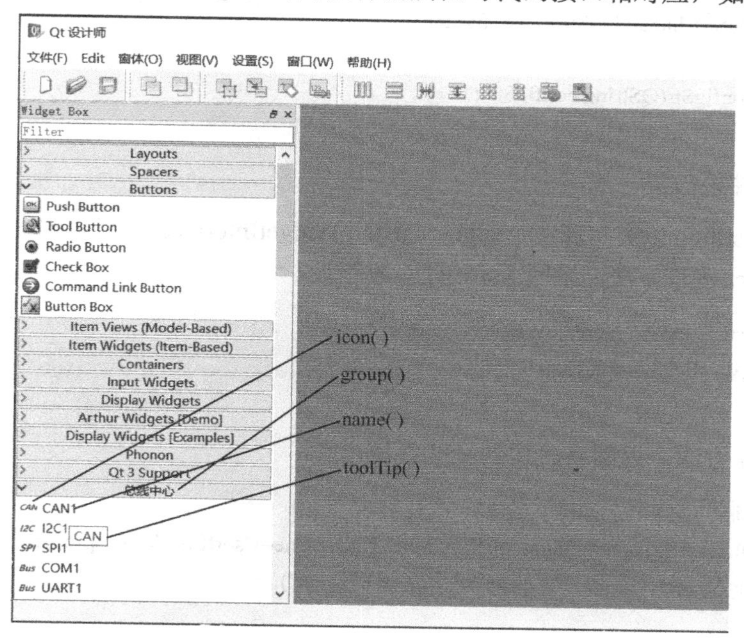

图 6-13　Qt 设计师插件的属性与代码接口相对应

6.3.5　自定义控件——排序列表

举例说明一个排序列表的自定义控件 SortListPlugin。该控件完成的功能是表格化显示数据，包括显示实时值、含义值、最大值、最小值，并可以判断是否超限，超限则标红等。

1. 实现表格功能

在实现方面，基于子类化方法，排序表格类 SortList 继承自 Qt 内置的表格类（QTableWidget）。QTableWidget 已经实现了表格的行列显示并提供各种属性设置，我们只需要添加业务相关功能代码，实时刷新显示数据，调用框架的服务接口获取实时数据。

对外提供的且可以在 QtDesigner 属性窗口中看到的动态属性包括 configStr，它用于获取、设置配置字符串。

```
#include <QWidget>
#include <QTableWidget>
// 实时值排序表格控件
class SortList : public QTableWidget
{
    Q_OBJECT
    Q_PROPERTY(QString configStr READ configStr WRITE setConfigStr NOTIFY configStrChanged)
    QString m_configStr;
public:
    explicit SortList(QWidget *parent = 0);
    QString configStr() const;
signals:
    void configStrChanged(QString configStr);
public slots:
    void setConfigStr(QString configStr);
};
```

2. 实现控件接口类

定义 SortListPlugin 类实现 QDesignerCustomWidgetInterface 接口。重写接口方法，包括实现 createWidget 接口方法，返回 SortList 对象指针。

```
QWidget * SortListPlugin :: createWidget(QWidget *parent)    {
   return   new   SortList(parent);
}
```

重写 doXml 方法，返回格式化的 xml 字符串。

```
QString SortListPlugin::domXml() const        {
    return  QLatin1String("<widget  class=\"SortList\"  name=\"sortList\">\n  <property  name=\"config\">\n
<string>PushButton</string>\n              </property>\n</widget>\n");
}
```

重写 name 方法、group 方法、toolTip 方法、whatsThis 方法，返回排序列表控件的名称、分组、提示信息等。

```
#include <QDesignerCustomWidgetInterface>
class SortListPlugin : public QObject, public QDesignerCustomWidgetInterface
{
    Q_OBJECT
```

```
    Q_INTERFACES(QDesignerCustomWidgetInterface)
public:
    SortListPlugin(QObject *parent = 0);
    bool isContainer() const;
    bool isInitialized() const;
    QIcon icon() const;
    QString domXml() const;
    QString group() const;
    QString includeFile() const;
    QString name() const;
    QString toolTip() const;
    QString whatsThis() const;
    QWidget *createWidget(QWidget *parent);
    void initialize(QDesignerFormEditorInterface *core);
private:
    bool m_initialized;
};
```

6.4　Qt 动态 UI

动态创建界面、加载软件功能是组态的核心要求。使用 Qt 动态 UI 技术可以实现软件运行时加载界面、加载控件，让软件功能分布在各种控件中。在运行时加载界面后，软件的具体功能也会加载进来，这也正是组态功能的要求，因此使用 Qt 动态 UI 技术就可以实现组态功能。

使用 Qt 动态 UI 技术可以大大减轻我们的工作量，避免从头实现动态 UI 技术。

6.4.1　简单的方法

在《C++ GUI Qt 4 编程》（第二版）的第 2 章 2.5 节“动态对话框”中，专门介绍了软件运行时动态加载 UI 文件建立界面的方法，介绍的内容很简短，不到一页。因为这是非常重要的一种技术，所以作者应该用更多篇幅加以介绍。

一段代码举例：

```
QUiLoader uiLoader;
QFile file("sortDialog.UI");
QWidget * sortDialog = uiLoader.load(&file);
if (sortDialog){
    ...  // 略
}
```

逐行分析代码：第一行建立 QUiLoader 对象，第二行建立 QFile 读取 UI 文件，第三行调用 uiLoader.load 方法返回 QWidget。此时，已经根据一个 UI 文件创建了界面类 QWidget 对象。QWidget 是界面显示的基类，获得了 QWidget 对象就相当于获取了所有界面的相关内容，通过元对象系统、动态属性，执行子对象查找、属性调用等，可以做很多事。

在 UI 文件格式中，主要内容是描述 QWidget、类名称等。这个文件不需要手动编写，只需要通过 QtDesigner 图形化界面，拖曳控件、设置属性、绑定信号槽。使用 QtDesigner 后，节省了大量组态功能，即利用 QtDesigner 就可以实现组态的界面编辑。

下面的代码在展示 QtDesigner 可视化编辑后，生成了 XML 格式的 UI 文件。UI 文件中包括当前界面的所有组成，其中各个 widget 元素对应 QWidget 对象的名称和属性等，也包括引用的各个资源文件、路径等。UI 文件的 XML 格式非常好理解，简单阅读就能明白，同时 UI 文件是 QtDesigner 可视化生成的，基本不需要手动文本编辑，可以不了解具体格式含义。

有很多软件系统的自定义界面功能，自己定义了一套描述界面的格式，并编写软件代码实现编辑、保存、解析等一系列的工作。在 Qt 中，这些已经由 Qt 实现，不需要自己定义格式、编写复杂的代码。

UI 文件内容举例：

```
<?xml version="1.0" encoding="UTF-8"?>
<UI version="4.0">
 <class>MainWindow</class>
 <widget class="QMainWindow" name="MainWindow">
  <property name="geometry">
   <rect>
<x>0</x>
   </rect>
  </property>
  <property name="WindowTitle">
   <string>MainWindow</string>
  </property>
  <widget class="QWidget" name="centralwidget">
   <layout class="QVBoxLayout" name="verticalLayout">
    <item>
     <widget class="SortList" name="sortList">
      <property name="config" stdset="0">
       <string>PushButton</string>
      </property>
     </widget>
    </item>
   </layout>
  </widget>
  </widget>
  <widget class="QStatusBar" name="statusbar"/>
 </widget>
 <resources/>
 <connections/>
</UI>
```

6.4.2 QUiLoader

QUiLoader 用于加载自定义插件，创建界面对象 QWidget 的类，动态创建 UI 的核心类。核心的接口方法是 load 方法。

（1）load 方法：QWidget * main= uiLoader.load(&file)，加载 UI 文件，返回 QWidget 对象，得到对象指针后，就可以将这个 QWidget 对象放到界面中显示了，调用 setCentralWidget (main)，将当前主界面替换为 main。

（2）createWidget 方法：根据类名称创建 QWidget，在需要单独创建一个控件时可以调用这个方法。具体的定义：

```
QWidget *createWidget(const QString &className,QWidget *parent,const QString &name)
```

下面的示例是通过 UI 文件，调用 QUiLoader 加载、创建界面的代码。

代码示例：

```
// 加载 UI 文件，界面显示
QWidget* MainWindow::LoadFrameUI()
{
    QUiLoader uiloader;
    QFile file(uiFilePathName );
    QWidget * main = uiloader.load(&file);
    if (main)     {
        setCentralWidget(main);
    }
}
```

使用 QUiLoader 创建界面时，需要先定义 QUiLoader 变量，而在 QUiLoader 的构造函数中，会自动加载 designer 子目录中的 dll。在某些情况下我们不希望加载这个路径。修改加载路径应怎么做呢？见下面的代码：

```
// 子类化，调用 addPluginPath 方法
class DrivePlugLoader : public QUiLoader
{
private:
    bool bLoader;
public:
    // DrivePlugLoader
    DrivePlugLoader():QUiLoader(),bLoader(false){
    };

    void myLoad(){
        if (bLoader)
            return ;
        bLoader = true;
        // 只加载一个控件的目录
        this->clearPluginPaths();
```

```
        this->addPluginPath(QDir ::currentPath()+QString("/drive/drive_plug"));
    }
};
```

主要思路是子类化，加入一个加载 dll 的方法函数，由使用者主动执行加载。在加载函数时，先调用清理插件路径方法，然后添加插件路径，执行加载。

在用 Qt 编写程序时，遇到问题、解决问题的思路：通过阅读 Qt 的部分源码就可以找到解决方法。例如修改加载路径，在 Qt Creator 中先用鼠标选择 QUiLoader 类，然后按键盘的 F2 键，会跳转到 QUiLoader 的源码中；阅读 QUiLoader 的源码文件，找到 clearPluginPaths 方法和 addPluginPath 方法，简单理解之后就会明白是清理和添加路径，便找到了解决方法。在使用 Qt 的过程中，这是一个重要的技巧。

6.4.3　QFormBuilder

QFormBuilder 用来加载指定目录的 dll，获得自定义控件创建者接口类。加载得到 dll 中的自定义控件创建者接口类（QDesignerCustomWidgetInterface）后，可以获取控件信息。如果想知道某个目录中有多少个自定义控件，以及每个自定义控件的信息，可以使用 QFormBuilder。

通过分组显示控件功能，获知系统中的自定义控件，即使用 QFormBuilder 得到，之后根据 QDesignerCustomWidgetInterface 接口，在分组框 QToolBox 中的自定义控件分组、控件的图标、文字等信息都是从这个类得到的。

示例代码：加载控件目录中的 dll，获取其中接口类，打印自定义控件类名称。

```
formBuilder.addPluginPath(QDir::currentPath()+QString("\\designer"));

// 当前包括的控件
QList<QDesignerCustomWidgetInterface*> plugList = formBuilder.customWidgets();

// 根据分组建立
foreach (const QDesignerCustomWidgetInterface * plug, plugList)
{
    qDebug() << plug->toolTip();
    qDebug() << plug->name();
    ...
}
```

6.5　组态框架软件

先设想一个软件需求场景：在操作系统桌面上双击软件快捷方式，软件执行后选择加载一个配置文件，之后软件界面、功能根据配置文件而定。加载不同的配置文件，就会有不同的界面和功能，这是一个基本的组态框架软件。

下面用 Qt 实现这个软件功能。

（1）基于自定义控件技术，将功能编写到控件中，模块化设计。

（2）编写框架软件，包括控件视图、工作区。在控件视图中能够显示各种功能的控件，工作区用于完成实际功能。可以拖曳控件视图中的控件到工作区，在工作区中可以修改控件属性，可以保存工作区界面到文件。

（3）框架软件的功能包括界面编辑、保存界面文件、加载界面文件等。

（4）考虑框架软件，提供给自定义控件的接口函数如何实现（服务接口）。

这个软件会加载 UI 文件显示到界面，此时涉及如下工作。

（1）加载 UI 文件并创建界面 QWidget：使用动态加载 UI 的 QUiLoader 类，调用 load 方法得到 QWidget 对象。

（2）界面显示 QWidget 对象：框架软件的主界面类用 QMainWindow，调用方法 setCentralWidget(QWidget*)，将根据 UI 文件创建的 QWidget 显示到界面。

编辑界面、保存界面、修改属性值、保存属性值等功能包括：

（1）实现效果类似于 QtDesigner，但需要简化。主界面有一个控件树结构，可显示系统中包含的自定义控件，可以将控件拖曳到显示主窗口的工作区中。

（2）为简便起见，复用多文档 QMdiArea 类，重写拖曳事件（dropEvent）。在拖曳事件中，判断拖曳过来的控件、执行创建自定义控件对象；然后，新建多文档类的子文档窗口，并在子文档窗口中显示创建的控件对象。

（3）属性编辑实现 QtDesigner 的属性窗口，也比较复杂，还是需要简化，将控件的属性作为业务接口，由控件自己实现。框架软件不提供控件属性编辑。

（4）保存界面和保存属性值，实现最简单的 XML 保存，参照 UI 文件的 XML 格式，遍历 QMainWindow 中的子对象，写入 XML 即可。需要熟悉 Qt 设计师的 UI 文件的 XML 格式，只做到 QWidget 一级的节点，不处理 QWidget 的属性节点。控件的大小、位置、标题等属性，单独定义了 ini 文件存储，这样可以简化解析和保存。

框架软件向自定义控件提供的服务接口类：

（1）这些接口类是最重要的，要根据软件面向的具体业务领域，封装那些公共的内容，作为框架的服务接口类，视具体领域而定。

（2）在本书的第 3 部分“工程实践”中，会具体描述测试系统框架中常见的服务接口类。

6.5.1　分析

组态框架软件基于 Qt 动态 UI 技术，启动时会加载默认界面 UI 文件，此时已经实现了一个组态。UI 文件由 QtDesigner 编辑生成，但是使用 QtDesigner 需要专业知识，直接供用户使用显然不合适。因此，需要开发一个简化的界面组态功能，使用前面章节介绍的自定义工作面板功能，可以达到简化组态的目的。

默认的组态框架界面如图 6-14 所示。

分析绘制的默认的组态框架界面，可以得出软件模块组成，即类的组成和继承关系，可以设计这些类分别完成对应功能。组态框架软件的类图如图 6-15 所示。

其中，WorkerMdiArea 继承 QMdiArea，实现主界面工作区；PluginToolBox 继承 QToolBox，实现插件分组显示；DropTreeWidget 继承 QTreeWidget，实现插件拖曳；MainWindow 继承 QMainWindow，实现主界面各信号响应、控件调度交互。

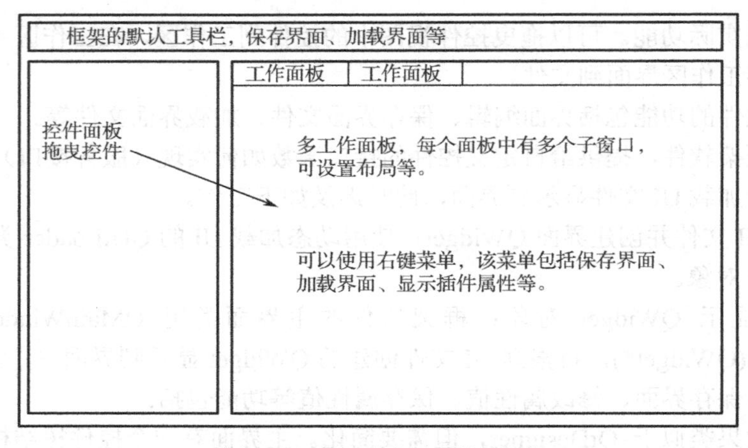

图 6-14　默认的组态框架界面

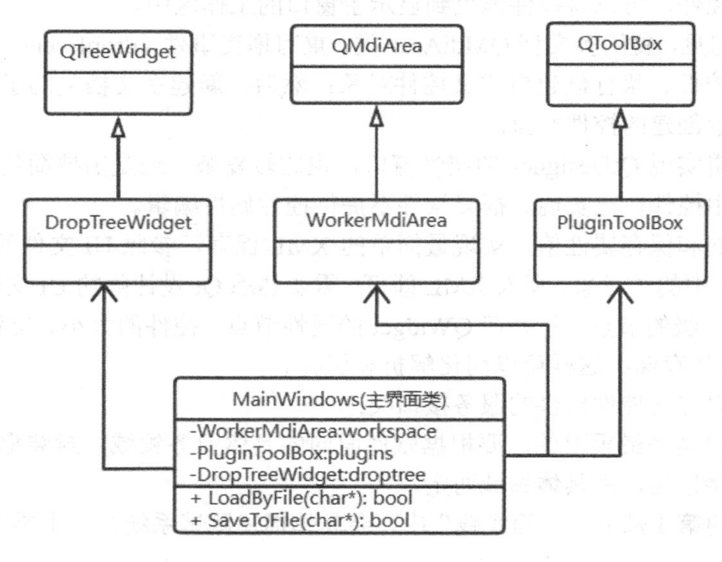

图 6-15　组态框架软件的类图

6.5.2　子类化 QMdiArea

要支持拖曳方式创建界面控件，可以子类化 QMdiArea，复用多文档 QMdiArea 的功能。多文档中的子窗口 QMdiSubWindow 对应控件，每个控件一个 QMdiSubWindow 对象，子类代码中需要支持拖曳事件，之后创建控件。

同时，在子类化 QMdiArea 过程中，还需要实现加载 UI 文件、创建控件、保存 UI 文件等功能，需要设计一个文件格式，存储当前的 QMidArea 中有哪些控件、控件的类名称、分组、标题、配置字符串等。

调用前面介绍的 QUiLoader 方法创建 QWidget 对象指针，以及调用 QMdiArea 的 addSubWindow 方法添加到界面中，并得到一个 QMdiSubWindow 对象指针，进而创建出一个子窗口。

针对控件的 QWidget，调用 setProperty 可以设置插件的属性。

自定义右键菜单，菜单项包括保存界面、加载界面、显示插件属性等。

主要代码和功能如下。

（1）在拖曳事件中，创建控件的主要代码。

```
void WorkerMdiArea::dropEvent(QDropEvent *event)
{
    QMdiArea::dropEvent(event);
    const QMimeData * mimeData = (const QMimeData*)event->mimeData();
    // 拖曳的插件节点
    if (mimeData->hasFormat(DEF_MY_TREE_DROP_TABLE_KEY))
    {
        QString plugName = mimeData->text();
        // 根据类名称创建 QWidget
        QWidget * pPlug =     m_uiloader.createWidget(name, this);
        // 显示到界面中
        this->addSubWindow (pPlug);
        event->setDropAction(Qt::MoveAction);
        event->accept();
    }
}
```

（2）保存界面的功能、加载界面的功能。这两个功能也是重要部分，自定义了一个 XML 格式、ini 文件格式，编写一些复杂的解析、加载代码。

6.5.3　子类化 QToolBox

功能中包括的很多自定义控件（插件）有很多分组，每个控件有自己所在的分组，需要用分组框分组显示控件，选中控件后可以拖曳控件到工作面板 QMdiArea 中，创建控件并显示到一个子窗口中。

该功能与 QtDesigner 的控件视图功能一致，在编辑界面 UI 时，可以选中控件并拖到右侧的界面 UI 窗口中。

控件分组显示（如图 6-16 所示）是总线仿真测试平台中的控件视图，显示三个分组：总线中心、测试、监显。当前展开的是监显分组，显示了该分组中所包括的控件，可见的控件有超限汇总、分组框、图像快视、状态图标显示。在总线仿真测试平台中，这个控件视图也是一个自定义控件，作为插件提供到框架中。

图 6-16　控件分组显示

使用 Qt 的 QToolBox 控件实现本功能，子类化 QToolBox，显示 designer 子目录中的自定义控件，每个自定义控件建立一个分组，在每个分组中，用树结构显示该组已有的控件。

通过 QFormBuilder 获取当前目录中的自定义控件、自定义控件分类等信息。

主要代码：

```
// QToolBox 显示目录中的自定义控件
class PluginToolBox: public QToolBox
{
    Q_OBJECT
public:
```

```
    explicit PluginToolBox(QWidget *parent = 0);
};

// 加载自定义控件，得到分组
PluginToolBox::PluginToolBox(QWidget *parent) : QToolBox(parent)
{
    QDir dir;
    QFormBuilder formBuilder;
    // 当前目录包括的控件
    formBuilder.addPluginPath(dir.currentPath()+QString("\\designer"));
    QList<QDesignerCustomWidgetInterface*> plugList = formBuilder.customWidgets();

    // 根据分组建立界面显示
    foreach (const QDesignerCustomWidgetInterface * plug, plugList) {
        QString name = plug->name();
        QString group = plug->group();
        ... // 根据分组建立 QTreeWidget
    }
}
```

6.5.4　子类化 QTreeWidget

拖曳的代码由子类化 QTreeWidget 实现。其中，需要实现拖曳树节点，鼠标显示为拖曳效果，显示控件的小图标等功能。

需要重写鼠标按下事件 mousePressEvent、鼠标移动事件 mouseMoveEvent，用代码实现拖曳效果，使用了 Qt 的拖曳技术主题。本处代码是 Qt 拖曳技术的典型应用示例。

主要代码：

```
// 自定义树结构，用于自定义拖曳
class DropTreeWidget: public QTreeWidget
{
public:
    DropTreeWidget(QWidget* parent):QTreeWidget(parent)   {
        this->setAcceptDrops(false);
        this->setDragEnabled(false);
        this->setHeaderHidden(true);
    };
protected:
    QPoint startPos;
    void mousePressEvent(QMouseEvent *event)   {
        QTreeWidget::mousePressEvent(event);
        if (event->button() == Qt::LeftButton)
            startPos = event->pos();
    }
    void mouseMoveEvent(QMouseEvent *event)   {
        QTreeWidget::mouseMoveEvent(event);
        if (event->buttons() & Qt::LeftButton) {
```

```
            int distance = (event->pos()-startPos).manhattanLength();
            if (distance >= QApplication::startDragDistance())
                performDrag();
        }
    }
};
```

实现拖曳控件的是一个重要函数 performDrag，该函数首先根据当前节点信息、自定义控件图标、名称创建 QMimeData 对象，然后创建 QDrag 对象，调用 QDrag 对象的 exec 方法，执行拖曳。其中调用的各个方法也很好理解，例如，setData 设置传递的数据、setText 设置拖曳时显示的文本内容、setPixmap 设置拖曳时显示的图标。

```
void performDrag()    {
    QTreeWidgetItem * item = this->currentItem();
    if (item == NULL)
        return;
    QPixmap pixmap(256,32);    // 拖曳时的小图标
    pixmap.fill(Qt::transparent);
    QPainter painter(&pixmap);
    painter.drawPixmap(0,0,32,32,item->icon(0).pixmap(QSize(32,32)));
    painter.drawText(QRect(32,0,200,32),item->text(0));
    QMimeData * mimeData= new QMimeData;
    mimeData->setText(item->text(0));
    QDrag * drag = new QDrag(this);
    drag->setMimeData(mimeData);
    drag->setPixmap(pixmap);
    drag->exec(Qt::MoveAction);
    delete drag;
}
```

6.5.5　框架软件

组态框架软件源自总线仿真测试平台中的测试执行框架，是测试执行框架的简化版本、技术预研版本，展示了核心技术实现原理、技术预研实现，也是测试执行框架的核心组成、核心技术实现。

测试执行框架是一个框架软件，能够加载 UI 文件、加载功能、加载各种功能控件、执行不同的功能，提供编辑界面、保存界面、加载界面、导入界面、导出界面等组态功能，基于 Qt 动态 UI 等技术实现。

实际的测试执行框架的功能组成比这里描述的组态框架软件更加复杂，参见如图 6-17 所示的组态界面 1。对于实际的测试执行框架，将在第 3 部分“工程实践”中介绍具体的实现原理、业务接口组成等。

本节框架软件的基本功能组成包括：

（1）界面左侧的控件视图，显示 designer 子目录的自定义控件，由子类化 QToolBox、子类化 QTreeWidget 实现；界面右侧的工作面板区，由子类化 QTabWidget 实现。

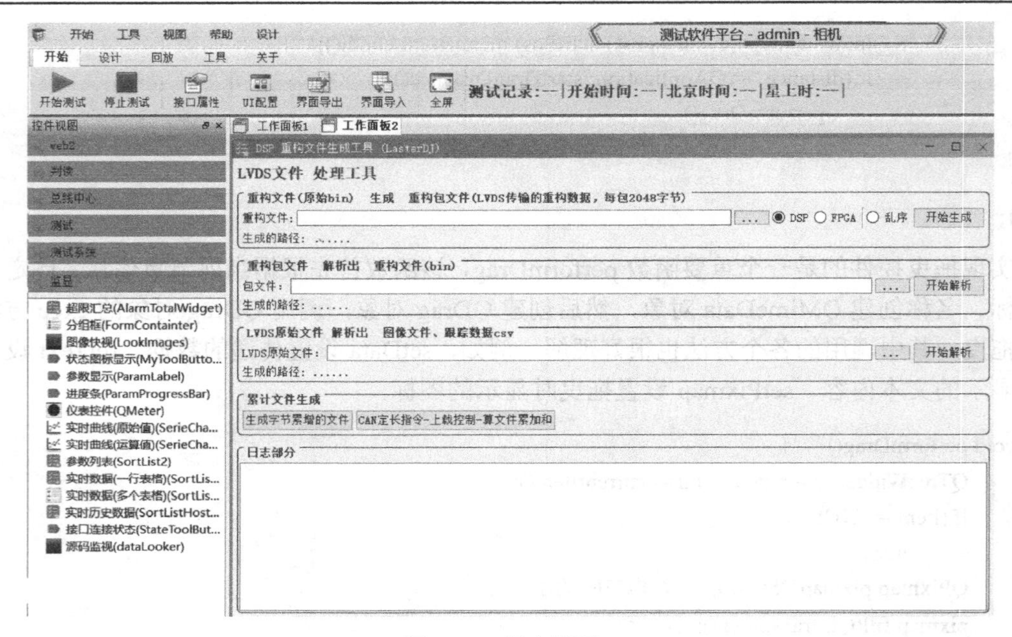

图 6-17　组态界面 1

（2）工作区，多工作面板的 QTabWidget 配合 QMdiArea，首先实现接受拖曳控件，然后建立控件子窗口，可用鼠标拖动调整控件窗口位置、大小等。

（3）工具栏中的按钮包括“UI 配置”按钮、“界面导出”按钮、“界面导入”按钮等。

（4）软件启动后，在登录窗口中可以选择加载的 UI 文件。

拖曳不同控件后的界面效果如图 6-18 所示。

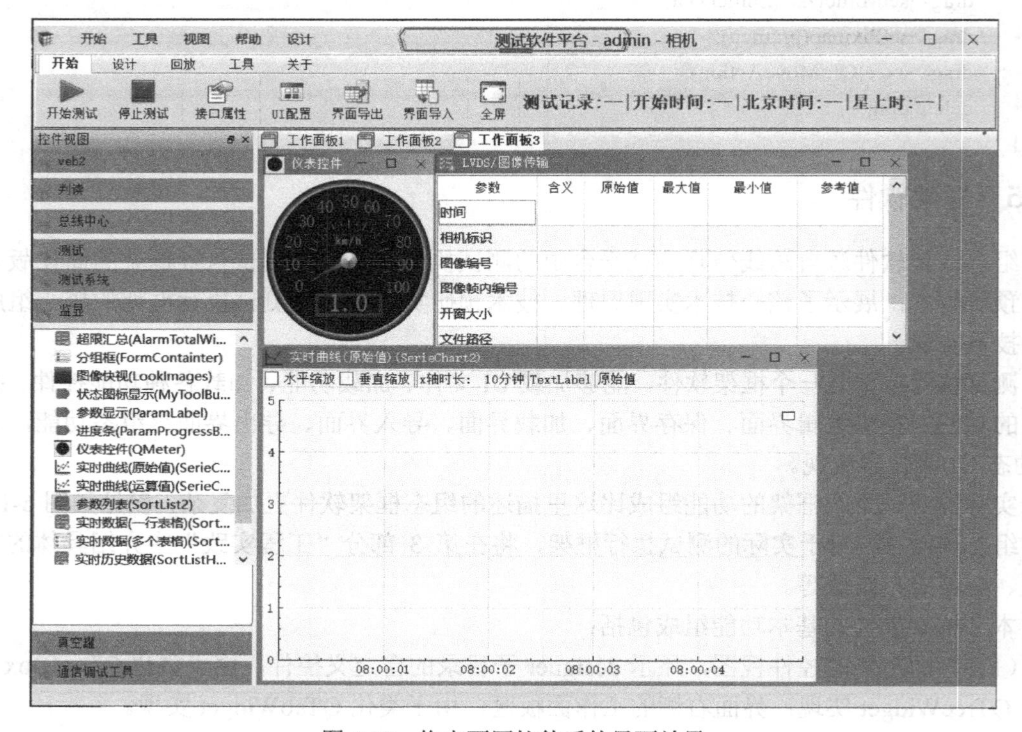

图 6-18　拖曳不同控件后的界面效果

6.6 重点是什么

前述内容就是 Qt 中实现组态会用到的技术，也是实现框架软件的基础技术。将这些技术掌握之后，我们就可以随心所欲地设计一套框架软件了。但这还不够，重要的是面向业务，抽象出需要哪些接口类、哪些由框架完成。这就非常复杂了，需要非常熟悉所在的业务领域。

常见的例子是 Eclipse 软件。Eclipse 是软件开发领域中知名的集成开发工具。在 Eclipse 中有各种插件，编写代码、调试程序等功能都是用各种插件来实现的，这些都是编写和调试代码时要用到的功能，也是集成开发工具要实现的功能。编写代码、调试程序是 Eclipse 要实现的核心业务。

Eclipse 是一个开放源码的、基于 Java 的可扩展开发平台。就其本身而言，它只是一个框架和一组服务，用于通过插件/组件构建开发环境。Eclipse 本身只是一个框架平台，但是众多插件的支持使 Eclipse 拥有其他功能相对固定的 IDE 软件很难具有的灵活性。许多软件开发商以 Eclipse 为框架开发自己的 IDE。

可见，Eclipse 中充斥大量的接口类，这些接口类基本上与编译、开发、代码、显示关联。在框架软件中，熟悉业务、业务抽象是最重要、最复杂、最困难的内容。这也是我们常说的掌握行业背景、行业知识，最终目的是抽象出这些业务接口。

第 7 章　脚本引擎技术

在我们日常使用的各种软件中，有些软件提供公式计算功能，可以录入一个公式、调用一些数学函数，常见的是 Excel 的单元格公式。例如，输入“=SUM(A1:A4)”就可以对单元格 A1～A4 做求和运算，实现这些功能需要脚本引擎。

脚本引擎是软件中用于支持脚本运行的功能模块，这是很常见、重要的一种技术。在测试系统中有脚本运算需求，需要内嵌脚本引擎模块。

在测试系统中，一些面向用户的公式运算、测试流程控制、数据判读等功能，都可以使用脚本引擎技术。脚本引擎技术是在通用化测试系统中应用的一个核心技术主题。

7.1　脚本语言

脚本语言是计算机编程语言的一个重要分支，与之对应的是编译型语言。计算机程序主要分为两类：编译型程序和解释执行程序。解释执行程序即脚本，编写解释执行程序的语言即解释型语言，也称脚本语言。编译型语言和解释型语言有各自的特点和应用场景，可根据不同的需求进行选择。

（1）编译型语言：编写代码后，通过编译工具软件将代码翻译为计算机可执行程序文件，之后，计算机才可以执行程序文件。这类语言的特点是执行效率高，缺点是语法严谨，规则、要求多、必须先编译后执行，编写这种代码略复杂。C、Java、C#等都是编译型语言。在我们的计算机、手机中，安装使用的各种应用软件基本都是用编译型语言编写、编译工具软件生成得到的。

（2）解释型语言：编写好代码后，在解释器软件中边解释边执行，不需要编译。其优点是弱类型检查、语法简单、编写灵活方便；缺点是执行时必须依赖解释器软件，在解释器软件中执行脚本代码。

1．热门的 Python

热门的 Python 是典型的解释型语言，执行 Python 代码必须有 Python 解释器。有些 Python 程序也可以发布成可执行程序，看起来像是不需要 Python 解释器了，但实际上并非如此。这是 Python 组件调用了其他编译工具生成语言代码，再调用其他编译工具软件生成的可执行程序，而不是 Python 解释器将 Python 代码生成另一种可执行代码，根本原理没有改变，Python 仍然是解释型语言。

2．最常见、最容易使用的脚本解释器软件——浏览器

在个人计算机中，浏览器是最常见、最容易使用、功能强大的脚本解释器软件。任一种浏览器、任一种版本（至少在 20 世纪 90 年代中后期），都能够执行 JavaScript 脚本。浏览器不仅能够执行脚本代码，还能调试脚本代码。

打开记事本软件，输入如图 7-1 左侧所示的代码。

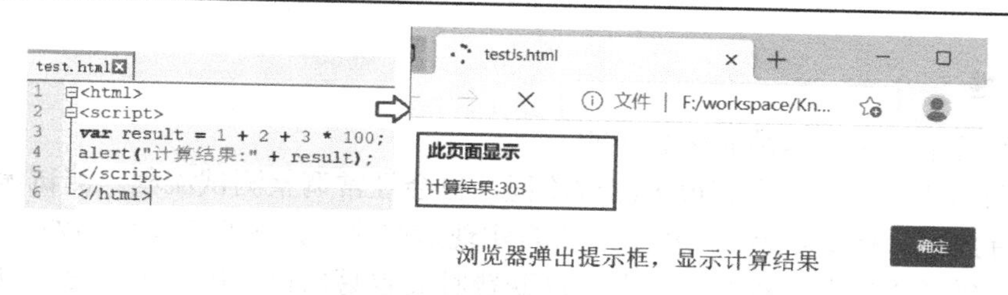

图 7-1　脚本解释器软件——浏览器

保存为 test.html 文件，双击该文件，操作系统就会打开浏览器软件，弹出一个提示框显示计算结果。这就是最简单的脚本代码，test.html 文件就是我们编写的源码文件。

之后，在 test.html 文件中加入 debugger，保存 test.html 文件，再双击打开，浏览器就会进入调试状态。在浏览器中调试脚本如图 7-2 所示。

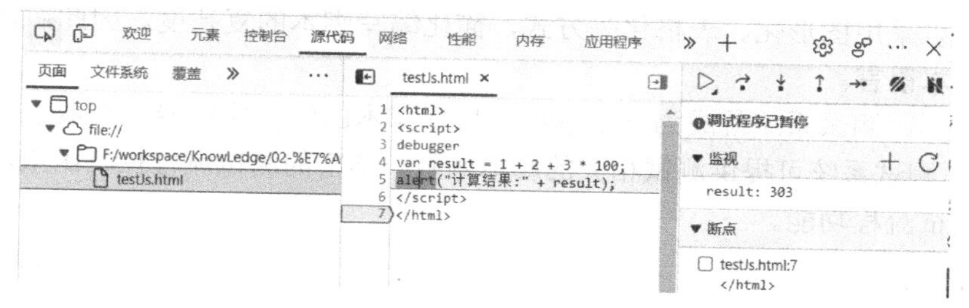

图 7-2　在浏览器中调试脚本

此时，与我们在集成开发工具中调试程序差不多，能够单步执行、观察每个变量值等。与多数代码调试工具一样，多数浏览器的调试快捷键也是 F9、F10、F11。

3．应用场景

常见的脚本语言，如操作系统的批处理 Shell 及流行的 Python、JavaScript 等，都有大量的使用场景。在很多情况下，可以用这些脚本语言编写解释执行程序，编写软件或者开发小游戏。现在流行的大数据分析、办公自动化等，多数使用 Python、VBA 等脚本语言，应用场景也是复杂脚本的应用场景。使用这几种语言，对使用者的专业技能要求也比较高。

此外，也有专业技能要求不高的简单应用场景，如办公中的文件复制。

如果在工作中经常需要将几个文件复制到多个文件夹中，则需要多次重复打开文件夹、复制与粘贴文件，操作过程很烦琐，而且容易遗漏、出错。如果写一个批处理脚本，则执行一次即可完成上述工作，省去了大量烦琐操作。

在操作系统中，批处理脚本是应对重复、烦琐事务的一种有效手段。

批处理命令：copy 命令用于复制文件，cd 命令用于切换文件目录。

例如，下面这个批处理命令是作者实际使用的一个批处理脚本，用于将编译后的程序复制到多个发布目录中。

```
copy d:\bin\release\*.* f:\bin\release1 /y /s
copy d:\bin\release\*.* f:\bin\release2 /y /s
copy d:\bin\release\*.* f:\bin\release3 /y /s
copy d:\bin\release\*.* f:\bin\release4 /y /s
cd    f:\bin\release1\
```

4. 必要性

在测试系统中应用脚本是非常必要的。

（1）复杂的测试系统中会有很多测试流程，也会经常调整测试流程。测试流程的特点是顺序执行、有判断、有循环等，用编译型语言实现这些流程，除要编写代码外，代码的发布、修改、调试都需要由专业的程序员来做，这既费时又容易出错。用脚本语言可以解决编译、发布等费时的问题，用户经过简单培训后就能编写脚本、自己修改这些流程。

（2）很多总线数据的解析需要公式计算，例如传感器的转换公式等。用户经常调整这些公式，如果程序员使用编译语言来调整，则每次都需要程序员现场配合，导致耽误时间。修改代码也会影响软件可靠性，产生一系列的变更流程等。

使用脚本语言可以让用户自己编写、调整测试脚本。而且，脚本的特点是语法简单、使用便捷，还可以采用图形化、表格化等方式，简化编写脚本的复杂度。因此，在测试系统中一定要应用脚本语言。

应用脚本后，测试系统就成为一个解释、执行脚本的解释执行器，类似于浏览器可以执行 JavaScript，测试系统可提供测试相关的脚本函数、丰富的测试流程控制函数，能够支持强大、灵活的测试流程功能。

5. JavaScript

JavaScript 是一种函数优先的轻量级、解释型编程语言。虽然它是作为开发 Web 页面的脚本语言而出名的，但它也被用到了很多非浏览器环境中。JavaScript 是基于原型编程、多范式的动态脚本语言，支持面向对象、命令式、声明式、函数式编程范式。

JavaScript 在 1995 年由 Netscape 发布，在网景导航者浏览器上首次设计实现而成。因为 Netscape 与 Sun 合作，Netscape 管理层希望其外观看起来像 Java，因此取名为 JavaScript。但实际上，它的语法风格与 Self 及 Scheme 较为接近。

JavaScript 是非常流行的脚本语言，从 20 世纪 90 年代至今已有多年历史，可谓是经久不衰。

7.2 脚本引擎

脚本引擎是可以内嵌到软件中、执行脚本代码的软件模块。例如，在操作系统中执行 Shell 脚本、在浏览器中执行网页脚本，都是由脚本引擎完成这些工作的。脚本引擎除了解释执行脚本，还通过脚本函数将软件的接口（如操作系统的各类文件命令 copy、delete 等，以及浏览器的 DOM 对象访问）提供给脚本。文件命令 copy 是操作系统提供的文件访问接口，DOM 对象是浏览器提供的网页元素访问接口。

拥有脚本执行功能的软件需提供接口函数供脚本调用，这是非常重要的特性。

脚本引擎的两项重要工作如下。

（1）执行脚本程序。

（2）提供机制使脚本与软件交互。

执行脚本程序，即支持程序的顺序执行、循环、判断，支持定义变量、定义函数、面向对象等特性。提供机制使脚本与软件交互，即在脚本中可以调用软件提供的函数，软件也可以调用脚本中的函数，即双向互访问。

软件应该向脚本提供什么函数呢？这也是应用脚本引擎时最需要考虑的问题。如果只是执行简单脚本，则是最理想的情况。如果提供函数，则要根据软件面向的业务领域，视实际情况进行分析、解决。

实现一个脚本引擎非常复杂，涉及复杂的理论和算法。在互联网中，很多开源脚本引擎可供使用，并且多种脚本语言可供选择。例如，流行的 Python 就提供了可嵌入用户自己程序的脚本引擎，如 Qt 中内嵌的 QtScript 模块。

在用户自己的程序中，如果只是应用脚本引擎，从开发周期、稳定性、可靠性等角度考虑，则不需要自己从头开发、编写一个脚本引擎，选用现成的开源脚本引擎即可。

这些脚本引擎在下列方面的差异很大：脚本引擎可执行哪种脚本语言、支持哪种开发语言、开发接口是否容易使用、执行性能如何等。可以根据需求灵活地选择一个脚本引擎。

下面先介绍 Google V8 和 QtScript 这两个脚本引擎，然后对脚本引擎的性能进行对比。

7.3　Google V8 脚本引擎

Google V8（简称 V8）是一个高效、快速的 JavaScript 脚本引擎，是用 C++语言编写的开源代码库，执行效率高、源代码公开。V8 是能够完成脚本功能的一个脚本引擎，可以在我们的 C++程序中调用 V8 执行脚本代码，V8 支持脚本代码和 C++代码交互调用等。

V8 内置了脚本预编译机制，使脚本的执行速度近乎与编译型语言的效率相同。而且，V8 是 Google 浏览器 Chrome 的核心组成，是公认的最快速 JavaScript 脚本引擎，知名的 Node.js 也是使用 V8 实现的。

1. Node.js

Node.js 是 Web 应用的服务器端开发框架，支持使用 JavaScript 编写 Web 应用的服务器端代码。一直以来，Web 前端开发人员只能编写界面等前端代码，Node.js 的出现使 Web 前端开发人员非常兴奋，终于可以用 JavaScript 编写后端代码了。

Node.js 的实现原理是通过 V8 将网络访问、文件访问、数据库访问等本地资源访问，通过 JavaScript 函数暴露给 JavaScript 脚本，这样就可以用 JavaScript 编写 Http 服务，进而实现 Web 服务器。JavaScript 本身没有太多的函数库，需要执行脚本的软件提供各种接口函数，才能使我们的软件变得强大、好用。

2. 利与弊

V8 具有很多优点，但其弊端也是显而易见的：V8 非常复杂，从执行脚本就可以看出，对于最简单的执行一段脚本，V8 需要几十行代码（参见 7.3.2 节的代码示例），而 QtScript 执行脚本只需要三五行代码（参见 7.4.1 节），V8 的复杂度要高几个量级。因此，在实际项目中选择脚本引擎时一定做好权衡，权衡的内容如下。

（1）是否需要高效执行脚本，有多少技术预研时间供掌握 V8 使用。

（2）使用 V8 会导致后期的维护时间较长、人力维护成本较高，要考虑是否有足够的维护成本，如果为了追求花哨、流行度、知名度，则没必要选择 V8。

在框架软件中，不会预知插件的功能、不会预知是否耗时，所以框架应提供尽可能高的性能和效率，这很重要。基于这些考量，在有脚本引擎的框架软件中使用 V8 是最佳选择方案。

在测试系统中应用脚本非常必要，而且在一个框架软件中，脚本是基础模块，会被其他模块反复调用、使用，所以必须考虑性能，若只考虑性能这一项，在测试系统框架中必然选择 V8。

3．学习官方资料

V8 本身十分庞大、复杂，最完整详细的资料（包括源码、各种文章等）可在 V8 官方网站上找到，它们是深入学习 V8 的最佳资源。本书介绍 V8 的基本概念、原理和基本使用，掌握这些基础知识可以将 V8 应用到自己的程序中。

本章的重点内容是应用程序内嵌 V8、脚本与 C++代码互相调用、在项目中的具体使用情况，这些内容对于工程应用是有价值的。更深入的 V8 原理内容请在官方网站上查阅。

4．官方简介

V8 在执行脚本以前，先将 JavaScript 脚本代码编译成机器码，而非位元组码或直译它，以此提高效能。另外，可使用内联缓存等方法来提升性能。有了这些机制，JavaScript 程序在 V8 中的执行速度可以媲美二进制编译程序的执行速度。

7.3.1　编译 Google V8

在项目中，使用 V8 的第一步是获取 V8.h、V8.lib、V8.dll，需要在其官网上下载源码自己编译。这个过程有些烦琐，需要在 V8 的源码目录中执行一些配置功能，修改配置搭建编译环境，在命令行中调用执行 make 命令，调用 makefile 文件，这些由命令行编译生成。

高版本的 V8 提供了基于 Visual Studio 的编译方式，和.sln 的解决方案文件，使用 Visual Studio 打开.sln 文件，即可一键编译，根据需要编译生成静态库、动态库。

7.3.2　使用 Google V8

在我们的程序中使用 V8 脚本引擎非常方便，可以选择静态链接或动态链接，编译时只需要 V8.h、V8.lib。动态链接 V8 的软件在运行时需要 V8.dll，此外不需要安装、依赖于任何其他内容，没有任何软件环境的依赖，十分易于开发、调试、使用。同时，V8 本身的外部依赖极少，支持各种 C++编译器编译生成。

1．代码示例

下面通过执行脚本的代码说明如何使用 V8。

代码包括如下内容。

（1）定义 Isolate，表示的是一个独立的脚本引擎，每个线程必须初始化一个 Isolate，不初始化或重复建立 Isolate 会导致不能执行脚本。

（2）每个 Isolate 必须有 Enter 和 Exit，表示进入和离开脚本环境。在最初创建时调用 Enter，最后不再使用而需销毁时调用 Exit。

（3）定义 HandleScope，表示的是句柄的作用域，即后面的 V8 变量在该作用域之内。这里涉及了 V8 中变量生命周期及 V8 的句柄。

（4）定义 Context，表示的是运行环境。

（5）调用 Script::Compile 和 Script::Run 来编译脚本、执行脚本。

整个示例有二十几行代码，可以看出使用 V8 执行脚本，代码行、概念都很多，使用时还是比较复杂的，但是为了追求 V8 的高性能，这个复杂度还是可以接受的。

```
#include <V8.h>

int main(char* * arg, int arg_size)
{
    // 线程环境初始化
    V8::Isolate * isolate = V8::Isolate::New();
    V8::Isolate::Scope scope(isolate);
    isolate->Enter();

    V8::HandleScope sp;
    V8::TryCatch try_catch;
    V8::Local<V8::ObjectTemplate> object_template = V8::ObjectTemplate::New();
    V8::Persistent<V8::Context>context=V8::Context::New(NULL,object_template);
    context->Enter();

    string str_utf8= "1110*2222+-Math.sqrt(1)";
    V8::Local<String> source = String::New(str_utf8.c_str(),str_utf8.length());
    V8::Local<Script> script = Script::Compile(source);

    if (!script.IsEmpty())    {
        Local<Value> result = script->Run();
        printf("%s",result.toString());
    }
    isolate->Exit();
    return 1;
}
```

2. 执行过程

根据 V8 官网上的解释，V8 执行速度快的原因是，V8 预编译机制先将脚本代码转换为低级中间代码或者机器码，再执行机器码，使执行速度接近编译型语言。这有点类似于先在 Java 语言中编译成中间码，然后在 Java 虚拟机 JVM 运行中间码的机制。Google V8 脚本执行过程如图 7-3 所示。

3. 概念解释

在 V8 中有很多概念，如使用前需要先初始化实例 Isolate、使用过程中的运行环境 Context、V8 中管理对象的句柄 Handle 等。

（1）Isolate：表示实例。Isolate 表示一个独立的 V8 实例。实例有不同的状态，在一个 Isolate 中的对象不能在其他 Isolate 中使用。使用 V8 时，必须显式初始化。在多线程环境中，每个线程要建立 Isolate，所以多线程的程序使用 V8 时需要单独设计，不要重复初始化线程 V8 实例。

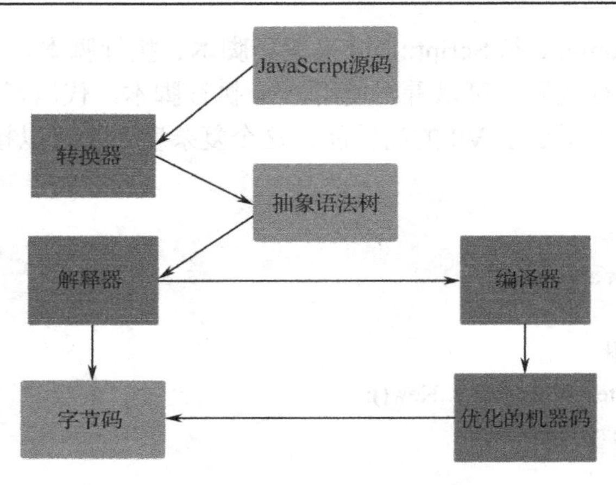

图 7-3　Google V8 脚本执行过程

（2）Context：表示运行环境。在 V8 中，脚本运行时可以有自己的运行环境，这个运行环境称为 Context。在不同的 Context 下拥有自己的全局对象，运行代码时必须指定所在的 Context。Context 拥有自己的全局代理对象（Global Proxy Object），每个 Context 下的全局对象都是这个全局代理对象的属性。通过 Context::Global()可以得到这个全局代理对象。新建 Context 时可以手动指定它的全局代理对象，这样每个 Context 都会自动拥有一些全局代理对象，如浏览器的 DOM。

（3）Handle：表示句柄。V8 中使用 Handle 类型来托管 JavaScript 对象。V8 有自己的内存管理机制来管理对象生命周期，类似于 Java 的内存回收机制。V8 也提供了一些函数来主动释放对象、清理内存、设置内存上限等。

Handle 有两种类型，即 Local Handle 和 Persistent Handle，分别表示本地的和持久的对象，根据语义就可以理解。类型分别是 Local:: Handle 和 Persistent:: Handle；前者和 Handle 没有区别，生存周期都在 Scope 内；后者的生命周期脱离 Scope，需要手动调用 Persistent::Dispose 结束其生命周期。也就是说，Local Handle 相当于 C++在栈上分配对象，而 Persistent Handle 相当于 C++在堆上分配对象。

（4）内存管理机制。内存管理是高级程序库的必备内容，V8 提供了内置的内存管理机制，当 new 的对象、内存不再使用时，会被自动清理。同时，V8 内部维护的一个内存结构可以设置 V8 引擎占用的内存上限，V8 会维护内存在这个上限。这样的好处是避免了频繁地申请内存，提高了执行效率。

此时有新的问题：我们的软件内存会缓慢上涨，往往影响我们的程序，进而导致我们认为自己编写的软件有隐藏的内存 bug。在这样的情况下，避免内存一直上涨的最简单方法是设置一个阈值，达到阈值后，V8 主动释放内存，见下面的代码。

```
V8::HeapStatistics ooo;
V8::V8::GetHeapStatistics(&ooo);
if ((ooo.total_heap_size()-m_pre.total_heap_size())>(1024*1024*20))        //20MB 上限
{
    V8::IdleNotification(1000000000);
    V8::LowMemoryNotification();    // 清理
    V8::GetHeapStatistics(&m_pre);
}
```

4．多线程

复杂的应用程序往往设计为多线程，在多线程中调用 V8 执行脚本的情况下，除了关注线程中互斥访问、同步操作等，V8 中约定每个线程需要建立单独实例 Isolate，在线程启动时调用 Enter 方法进入实例，在线程结束时调用 Exit 方法退出实例，否则多线程访问 V8 环境会导致访问异常、软件崩溃。

如果在线程中重复创建 Isolate 实例，软件也会报错，V8 中不允许在一个线程中重复创建 Isolate 实例。实际测试时，一个线程最多创建十几个 V8 实例，之后创建 Isolate 实例就会报错，然后软件异常退出。

```
// 多线程 V8 环境初始化
V8::Isolate * isolate = V8::Isolate::New();
isolate->Enter();
```

7.3.3　脚本调用 C++函数

JavaScript 代码调用 C++函数要经过对 FunctionTemplate 和 ObjectTemplate 进行扩展来实现。FunctionTemplate、ObjectTemplate 可理解为 JavaScript 函数和 C++函数之间的模板范例，FunctionTemplate 实现了 JavaScript 函数和 C++函数的绑定，这种绑定是单向的，只能实现 JavaScript 调用 C++函数。FunctionTemplate 和 ObjectTemplate 对应到 JavaScript 中，是函数和对象。

基本原理：先将 C++函数经过 FunctionTemplate 实现绑定，然后将这个 FunctionTemplate 注册到 JavaScript 的全局变量上。这样，JavaScript 代码就能够调用 C++函数了。

1．C++代码

下面是具体 C++代码和脚本代码互调用的例子，sHistoryPack 是提供给 JavaScript 访问的 C++类，其中定义了提供给 JavaScript 访问的 C++函数。本书的总线仿真测试平台中的 sHistoryPack 类用于实时数据缓存，JS_value 函数用于返回实时数据，在 JS_value 函数中获取并调用 sHistoryPack 的实时数据方法返回给调用者。

获取实时数据函数的声明。

```
static V8::Handle<V8::Value> JS_value(const V8::Arguments& args);
```

sHistoryPack.cpp 中的 C++函数定义如下。

```
// 静态方法
V8::Handle<V8::Value> sHistoryPack::JS_value(const V8::Arguments& args)
{
        sHistoryPack* pThis = GetThisFromArguments(args);
        if(pThis == NULL) return V8::Undefined();
        if(args.Length() == 3)  {
                ret = Integer::New(100.1);
                return ret;
        }
```

```
        return V8::Undefined();
    };
```

在脚本引擎初始化时，要调用V8的函数模板FunctionTemplate，执行与C++函数的绑定，这样，在JavaScript代码中就可以调用几个C++函数了。JsV8类是对V8再封装的类，用于执行脚本，其中的InitScript方法用于执行初始化，成员变量m_resource是sHistoryPack类的实例。见下面JsV8类的头文件主要代码。

在初始化方法InitScript中，首先是C++函数绑定，用FunctionTemplate的New方法创建一个JS_value的绑定，将C++函数JS_value映射到JavaScript函数value中。

```
// 函数名称关联到函数指针
Local<ObjectTemplate> functions = ObjectTemplate::New();
functions->SetInternalFieldCount(1);
functions->Set(String::New("value"),
FunctionTemplate::New(sHistoryPack::JS_value));

/// 建立一个类对象
Local<Object> funs = functions->NewInstance();
/// 类对象指针指向的C++对象指针
funs->SetInternalField(0, External::New(m_resource));
```

之后获取执行环境的全局对象，建立g_obj对象，将函数模板对象绑定到g_obj中，之后，在脚本中可以调用g_obj.value执行到C++函数JS_value中。

```
/// JavaScript 中对象名称
Local<Object> gobj = m_execute_context->Global();
// 全局变量
gobj->Set(String::New("g_obj"), funs);
```

为了方便在JavaScript脚本中只调用一个函数获取实时值，不需要通过全局对象获取实时值，只需要定义一个全局脚本函数ParamValue，做一个转换操作。其中，通过g_obj.value方法完成JavaScript调用C++函数，以此来简化JavaScript的调用代码。

```
// 读数据的脚本
string strJS = "function ParamValue(interName, stname, paramName){ \r\n"
         "var ret = g_obj.value();\r\n"
          "return ret; \r\n"
          "}; ";
```

下面代码中的strJS是上面定义的全局脚本，在初始化实例时，在实例中加入全局脚本。如果有其他全局脚本函数、全局变量，也可在此时加入。

完整的初始化代码如下。

```
void JsV8::InitScript()
{
        // V8
        V8::HandleScope sp;
```

```
    V8::TryCatch try_catch;     // 这里设置异常机制
    // V8
    Local<ObjectTemplate> object_template = ObjectTemplate::New();
    m_execute_context = Context::New(NULL, object_template);
    m_execute_context->Enter();

    Local<String> localStr = String::New(strJS.c_str());
    Local<Script> script = Script::Compile(localStr);

    if (script.IsEmpty())    // 有语法错误    {
        m_strError= ReportException(&try_catch);
    }
    else    {
        Local<Value> ret = script->Run();
        if (ret.IsEmpty())
            m_strError = ReportException(&try_catch);
    }
}
```

2．相关概念

在 V8 中有很多概念，熟悉这些概念可以帮助我们掌握 V8、使用 V8 排查复杂的问题。在使用 V8 的过程中遇到问题、产生 bug，多数是由于对 V8 调用不当所致。

（1）External 表示类型扩展。

V8::External 的作用是把 C++的对象包装成 JavaScript 中的变量。External::New 接受一个 C++对象的指针作为初始化参数，返回一个包含这个指针的 Handle 对象供 V8 引擎使用。在使用这个 Handle 对象时，可以通过 External::Value 函数得到 C++对象的指针。

（2）Template 表示模板。

Template 是 JavaScript 和 C++变量之间的中间层。首先由 C++对象生成一个 Template，然后由 Template 生成 JavaScript 函数的对象。可以先在 Template 中定义一些属性，之后生成的 JavaScript 对象都将具备这些属性。

（3）FunctionTemplate 表示函数模板。

可以先使用 FunctionTemplate::New()生成一个空函数，然后用 FunctionTemplate::SetCallHandler()将其和 C++函数绑定，或者直接调用 FunctionTemplate::New(InvocationCallback callback)来为 C++函数初始化一个 FunctionTemplate。用来生成 FunctionTemplate 的 C++函数必须满足 InvocationCallback 的条件，即函数声明必须如下。

```
Handle<Value> (*InvocationCallback)(const Arguments& args);
```

如果只是简单地供 JavaScript 脚本使用，则创建并设置完 FunctionTemplate 即可。但是，如果在 C++中使用 FunctionTemplate 或为 Function 设置一些属性字段，则需要通过 FunctionTemplate 的 GetFunction()来创建一个 Function。此后，可以使用 FunctionTemplate::GetFunction()来获取对应的 V8::Function。但是，一个 FunctionTemplate 只能生成一个 Function，FunctionTemplate:: GetFunction()返回的都是同一个实体。这是因为 JavaScript 里显式声明的全局

函数只有一个实例。

JavaScript 常用 new Function()的形式来创建对象，而在 C++中，Function::NewInstance 可以返回一个函数的实例。可以使用 Function::NewInstance 返回一个函数对象，等同于 JavaScript 中的 var tmp = new func。

（4）ObjectTemplate 表示对象模板。

ObjectTemplate 的目的是根据包装的 C++对象生成 V8::Object。接口与 Template 也大致相当，通过 ObjectTemplate::New 返回新的 ObjectTemplate；通过 ObjectTemplate:: NewInstance，ObjectTemplate 提供了一种 InternalField，也就是内部储存空间。我们可以通过 External 类型把 C++对象存储在 ObjectTemplate 中。建立 ObjectTemplate 之后，可以通过 ObjectTemplate:: SetInternalFieldCount 设定内部存储多少个内部变量。然后，通过 ObjectTemplate:: NewInstance 建立新的 Object，再在 V8::Object 中通过 SetInternalField 对内部变量进行操作。访问器的实现原理是，为 Object 绑定一个 C++对象，并为其在全局代理对象中设置一个名字，当 JavaScript 按指定的名字访问 Object 时，调用 Getter 和 Setter 函数来访问 C++对象数据。

如果需要在 FunctionTemplate 中创建一个 Function，则封装一个 C++对象。首先，需要将这个 C++对象使用 SetInternalField 封装到一个 Object 中；其次，在调用 FunctionTemplate::New 时，将 Object 作为 data 参数传入 New 函数，这样在创建的 Function 中就可以通过 args.Data() 获取到之前的 Object（Value 类型的变量，使用 ToObject 转成 Object 类型），之后通过 GetPointerFromInternalField 就可以获得之前的 C++对象。

7.3.4 封装 Google V8

在第 3 部分的总线仿真测试平台中，完整封装 V8 操作的三个类是 JsV8、MContainer、sHistoryPack。其中，JsV8 用于脚本环境初始化、执行脚本，MContainer 负责维护多线程的 Isolate 实例，sHistoryPack 定义提供给脚本的 C++函数。三个类配合完成工作，实现了在测试系统中执行脚本、脚本获取实时数据值的功能。

使用脚本引擎 V8 很复杂，并且有很多其他脚本引擎可供使用，例如使用 Qt 的脚本组件。所以在实际项目中，要根据实际情况考虑是否使用 V8。应用 V8 的核心考虑：是否有高性能的要求。对于多数应用软件，没有用脚本做大量实时运算的需求，所以在一般的软件中应用脚本引擎，可以不使用 V8；而对于测试系统有实时的数据解析、有实时脚本运算需求，则在该测试系统中有必要应用 V8。

在使用 V8 时，要注意如下事项。

（1）在软件中应用 V8 脚本模块时，应考虑是否有多线程环境的调用，在每个线程中，根据线程 id 初始化 Isolate，使每个线程有独立 V8 环境，避免在线程中重复创建和初始化 V8 环境。

（2）需要考虑用 C++定义哪些接口函数，这些接口函数是提供给脚本代码的接口函数。需要根据软件的业务做好封装，例如浏览器会提供页面元素的访问函数。

1. JsV8 类

JsV8 类是面向调用者执行脚本的接口类，用来执行 JavaScript 脚本，提供主要接口：执行脚本并返回结果。请参见具体代码。

JsV8.h 的源码定义如下。

```
// 简单地封装 V8
// 对外的接口：执行脚本，返回结果
class JsV8
{
public:
        JsV8(void);
        ~JsV8(void);
        MVariant ExecuteScript(const string & strScript);
        // 记录错误信息
        string m_strScript;
protected:
        void InitScript();
        void ClearScript();
        MVariant ConvertV8Value(V8::Handle<V8::Value> result);
        string ReportException(V8::TryCatch* try_catch);
        /// V8
        V8::Persistent<V8::Context> m_execute_context;
        // 记录内存情况
        V8::HeapStatistics m_pre;
        // C++接口
        V8::sHistoryPack * m_resource;
};
```

在 JsV8.cpp 中包括构造函数、析构函数、清理对象、退出执行等方法的具体定义。其中定义了一个 MContainer 类型的静态变量 g_container，用于在每个线程中初始化 Isolate。在构造函数中需要调用 g_container.init_InThread 接口方法，初始化实例 Isolate；在析构函数中需要调用 ClearScript 方法，清理资源、退出 Isolate。

```
// 使用静态对象，对象析构时执行各线程的 leave
static MContainer g_container;

JsV8::JsV8(void){
      m_resource = new sHistoryPack();
      g_container.init_InThread();
      InitScript();
}
JsV8::~JsV8(void){
      ClearScript();
      delete m_resource;
      m_resource = NULL;
}
void JsV8::ClearScript(){
      m_execute_context->Exit();
      m_execute_context.Dispose();
}
```

接口方法 ExecuteScript 用于执行脚本，形参传入 string 类型的脚本代码，在调用执行脚本函数前，先调用 V8 的预编译函数，得到 Script 对象。若 Script 不为空，则调用 script->Run() 执行脚本；若执行成功，则将结果转换为内部数据结构。

最后的代码是在执行脚本完毕后，判断内存空间，超过上限后会主动释放内存。函数最后返回执行结果。

```
// 执行一段脚本并得到执行结果
MVariant JsV8::ExecuteScript(const string & strScript)
{
    m_strError = "";
    if (strScript.length() <= 0)
        return MVariant();
    V8::HandleScope sp;
    V8::TryCatch try_catch;

    // utf8 编码
    string str_utf8 = string_To_UTF8(strScript);
    Local<String> source = String::New(str_utf8.c_str(),str_utf8.length());
    Local<Script> script = Script::Compile(source);
    MVariant ret;

    if (!script.IsEmpty())    {
        Local<Value> result = script->Run();
        if (!result.IsEmpty())
            ret= ConvertV8Value(result);       // 执行完毕
        else
            m_strError = ReportException(&try_catch);
    }
    else
        m_strError = ReportException(&try_catch);

    V8::GetHeapStatistics(&ooo);
    // 判断内存是否超限，20MB 为上限
    if ((ooo.total_heap_size()-m_pre.total_heap_size())>(1024*1024*20))        {
        V8::IdleNotification(1000000000);
        V8::LowMemoryNotification();            // 清理
        V8::GetHeapStatistics(&m_pre);
    }
    return ret;
}
```

2．实例维护类

MContainer 类用于维护 V8 实例。由于实际项目中有多线程，在多个线程的执行中会调用 JsV8 执行脚本，所以必须统一维护 V8 实例，即在线程的启动、停止时执行 V8 实例的初

始化和退出。建立 MContainer 类来执行这些维护工作。

MContainer 中维护了一个线程 id 到 V8::Isolate 的对应关系，线程在启动时调用 MContainer 的静态方法 init_InThread，在 init_InThread 中根据当前的线程 id 判断是否需要创建 V8::Isolate。头文件定义代码如下。

```
// 负责维护各个线程的 V8::Isolate
class MContainer
{
public:
    ~MContainer(){
        map<int,V8::Isolate *>::iterator it = g_thread.begin();
        while (it != g_thread.end())        {
            it->second->Exit();
            it ++;
        }
        g_thread.clear();
    };
    // 接口函数
    void init_InThread();
protected:
    MXLock lock;
    map<int,V8::Isolate *> g_thread;  // 这里认为操作系统的线程 id 不会重复
};
```

在接口方法 init_InThread 的定义中，首先调用操作系统的原始 API 获取当前线程的 id，然后判断在缓存的对应关系中，该线程是否创建了 V8::Isolate。若未创建，则创建实例，并缓存到 g_thread 中；若已经创建实例，则直接返回。

```
void MContainer::init_InThread()
{
    AutoLock ll(lock);
    int iThreadId = GetCurrentThreadId();
    map<int,V8::Isolate*>::iterator it = g_thread.find(iThreadId);
    if (it == g_thread.end())   {
        // 多线程 V8 环境初始化
        V8::Isolate * isolate = V8::Isolate::New();
        V8::Isolate::Scope scope(isolate);
        isolate->Enter();
        g_thread[iThreadId] = isolate;
    }
}
```

3. 数据缓存类

数据缓存类是实际项目中的数据缓存类，用于缓存总线读取的实时数据，也是面向脚本代码的接口类。在脚本代码中要获取实时数据、历史数据等，可调用这个脚本接口。

类名称 sHistoryPack 的静态方法 JS_value、JS_insEx、JS_Sleep，分别为获取数据、发送指令、延时，在脚本引擎初始化时，需要定义全局脚本函数 value、insEx、Sleep（分别对应获取数据、发送指令、延时），在脚本函数中调用 g_obj.value 等函数，可执行到 sHistoryPack 中的对应方法。

在脚本引擎初始化时，需要先调用绑定函数将 JS_value、JS_insEx、JS_Sleep 绑定到脚本引擎的全局函数中才可以使用。

头文件 sHistoryPack.h 的完整定义如下。

```
// 实时数据功能
class sHistoryPack
{
public:
        sHistoryPack();
        ~sHistoryPack();
        bool IfVail();
public:
        /// V8
        static V8::Handle<V8::Value> JS_value(const V8::Arguments& args);
        static V8::Handle<V8::Value> JS_insEx(const V8::Arguments& args);
        static V8::Handle<V8::Value> JS_Sleep(const V8::Arguments& args);
private:
        /// V8
        static sHistoryPack* GetThisFromArguments(const V8::Arguments& args);
};
```

函数 JS_value 的定义：由于 JS_value 是静态方法，所以首先调用 GetThisFromArguments 获取实例指针，通过 this 指针访问 sHistoryPack 中缓存的实时数据值，返回给调用者。在本例子中直接返回了 100.1。

```
V8::Handle<V8::Value> sHistoryPack::JS_value(const V8::Arguments& args)
{
        sHistoryPack* pThis = GetThisFromArguments(args);
        if(pThis == NULL)
                return V8::Undefined();

        if(args.Length() == 3)
        {
                ret = Integer::New(100.1);
                return ret;
        }

        return V8::Undefined();
};
```

下面是重要函数 GetThisFromArguments 的源码，在 V8 引擎初始化的代码中，需要绑定接口函数，实例化全局对象 m_resource，将 m_resource 绑定到 V8 脚本的全局变量 g_obj。之后，在脚本中获取数据，通过调用全局对象 g_obj 的方法，例如 g_obj.value()，就会调用到 C++的 sHistoryPack 的 JS_value 方法。

```
sHistoryPack* sHistoryPack::GetThisFromArguments(const V8::Arguments& args)
{
    V8::HandleScope sp;
    V8::Handle<V8::External> field =
                    V8::Handle<V8::External>::Cast(args.Holder()->GetInternalField(0)) ;
    void* raw_obj_ptr = field->Value();
    sHistoryPack* pThis = static_cast<sHistoryPack*>(raw_obj_ptr);
    return pThis;
}
```

7.4　QtScript 脚本引擎

在 Qt 中内置了 JavaScript 脚本引擎 QtScript。搭建 Qt 开发环境后，在 Qt 的目录中就有了 QtScript 组件，执行 Qt 内置的 QtDemo 示例可以找到 Script 分组，其中有多个 QtScript 示例，可以在 Qt 目录的 Demo 子目录中找到这些示例的源码。可通过使用 Qt Creator 打开示例的工程文件，直接编译、运行，参考这些示例源码实现自己的功能。

QtScript 继承自 QObject，QObject 为脚本提供了 Qt 的信号与槽（Signals & Slots）机制，使脚本代码可以直接访问继承 QObject 对象的信号、槽、属性，达到了在 C++和脚本之间进行集成、互相调用的目的。在 QtScript 中提供脚本调试功能，使用户可以自己调试脚本、跟踪脚本代码的执行过程，极大地提升了 QtScript 的易用性。

在 QtScript 中常用的接口类有 QScriptEngine、QScriptValue 等。

1．QScriptEngine

QScriptEngine 为程序提供一个嵌入式脚本环境，在一个应用程序中可以添加多个脚本引擎，每个引擎都是一个轻量级自包含的虚拟机，通过调用脚本引擎的 evaluate()函数可以执行脚本，evaluate()函数返回一个 QScriptValue 对象，QScriptValue 对应一个脚本的值，调用 toString()方法可以将值转换为一个字符串，调用 call 可执行脚本对象的方法。

2．QScriptValue

QScriptValue 是一个 QtScript 数据类型的容器，支持 ECMA-262 标准中定义的类型，如 Undefined、Null、Boolean、Number、String、对象类型。对象类型包括脚本中的对象、函数、数组等，调用 call 可执行对象的方法。

QScriptValue 有很多方法，例如获取是否出错的信息、获取值的类型、将值转为具体类型、将值转为字符串等。本节示例代码中调用 toString 转为字符串，由 qDebug()输出执行结果。

QScriptEngine、QScriptValue 有丰富的接口方法，对此可以查阅 Qt 的 Assist 手册。

7.4.1　执行脚本

下面以简单的数学公式计算为例，介绍如何使用 QtScript。

在本例代码的 main 函数内，先实例化脚本引擎 QScriptEngine 的对象 engine，之后调用执行脚本方法 evaluate，传入一段脚本。该脚本只是数学运算且调用了数学函数 Math.sqrt 求平方根，执行 evaluate 后，会将执行结果返回，定义 QScriptValue 对象得到结果 val。

完整的代码：

```
#include <QApplication>
#include <QtScript>
#include <QDebug>
int main(int argc, char *argv[])
{
    QApplication a(argc, argv);
    QScriptEngine engine;
    QScriptValue val = engine.evaluate("1 + 2 + 3 * Math.sqrt(100)");
    if (val.isError())
    {
        qDebug() << "error " << val.toString();
    }
    else
    {
        qDebug() << "value " << val.toString();
    }
    return 1;
}
```

可见，执行一个简单脚本只需要两行代码（定义脚本引擎对象、调用执行脚本代码）。

这种简单的脚本执行也有一些实际应用场景，如一些数据解析功能会需要用户录入计算公式，在执行数据解析时，解析模块首先将公式中的替换符替换成实际值，然后调用这个脚本引擎计算得到结果。例如，用户录入计算公式：x*1532.6+599/20，那么数据解析时，将 x 替换为实际值，得到一段脚本代码后，再调用脚本计算，得到公式运行结果。

在 Qt 中，QtScript 是一个独立的组件，使用时需要单独加入引用，需要在 Qt Creator 的工程文件中加入对 QtScript 的引用。

```
QT          += script
```

在发布的程序目录中也要添加 QtScript.dll 库文件。

7.4.2　在脚本中调用 C++

在复杂的应用场景中，在我们的软件代码中定义了很多 C++函数，有时需要用脚本代码调用已有的 C++函数执行一些功能。例如，我们的软件实现了播放声音的函数，希望用脚本代码播放声音，让用户使用非常灵活。此时，就需要通过脚本代码调用 C++函数。以此为例，介绍如何基于 QtScript 加以实现。

定义一个类 DeviceManager，它继承 QObject，定义供脚本中调用的若干 C++方法，将一个播放声音的函数定义为 PlayAudio。

需要注意：①提供给脚本调用的类必须继承 QObject；②供脚本调用的方法必须是公共的槽函数。

下面是头文件中的类声明。

```
#include <QObject>
class DeviceManager : public QObject
{
    Q_OBJECT
public:
    explicit DeviceManager(QObject *parent = 0);
public slots:
    bool PlayAudio(QString text);
};
```

之后，在 main 函数中加入如下测试代码。

```
int main(int argc, char *argv[])
{
    QApplication a(argc, argv);
    QScriptEngine engine;
    DeviceManager device;
    QScriptValue obj = engine.newQObject(&device);
    engine.globalObject().setProperty("g_device", obj);

    QScriptValue val = engine.evaluate("var bOk = g_device.PlayAudio('');\r\n"
                                       "var result = 'null'; \r\n"
                                       "if (bOk)\r\n"
                                       "result='send Failed'; \r\n"
                                       "else"
                                       "result='send OK'; ");
    qDebug() << val.toString();
    return 1;
}
```

首先，实例化脚本引擎 QScriptEngine 的对象 engine，实例化 DeviceManager 的对象 device，调用 QScriptEngine 的 newQObject 方法，创建一个脚本对象 QScriptValue。然后，将这个实例设置到脚本引擎的全局对象中，调用 engine.globalObject().setProperty 方法，在脚本引擎实例的全局对象区中，有一个全局对象 g_device 指向了 C++的实例化对象 device。

之后，在脚本中通过 g_device 就可以访问 C++的实例化对象 device、调用相关方法。定义脚本代码并执行得到结果，在脚本中调用 g_device.PlayAudio 播放声音。如果执行成功，则脚本执行结果赋值为“send OK”；如果执行失败，则脚本执行结果赋值为“send Failed”，最后输出结果。

可见，QtScript 非常容易使用，只需要使用几行代码即可实现脚本调用 C++代码。

7.4.3　C++调用脚本

在软件内嵌脚本引擎的功能中，有一种应用场景是通过脚本来扩展应用程序的功能，即将一些函数、功能编写到脚本文件中，在软件启动后，首先加载这些脚本文件，然后在执行功能时调用脚本文件中的函数，这样就可以通过改变脚本文件得到不同的结果。

这种方式可以用于软件扩展，是一种基于脚本文件来扩展软件的方式。

例如，在我们的程序中有一个数据处理算法，如果希望由使用者自己编辑修改，则提供一个脚本文件，使用者可以编辑这个脚本文件，编写自己想要的数据处理算法。

例如，有数据校验功能的脚本文件如下。

```
function dataCheck(data)
{
    var ret = 0;
    for(var i = 0; i < data.Length; ++i){
        ret += data[i];
    }
    return ret;
}
```

在我们的软件中提供了一个这样的数据校验脚本文件，用户在使用过程中可以根据自己的需要改变数据校验算法，不需要程序员反复修改、编译软件源码。

完整示例代码如下。

```
QScriptEngine engine;
QFile ff(":/ff.js");     // 读取脚本文件
if (ff.open(QFile::ReadOnly))
{
    QTextStream st(&ff);
    QString script = st.readAll();
    // 加载全局的脚本
    engine.evaluate(script);
    // 获取全局对象中的函数
    QScriptValue checkFun = engine.globalObject().property("dataCheck");
    // 建立校验的参数数组
    QScriptValue data = engine.evaluate("new Array(5,6,8,10,22,255);");
    // 调用脚本的校验函数
    QScriptValue res = checkFun.call("", QScriptValueList() << data);
    qDebug() << res.toString();
    ff.close();
}
```

其中，第 8 行调用脚本引擎的 evaluate 方法将脚本文件中的脚本加载到脚本引擎中。之后，调用脚本引擎的全局对象，获取脚本中的 dataCheck 函数，此时就可以通过这个 QScriptValue 对象调用脚本中的 dataCheck 函数。

由于脚本的 dataCheck 函数的输入参数是一个数组对象，所以需要调用脚本引擎的

evaluate 执行 new Array 得到一个脚本中的数组对象，之后调用 QScriptValue 的 call 方法、传入参数，达到执行脚本函数 dataCheck 的目的。

7.5 性能对比

在测试系统中可使用 Google V8 作为脚本引擎，选择 Google V8 的一个重要原因是性能。下面以实际代码测试各引擎的执行性能。

测试性能需要注意以下问题。

（1）采用一致的软、硬件环境，可使用主流的个人计算机，在同一计算机上分别执行 V8 性能测试程序和 Qt 性能测试程序，这样的对比才有意义。

（2）使用同一个编译器，采用 release 编译对比和相同的软件环境对比。

（3）对比性能，对同一个脚本反复执行 100 万次，统计执行完毕的时间，看哪个脚本引擎执行速度快。脚本内容采用简单的加减乘除计算。

（4）测试代码尽可能简单，减少子函数调用等，复杂的测试代码可能影响运行性能。

7.5.1 Google V8 性能测试

在测试代码部分，C++内嵌 V8 执行脚本略复杂，所以在测试代码中定义了一个子函数，用来执行脚本代码，函数的形参传入 string 类型脚本代码，在函数体内定义 V8 作用域 HandleScope，预编译脚本，执行脚本，返回执行结果。执行脚本函数的代码如下。

```
V8::Handle<V8::Value> RunScript(const string & str_utf8)
{
    V8::HandleScope sp;
    V8::TryCatch try_catch;
    V8::Local<V8::String> source = V8::String::New(str_utf8.c_str(),str_utf8.length());
    V8::Local<V8::Script> script = V8::Script::Compile(source);
    if (!script.IsEmpty())  {
        V8::Local<V8::Value> result = script->Run();
        if (!result.IsEmpty())
            return result;
    }
    return V8::Null();
}
```

定义测试函数代码，完成了 V8 环境初始化等工作，例如调用脚本执行环境和定义脚本等。需要关注的重点是下面程序中第 11 行的脚本、第 14 行的执行次数，这两处的代码要和其他脚本性能测试代码一致，这样的对比才有意义。

测试函数代码如下。

```
void test1()
{
    V8::Isolate * isolate = V8::Isolate::New();
    V8::Isolate::Scope scope(isolate);
```

```
    isolate->Enter();
    V8::HandleScope sp;
    V8::TryCatch try_catch;
    V8::Local<V8::ObjectTemplate> object_template = V8::ObjectTemplate::New();
    V8::Persistent<V8::Context> execute_context = V8::Context::New(NULL, object_template);
    execute_context->Enter();
    string script = "1110*2222+1111-2222+123123-1111+11111*10-Math.sqrt(1); ";

    int beg = GetTickCount();
    for (int i=0; i < 100 * 10000; i++)
    {
        RunScript(script);
    }
    int end = GetTickCount();
    printf("%.3lf 秒\r\n", (double)(end-beg)/1000.0);
}
```

在执行 100 万次脚本前后计算时间差，即得到执行时间，由 printf 输出结果。

之后，在编译环境中建立控制台程序，在入口函数 main 中执行 test1()，用 release 编译执行代码。

实际测试结果为 0.563 秒。可以看到在普通办公计算机软、硬件环境中，执行 100 万次脚本的时间共用了 0.563 秒！

7.5.2 QtScript 性能测试

Qt 内置的 QtScript 脚本引擎是常用的执行 JavaScript 代码的脚本模块。

可用 Qt 的 QtScript 执行测试程序并进行对比。QtScript 的使用非常简单，参考 QtDemo 中的示例代码，只用几行代码就可以执行脚本。

将 QtDemo 中的 QtScript 示例代码复制一份，在源码文件 main.cpp 中修改入口函数 main，在入口 main 函数中加入测试代码，如下列程序所示。其中第 3 行的测试脚本、第 5 行的执行次数要和 V8 的测试程序一致，统计时间也调用 GetTickCount 函数，最后计算出执行时间，调用 QMessageBox 弹出提示框，显示执行时间。

采用同一个测试环境、同一个编译器，用 release 编译执行代码。主要代码如下。

```
QScriptEngine engine;
int beg = GetTickCount();
QString contents ="1110*2222+1111-2222+123123-1111+11111*10-Math.sqrt(1); ";

for (int i=0; i < 100 * 10000; i++)
{
    QScriptValue result = engine.evaluate(contents,"");
    if (result.isError()) {
        return -1;
    }
}
```

```
int end = GetTickCount();
QString info = info.sprintf("%.3lf second\r\n", (double)(end-beg)/1000.0)
QMessageBox::critical(0, "result", info);
```

得到的结果是 17.063 秒，即执行 100 万次脚本的时间用了 17 秒多。与 V8 的测试结果 0.563 秒相比，相差近 30 倍，Qt 的脚本引擎运算性能确实差太多。

7.5.3 Python 性能测试

Python 语言是当前最流行的脚本语言，很多软件系统选择 Python 作为脚本模块的脚本语言，所以需要将 V8 和 Python 进行性能对比。

为了使对比有意义，软、硬件环境及测试代码应一致：硬件环境是同一台 PC（个人计算机）、同一套操作系统，编译器等软件环境也相同，测试代码为 C++内嵌 Python 解释器，同样的脚本执行百万次，由 release 编译执行代码，完毕后统计执行时间。

1. C++内嵌 Python 解释器

基于 C++内嵌 Python 解释器的方式，Python 可以方便灵活地嵌入其他软件中。安装 Python 后，可以在安装目录的 include 目录、Libs 目录中找到 Python 的 C 接口头文件、库文件，其中头文件有很多个。在我们的代码中只引用 Python.h 即可，库文件使用 Python3.lib。

在 Python 的接口 h 文件中，Python 的接口代码是 C 风格的函数，有很多接口函数，我们只需要使用简单的 C++内嵌 Python 解释器，所以不需要使用很多函数、复杂机制。对比代码中只需要执行脚本即可，调用最简单的 PyRun_SimpleString 函数，不需要调用其他复杂的函数。

2. 测试代码

测试代码与前面的性能测试程序的代码基本一致，执行同样的简单数学运算脚本代码，使用 GetTickCount 获得当前时间，执行百万次脚本后，再调用 GetTickCount 获取时间，取差值得到执行百万次脚本的时间。

测试代码只有如下十几行。

```
int _tmain(int argc, _TCHAR* argv[])
{
    Py_Initialize();     // 加载 Python 解释器
    PyRun_SimpleString("import sys");
    PyRun_SimpleString("import math");

    int beg = GetTickCount();
    const char* script = "1110*2222+1111-2222+123123-1111+11111*10-math.sqrt(1);";
    for (int i = 0; i < 100 * 10000; i++)      // 统计执行百万次脚本的时间
    {
        PyRun_SimpleString(script);
    }
    int end = GetTickCount();
    printf("test1 %dms %.3lf 秒\r\n", (end - beg), (double)(end - beg) / 1000.0);

    Py_Finalize();  // 卸载 Python 解释器
```

```
    system("pause");
    return 0;
}
```

release 编译执行代码，测试结果为 19.8 秒，与 QtScript 的执行性能差不多。

这个测试结果与 V8 相比也是差了数十倍。

知名的 Python 不应该这么差，是不是测试代码有问题？会不会内嵌 Python 解释器的代码不对，调用错了函数，导致性能这么差？分析测试代码可知，只有十几行代码、几个 Python 的接口函数调用，确认测试代码没问题；使用的 Python3.7 也是比较新的版本，版本也不会有问题，release 编译执行代码也没问题，最后确认这个测试结果是可靠的。

7.5.4　结论

这个对比结果令人非常吃惊，V8 中执行 100 万次脚本的时间只用了半秒多，执行速度比 QtScript 快了 30 倍，比 Python 也快了 30 多倍。

这个在同样软、硬件环境及同样测试条件下得到的性能测试结果是准确可靠的。在普通计算机的软、硬件环境下，V8 的执行 100 万次脚本的时间只用了半秒多，说明 V8 的执行性能非常棒。

我们的这个性能测试只是执行简单脚本，没有 C++接口调用、没有复杂的脚本代码，而在实际的软件应用中，会有复杂的 C++函数、脚本函数调用等情况。这个执行简单脚本的测试是有说服力的，因为复杂的脚本也只是脚本代码量多了而已，只会影响执行一次的时间，执行 100 万次脚本的时间可能不会是半秒多，但是与其他脚本引擎对比，仍然是相差几十倍，V8 的执行性能仍然是最好的。

读者可以自己编辑一个复杂脚本，执行本节的性能测试。也可以换一个其他脚本引擎做同样的测试，用其他脚本引擎与 V8 进行性能对比。

第3部分 工程实践

本部分介绍一套商业应用的通用测试系统的具体实现，将核心设计完整地描述出来。通过阅读本部分，读者可以编码构建一套框架化、有商业价值的通用测试系统框架。

在本部分的总线仿真测试平台中，核心是应用了关键技术部分的各个主题：面向接口编程、动态创建、组态、脚本引擎。在实现中还应用了很多具体的Qt技术主题，例如Qt的MVC、拖曳技术、Qt自定义控件、Qt绘图等。本部分将Qt的技术主题融入具体的应用场景、技术问题中，这样比直接描述技术主题更易于理解。

软件设计是工程实践的主要内容，描述软件设计必然使用UML的类图、序列图，大部分的接口类、关键流程；绘制类图、序列图；罗列核心接口类的代码。然而，整个设计中有太多的类和流程，用几百页恐怕也难以描述，因此也没有必要全部描述，只需要摘取一部分核心类。这里摘取的原则是，软件项间的接口类一定绘制类图，软件项间的交互一定绘制序列图，核心接口类一定罗列代码。

第8章为总线仿真测试平台，介绍一套通用测试系统框架，包括软件构成、功能组成、特点等。

第9章为系统架构设计，介绍整个总线仿真测试平台的顶层架构，描述核心的架构内容，从设计理念开始，包括概念设计、软件项、功能设计、存储设计等。

第10章为软件设计，介绍各个软件项间的交互、接口类、核心流程等。

第11章为测试执行框架，介绍测试执行框架的设计，主要的接口类、软件模块组成。

第12章为测试服务框架，介绍测试服务框架的设计，主要的接口类、软件模块组成。

第13章为控件系统，介绍插件中的控件系统如何实现，这是总线仿真测试平台中核心的一类插件，平台的各种功能都通过控件实现。

第14章为通信模块，介绍插件中的通信模块，这也是整个平台中重要的一类插件，用于实现主要的总线通信功能。

第8章 总线仿真测试平台

总线仿真测试平台是一套基于C++和Qt实现的通用测试系统框架，是一个框架软件。

总线仿真测试平台可应用在各类产品研制、生产、维护的过程中，是用于辅助研制、测试、生产、维护的一套通用测试系统。该平台的硬件部分是各种总线通信卡、数据采集模块、信号输出模块；该平台的主要部分是软件系统，用于完成总线通信、设备交互、调试测试、数据存储查询、测试管理、自动化测试等相关工作，具有友好的用户开放扩展接口。

8.1　面向的领域

总线仿真测试平台面向工程研制领域中各类产品的测试，用于构建具体的测试系统。

8.1.1　总线接口测试

总线仿真测试平台来源于航天领域的电接口测试，在航天领域以外，具有总线通信功能的各类产品都可以套用电接口测试的思路。对于总线通信、模拟外部设备接口、生成外部激励信号这些测试功能，完全可以借鉴过来，构成一套既可以用于航天又可用于其他领域产品的测试平台。这套平台的特点是总线通信、模拟外部交互、有丰富的扩展机制，可以称为总线仿真测试平台。

总线仿真测试平台的主要设计思路是模拟外部交互，完成与被测对象的通信，基于通信、信号采集、信号输出等外部接口来执行测试。其原理如下。

（1）在被测对象对外通信功能中，反馈出被测对象的各种状态信息，作为测试依据。

（2）在被测对象对外通信功能中，被测对象接收控制指令，其指令是给设备的激励信号。

非数字量的数据，模拟量、开关量等输入/输出，也是被测对象的外部接口，可以基于扩展插件集成到框架中，符合上述原理。

计算机外总线完成计算机之间的通信、收发数据。车辆、船舶、卫星、火箭上的各类设备、子系统，都具有丰富的总线。这些设备依赖于总线通信执行各种任务，对于它们的测试，可以用总线通信验证各种工作状态、命令执行情况等，很多测试用例的设计也都通过总线执行，模拟外部的控制命令、接收设备的反馈数据包等。

总线的种类很多，在第 1 章中已经描述了常见的计算机外总线（见表 1-1 常见的计算机外总线）。

8.1.2　仿真测试

根据系统工程原理，复杂的系统工程可以拆分出多个分系统、子系统、设备等，在研制过程中，需要对它们进行测试，构建复杂或简单的测试系统。在这些测试系统的测试需求中，有些要模拟其他分系统、子系统、设备与被测对象进行交互，验证被测的分系统、子系统、设备的工作情况是否符合预期要求。

此时，测试系统的很多工作是模拟外部交互，也称为仿真测试，根据被测对象的外部接口（例如通信总线、开关控制信号、模拟量输入/输出）等来执行测试。总线仿真测试平台通过测试建模、插件等技术，实现了灵活、通用的仿真测试框架。

1．测试与仿真

在复杂的系统工程中，被测对象往往是整个系统中的一个部分。在测试这类被测对象时，测试系统要模拟被测对象的外部交互，模拟那些与被测对象有交互的系统、设备。此时的测试也是仿真测试，用硬件和软件来达到仿真测试的目的。

最常见的是航天领域的大工程。这些复杂的系统工程往往由多个系统构成，每个系统又有多个子系统，每个子系统又有多个设备。研制这类系统时，需要构建仿真测试设备进行辅助，常见的有地检设备、地面测试设备等。

2. 编写算法

软件实现有以下两种方式。

（1）编写算法，用算法生成数据、生成激励信号，根据模拟的真实情况使数据自动变化。算法越复杂，越接近真实，也越难以实现。

例如，卫星姿态控制的仿真测试需要由算法生成各种输入数据。

（2）没有算法生成数据，使用者输入数值、设置工作状态等。在总线仿真测试平台中，提供了这种手动修改数据、最简单的仿真功能。具体的仿真算法可以通过算法插件实现。算法插件越多，整个框架就越能满足更多的仿真需求。

3. 仿真原理——半实物仿真

测试系统与被测对象之间采用各种总线连接、各类信号的线缆连接。因此，测试系统的基本构成需要有硬件的总线通信卡、数据采集模块等，之后由测试系统中的软件来模拟总线通信、控制输出各类信号，此时便是硬件模块+软件模拟的半实物仿真（简称半实物仿真）。

半实物仿真举例如图 8-1 所示。

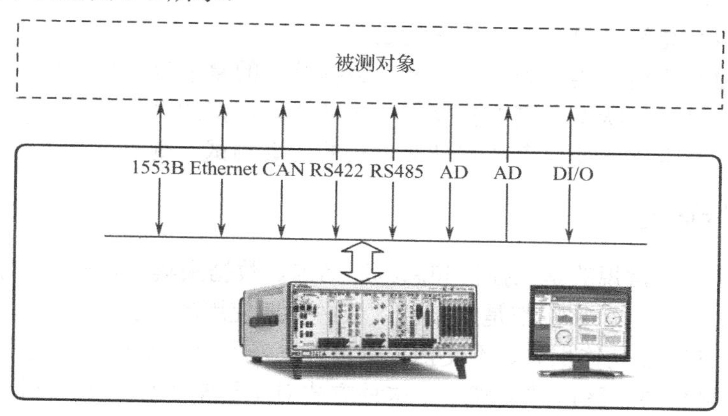

图 8-1　半实物仿真举例

半实物仿真针对总线通信，即模拟总线通信，具有如下特点。

（1）硬件之间建立物理上的线缆连接，实现各种总线连接。

（2）总线的电气特性、总线协议，必须与被测对象的外部接口要求一致。

（3）软件系统模拟总线通信，基于通信协议完成与被测对象的交互。总线通信协议必须完全一致，否则无法通信、达不到仿真效果。

4. 仿真原理——软件实现

硬件模块实现了基础的电气特性、建立了物理连接等。之后，需要用软件实现具体仿真功能。在工程研制领域中有很多仿真工具。不同的行业、不同的业务领域都有各自的仿真工具。在常见的可编程元器件开发技术中，有附带的仿真工具，通过简单的图形界面操作就能够搭建出软件的仿真环境、验证自己的逻辑代码。

在总线仿真测试平台中，基于测试建模、通信模块、算法插件，编写软件代码实现通信、模拟数据包、模拟指令包等功能。要模拟外部的交互，用户可以手动指定当前状态，发送的数据包，模拟的状态数据包；可以模拟真实设备难以出现的各类数据包，模拟各种故障情况，进而实现复杂的测试用例。

在总线仿真测试平台中，为仿真实现了基本的数据流程，实现了基础框架。

5. 仿真原理——测试模型

利用总线仿真测试平台中的测试建模功能，可以录入接口信息、数据流、控制流、数据包、参数、指令等，这些都是仿真会用到的数据项。仿真算法生成的数据包、使用的数据包，都对应到测试模型中的各个数据流、控制流、数据包、指令等。之后，这些仿真数据进入整个仿真测试框架，就可以使用各种插件监视、修改这些数据，达到仿真测试的目的。

6. 仿真测试的复杂度

使用仿真测试的原因有很多，例如降低成本、没有实际条件。如果有条件，完全可以用一套真实的外部环境。但是，在很多工程研制中，在前期没有真实测试环境，必须使用仿真的手段。例如，对于军工领域的工程研制中的各个系统、子系统、设备，在前期研制中只能构建仿真测试环境，只有到后期系统联调时，才能有真实的系统、子系统、设备。

影响复杂度的因素如下。

（1）具有多少种总线、模拟多少个总线通信。

（2）协议的复杂程度、实现到什么程度，数据算法的复杂度，算法能否实现。

（3）模拟多少种工作状态、模拟多少个响应指令，模拟的真实程度如何。

如果自动响应、自动改变自身状态是最真实的仿真测试，则复杂度也是最高的。

8.1.3　硬件运行环境

在硬件构成中，最常规的是工控机和总线通信卡、数据采集卡，即工控机+板卡。常见的有 CPCI、PXI 等板卡方式，它们都是在测试领域中长期使用的，也是稳定可靠的选择。然而，因为工控机+板卡的特点是体积大、不便携、费用较高，所以从小型化、便携方面考虑，可以使用各种 USB 转接模块、网口转接模块，这种方式对于日常工作的调试测试来说非常方便。

常见的工控机+板卡构建测试系统的方式如图 8-2 所示。

图 8-2　常见的工控机+板卡构建测试系统的方式

现今，因为在个人计算机上都具有 USB 和以太网接口，所以为了方便使用，各种厂家推出具有总线转 USB、总线转以太网的模块，例如 USB 转串口 422/485、USB 转 CAN、USB 转 1553B 等。在实时性、环境要求不严格的调试测试中，用个人计算机配 USB 转接器来搭建的测试环境也比较常见，可实现最便携、最小型、最方便的系统。

以便携方式构建测试系统，如图 8-3 所示的笔记本+USB 模块。

图 8-3　笔记本+USB 模块

以 USB、以太网等转接方式构建测试系统，具有如下问题。

（1）USB 的实时性：经过驱动程序的转接，实时性必然会下降。在实际应用时，要看被测对象对实时性的要求。转接后的指标能达到多少呢？对于几十毫秒的响应要求，采用转接方式应该没问题。

（2）在实时性方面：例如 CAN、1553B 本身是高实时性的，转 USB 或以太网，转接肯定是有代价的，高实时性、高可靠性的场景还是应采用工控机+板卡方式。在使用通信板卡的情况下，测试软件通过驱动程序直接操作硬件进行通信，没有经过其他转接，实时性高。

（3）以太网经过链路层、网络层、传输层，至少三层的转接，实时性肯定没有 CAN、1553B 的高，这也是很多高实时性的场景都使用了 CAN 和 1553B 总线的原因，例如飞机上的航电设备总线、卫星上的内部总线。

8.2　软件构成

用户在使用总线仿真测试平台的过程中，操作最多的是软件，在将硬件与线缆进行物理连接后，基本不会再操作，所以软件是最常使用的部分，软件的设计实现更能体现整个测试系统的好坏。

总线仿真测试平台在整个研制过程中，充分考虑软件的“易用性”，能够更好地协助使用者执行测试、完成日常工作、分析问题、排查问题；除了执行测试的基本功能，还有配套的数据分析、查询、导出等功能，可以更好地辅助用户完成测试工作。

根据实际情况，测试工作分为三个阶段。

（1）测试前：在执行测试前需要确认用例、确认状态。

（2）测试中：实际执行总线通信、采集数据、存储数据、执行指令、验证测试是否通过、是否符合要求。

（3）测试后：分析测试过程中的问题、查询导出数据、生成测试报告、回放复现测试过程。

每个阶段设计具有不同的软件项，每个软件项执行对应的工作。总线仿真测试平台软件构成如图 8-4 所示。

可将软件系统分成多个软件项，如测试建模软件、测试服务框架、测试执行框架、插件系统、数据后处理软件；划分职责，每个软件项只负责一部分工作。

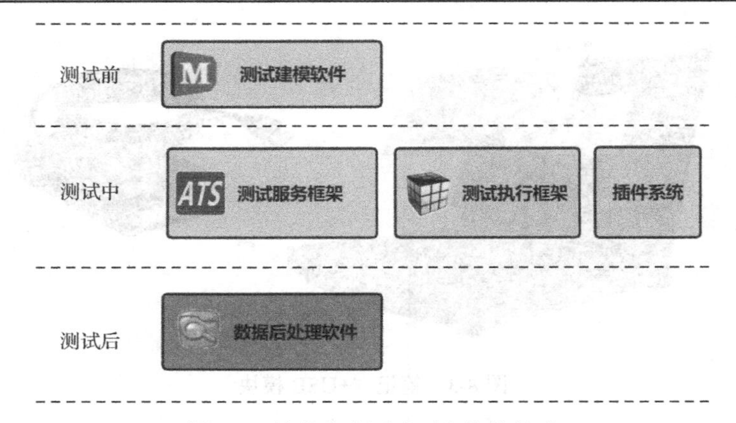

图 8-4　总线仿真测试平台软件构成

这些软件项的功能多、业务逻辑丰富。在测试前，录入各种信息等由测试建模软件完成。在测试中，由测试执行框架与测试服务框架配合完成手动测试、自动化测试等工作。在测试后，通过数据后处理软件，完成数据分析、数据后处理、报告、测试回放等工作。

在软件的具体实现方面，基于 C++和 Qt 实现的一套框架软件，使用了大量 C++和 Qt 的技术内容，在第 2 部分中已描述了几个关键技术主题，本部分描述整个平台的设计实现。

1. 测试建模软件

用户在测试前使用测试建模软件输入各种信息。

2. 测试服务框架

为了满足多人同时执行测试、分布式测试的需求，总线仿真测试平台设计成服务器/客户端模式，测试执行框架是客户端，测试服务框架是服务器。测试服务框架是一个可以在后台工作的服务程序，实际上与硬件打交道，负责通信、客户端的连接、数据转发等工作，负责数据存储、日志存储等工作。

测试服务框架具有如下特点。

（1）在测试服务框架中，会加载通信模块，能够基于通信模块进行扩展，使测试服务框架能够方便扩展、支持不同硬件平台、扩展不同的通信协议。

（2）为了方便单机测试使用，测试服务框架设计了一个界面，能显示运行日志、当前工程，在界面中具有其他软件项的启动链接，方便使用。

（3）设计为系统托盘程序，可以隐藏到后台，需要时再显示出窗口。

测试服务框架也是一个框架软件，基于框架和插件的设计方法，其中的插件是通信模块等。通信模块能够执行与被测对象的通信功能，在通信模块中实现对应的总线通信协议。

在实现总线通信协议后，总线仿真测试平台可以根据测试需求，生成测试数据、模拟工作状态；用户也可以通过内部指令设置工作状态、测试数据，模拟一个外部系统、设备，进而实现仿真功能。

3. 测试执行框架

在测试工作中使用最多的是测试执行框架。测试执行框架面向使用者，在日常测试工作中用于完成测试。测试执行框架是基于工程、账号等机制，实现的一个配置化框架软件，它支持每个账号与工程有自己的界面、展示效果、功能组成。

使用测试执行框架的组态功能，可搭建一套针对具体需求的测试系统。基于插件机制，可以对测试执行框架进行扩展，使测试执行框架能够灵活地满足各种需求。

在测试执行框架中，支持图形拖曳操作、所见即所得的方式，编辑、生成界面，便于使用；同时，内置多套默认界面，可以直接使用。

在第 11 章“测试执行框架”中，将详细介绍具体实现。

4．插件系统

在整个总线仿真测试平台中有多种插件，这些插件分别对应一部分的扩展需求。除了插件扩展，还有很多配置化扩展方式，主要配置测试模型，通过测试模型实现配置化扩展。插件分为以下几种。

（1）控件系统：在测试执行框架中可以使用的插件统称为控件。

（2）通信模块：在测试服务框架中，根据测试模型的接口属性，执行通信功能的通信模块。

5．数据后处理软件

用户在测试完成后，用数据后处理软件查询数据、查询日志、生成报告等。

8.3　功能组成

在总线仿真测试平台中包括各种配置参数、组态框架、数据展示的插件、通信模块等。第 1 章描述了功能齐全的测试系统，总线仿真测试平台是一个功能齐全的测试系统。参照第 1 章中对功能齐全的测试系统的描述，核对本总线仿真测试平台。

1．多进程、多平台、分布式运行

总线仿真测试平台有多个软件项，每个软件项都是一个进程，可以分别运行在不同的计算机上，满足多进程、多平台、分布式运行的需求。

2．多平台、多操作系统、可移植性

基于标准 C++研发，使用跨平台图形界面库 Qt 技术，支持 Windows、Linux 等操作系统；满足多平台、多操作系统、可移植性的需求。

3．高度可配置功能模块

基于测试模型、测试建模、组态、插件等技术，提供丰富的配置功能，以及总线通信、数据解析功能，通过配置这些功能实现可配置功能模块。

4．功能的可扩展性、可重用性

平台的基础架构是框架和插件。插件实现各种功能，框架提供插件的开发接口，用户可自行开发插件，使平台具有功能的可扩展性、可重用性。

5．丰富的测试控制语言

测试控制语言是面向用户的语言，可用于测试流程、测试控制等复杂测试场合。平台框架提供丰富的测试控制语言。

6．实时存储数据、回放数据

测试服务框架具有实时存储数据功能，测试执行框架具有回放数据功能。

7．单一集中式多用途数据库

存储系统既支持文件存储也支持数据库存储。数据库可以部署在任意计算机上，简单的使用场景可以使用文件存储，复杂的使用场景可以使用数据库存储。

8．方便易学的人机接口

软件系统具有方便易学的人机接口，可提高用户体验满意度。

8.4　特点

总线仿真测试平台是一套功能强大、组成丰富的软件平台，实现了很多测试功能，能够满足各类测试需求。

总线仿真测试平台基于框架软件技术实现，除提供常见的功能外，还提供测试建模、测试脚本、图形化编程等功能，同时具有表格化、免安装、虚拟参数等，可有效地提升软件的易用性，使软件功能强、好用、易用。

8.4.1　测试建模——更加通用

通用化测试建模方法：基于被测对象的总线接口、通信属性、通信格式、数据格式、指令集、测试用例，建立被测对象的测试模型，用模型描述这些内容，形成标准化的测试模型、统一的描述方法。

总线仿真测试平台在运行时，加载程序库、加载测试模型、执行对应的功能，以满足具体测试需求，使总线仿真测试平台成为一套通用化测试系统。测试建模举例如图 8-5 所示。

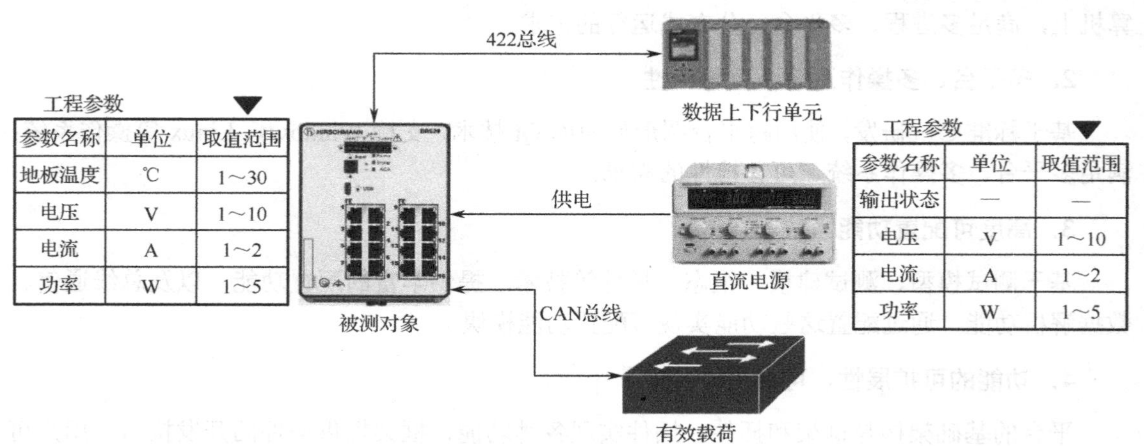

图 8-5　测试建模举例

被测对象千差万别，缺乏一种有效的通用化方法。为此，使用测试模型可以解决这个问题。

基于测试模型，可使总线仿真测试平台真正实现通用化。

1. 数据流、控制流、数据包

分析通信协议，整理出其中传递的数据流、控制流，用表格文件定义出数据包，录入测试模型中，在测试过程中采集的实时数据可以映射到测试模型中的数据流，进而使实时数据进入系统中，供解析、存储、显示、判读。

2. 数据值、参数值

在测试中最关注各类数据值、参数值。在将各种参数属性化后，可以定义很多属性。在处理实时数据时，可根据参数属性进行自动解析、计算，解析出的值有原始值、计算值、含义值等，可满足多种计算要求、处理要求。

3. 指令

总线接口测试中最重要的功能是发送指令，由软件提供的功能可定义出各种指令，可管理指令、定义指令包格式、增加指令、自动组合数据包，可将指令组合为指令序列，设置延时、执行时刻等，方便使用。

4. 通信仿真功能

基于测试建模中建立的总线接口、遥测参数、指令定义、通信属性等，能够实现通信仿真功能，可使整个通信仿真模块更加灵活、好用。

8.4.2 测试脚本——自动化测试

基于测试脚本的自动化测试，可以满足各种复杂的测试需求。

内嵌测试引擎用于解析、执行测试脚本，能提供丰富的测试函数库，满足各种测试流程需求。测试引擎支持扩展，能够通过扩展来丰富测试函数库，可以用多种语言，包括 C++/LabView/Matlab 等来编写测试函数库。测试引擎也支持多个测试同时执行，达到了并行测试的目的。

1. 容易编写脚本

软件平台中有多种编辑测试脚本的功能，适合不同的用户使用。这些功能可以降低编写脚本的复杂度，使无编程经验的用户通过简单培训就能编写测试脚本、执行测试脚本。

例如，内置的表格化编辑测试脚本的功能，以填写表格的方式创建测试脚本，直观且便于编辑；创建测试脚本后，还可以在表格中执行脚本、显示脚本执行结果，方便无编程经验的用户使用测试脚本功能。

2. 图形化编程

图形化编程基于图形拖曳、鼠标连线、输入/输出设置等方式，生成、编辑、展示脚本。图形化编程有如下特点。

（1）基于流程图的方式，生成顺序执行的脚本代码。

（2）包括开始、执行、循环、条件判断、结束等图元组成。

图形编程——执行测试流程如图 8-6 所示。

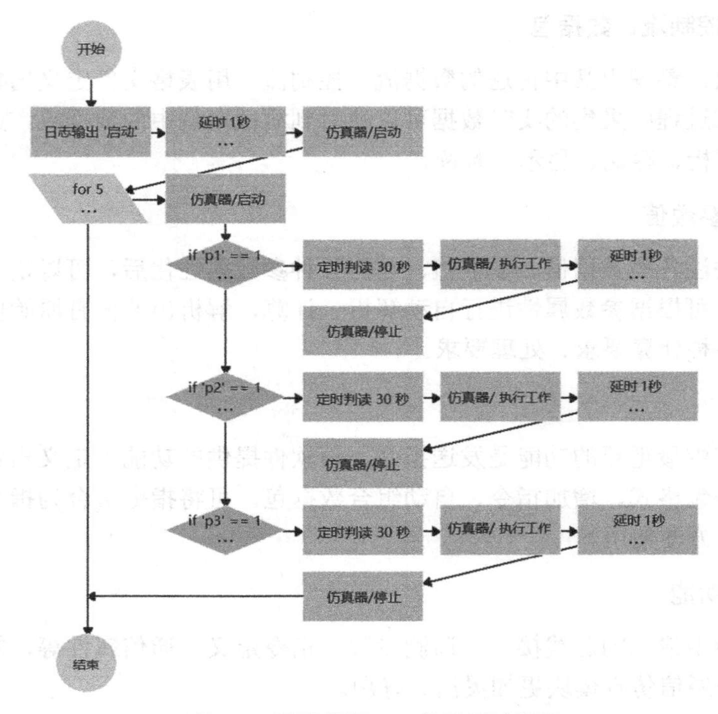

图 8-6 图形编程——执行测试流程

3. 表格化测试脚本

内置的表格化测试脚本编辑功能极大地降低了编辑测试脚本的复杂度，非常容易使用。用二维表格显示、编辑、执行测试脚本，集编辑、显示、执行为一体，是总线仿真测试平台的主要特色。该功能提高了软件用户体验满意度。

测试脚本也支持 Excel 表格文件的导出、导入，可以便捷地使用、复制、替换测试脚本。

执行、展示形式如下。

（1）层级缩进表示作用域，例如条件判断、分支执行。

（2）用图标区分函数调用、循环、判断、变量等代码元素。

（3）各列由步骤、延时、循环次数、移除、编辑、执行时间等描述脚本代码的组成、执行信息。

测试脚本表格化控件如图 8-7 所示。

4. 测试脚本文本

脚本代码执行功能用于实时执行脚本代码，能够直观显示当前的执行情况。

执行脚本代码的最大不便是不知道执行情况，给人感觉是个黑匣子，不知道内部情况，用户体验满意度不高。为提高用户体验满意度，需要改变这种情况。加入执行过程观察功能，使用户能够知道执行的进展、每个测试函数的执行结果及重要的执行时刻。

显示内容包括当前脚本所在行、历史执行步骤、每个测试函数的执行结果；用图标显示是否通过、显示执行时刻，便于测试用例执行。测试脚本文本执行如图 8-8 所示。

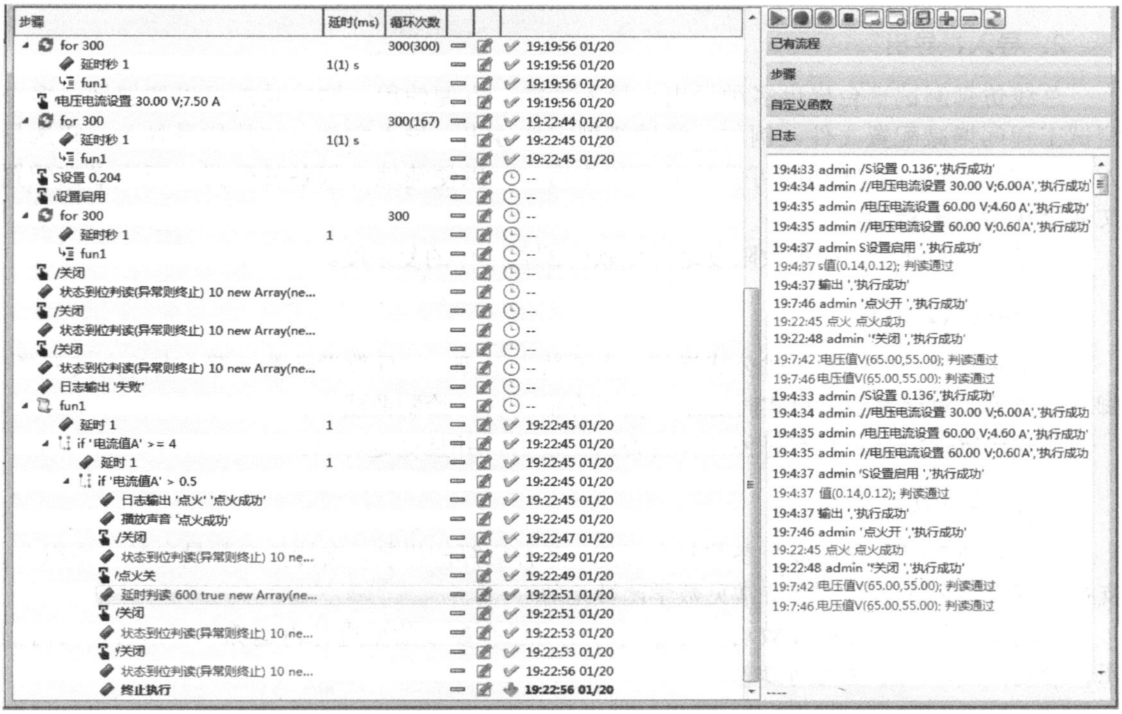

步骤	延时(ms)	循环次数	时间
for 300		300(300)	19:19:56 01/20
延时秒 1	1(1) s		19:19:56 01/20
fun1			19:19:56 01/20
电压电流设置 30.00 V;7.50 A			19:19:56 01/20
for 300		300(167)	19:22:44 01/20
延时秒 1	1(1) s		19:22:45 01/20
fun1			19:22:45 01/20
S设置 0.204			--
设置启用			--
for 300		300	--
延时秒 1	1		--
fun1			--
/关闭			--
状态到位判读(异常则终止) 10 new Array(ne...			--
/关闭			--
状态到位判读(异常则终止) 10 new Array(ne...			--
/关闭			--
状态到位判读(异常则终止) 10 new Array(ne...			--
日志输出 '失败'			--
fun1			--
延时 1	1		19:22:45 01/20
if '电流值A' >= 4			19:22:45 01/20
延时 1	1		19:22:45 01/20
if '电流值A' > 0.5			19:22:45 01/20
日志输出 '点火' '点火成功'			19:22:45 01/20
播放声音 '点火成功'			19:22:45 01/20
/关闭			19:22:47 01/20
状态到位判读(异常则终止) 10 ne...			19:22:49 01/20
/点火关			19:22:49 01/20
延时判读 600 true new Array(ne...			19:22:51 01/20
/关闭			19:22:51 01/20
状态到位判读(异常则终止) 10 ne...			19:22:53 01/20
/关闭			19:22:53 01/20
状态到位判读(异常则终止) 10 ne...			19:22:56 01/20
终止执行			19:22:56 01/20

已有流程
步骤
自定义函数
日志

19:4:33 admin /S设置 0.136','执行成功'
19:4:34 admin //电压电流设置 30.00 V;6.00A','执行成功'
19:4:35 admin /电压电流设置 60.00 V;4.60 A','执行成功'
19:4:35 admin //电压电流设置 60.00 V;0.60A','执行成功'
19:4:37 admin S设置启用 ','执行成功'
19:4:37 s值(0.14,0.12); 判读通过
19:4:37 输出 ','执行成功'
19:7:46 admin '点火开 ','执行成功'
19:22:45 点火 点火成功
19:22:48 admin '关闭 ','执行成功'
19:7:42 电压值V(65.00,55.00); 判读通过
19:7:46 电压值V(65.00,55.00); 判读通过
19:4:33 admin /S设置 0.136','执行成功'
19:4:34 admin //电压电流设置 30.00 V;6.00A','执行成功'
19:4:35 admin /电压电流设置 60.00 V;4.60 A','执行成功'
19:4:35 admin //电压电流设置 60.00 V;0.60A','执行成功'
19:4:37 admin 'S设置启用 ','执行成功'
19:4:37 值(0.14,0.12); 判读通过
19:4:37 输出 ','执行成功'
19:7:46 admin '点火开 ','执行成功'
19:22:45 点火 点火成功
19:22:48 admin '关闭 ','执行成功'
19:7:42 电压值V(65.00,55.00); 判读通过
19:7:46 电压值V(65.00,55.00); 判读通过

图 8-7　测试脚本表格化控件

指令	北京时	执行时	状态
for (var i=0;i<20;i++)	--	--	--
{	--	--	--
var obj = CatchPack('数据生成器', '遥测');	11:56:50 05/17	0:1:0	完毕
	--	--	--
obj.readNew();	--	--	--
	--	--	--
sleepEx(3);	11:56:54 05/17	0:1:4	完毕
	--	--	--
print('日志', obj.value('电压'));	11:56:54 05/17	0:1:4	完毕
}	--	--	--
	--	--	--
sleepEx(10);	11:57:04 05/17	0:1:14	完毕

图 8-8　测试脚本文本执行

8.4.3　更加好用

总线仿真测试平台的设计在软件细节方面花费了很多心思，使软件更加好用，以实现更高的用户体验满意度。具体体现在以下方面。

1. 表格化

具有直观好用的表格化编辑功能。二维表格是最直观的编辑方式，用二维表格可以描述各种复杂的事物且易于理解与使用。总线仿真测试平台中大量的复杂数据录入采用了二维表格，克服了传统测试软件的复杂配置、复杂录入、复杂编辑等不好用的缺点。表格化编辑功能支持各种表格文件（包括 Excel 文件、CSV 文件等）的导入、导出，提高了易用性。

2. 导入、导出

总线仿真测试平台提供多种导出、导入功能，方便使用。这些功能可以便捷地在多个测试工程间增减配置文件。例如，测试模型支持导出、导入文件，支持增量导入、筛选导入等。这些导出、导入功能可供外场试验使用，可以便捷地升级各种配置，而不必在配置文件上花费很多精力。

总线仿真测试平台能最大限度地降低软件配置工作的复杂度。

3. 实时公式运算

对实时数据可以进行实时公式运算，支持数学运算、常见数学函数运算，支持定义变量、脚本函数等。对运算结果可实时显示、实时存储、实时绘制曲线。

公式运算性能高，具有每秒计算百万次的能力，并且稳定可靠。

4. 虚拟参数

虚拟参数功能可提供多个参数复合运算、多种运算的机制，支持任意数量参数自由组合、支持常规数学公式运算、支持常见数学函数运算。

在测试过程中，虚拟参数功能可以实时地对已有参数数据进行再运算、再组合，实时显示、绘制曲线、执行区间判读等。

5. 容易升级

软件实现了即插即用、方便更新升级。软件系统采用完全模块化设计，以插件形式提供功能，各个功能分布在不同插件中，只需要更新插件，不需要更新整个软件包。

测试模型文件向下兼容，升级版本不影响测试模型文件。因此解决了很多软件系统因配置文件不兼容，在升级软件后导致原有配置不能识别等一系列问题。

6. 免安装、绿色版本

很多软件系统需要执行复杂安装步骤、依赖于外部环境、安装数据库、安装第三方软件库等，会导致很多因软件环境引起的问题。总线仿真测试平台提供绿色版本，解压缩后可直接使用，不需要安装任何外部依赖环境，提高了用户体验满意度。

7. 本地文件存储

软件平台不依赖于数据库软件，内置了文件存储系统；支持本地文件存储，实时存储数据到磁盘文件中，基于文件数据源的查询、导出、回放、显示等；免于安装各种数据库软件，避免引入数据库后出现各种复杂软件环境问题。

8. 组态软件技术

总线仿真测试平台基于组态软件技术，其测试执行框架支持以简单拖曳方式创建用户界面，根据权限、账号自由组合软件的功能；具有极高的灵活性，无须编码，简单易用；内置的组态内核模块提供强大的组态功能，控件系统提供各种功能插件。

9．支持 Windows 主流版本、Linux 操作系统

总线仿真测试平台能够稳定、无差别地运行在 Windows 主流版本（包括 Windows XP/Windows 7/ Windows 8/ Windows 9/Windows 10）上；基于 Qt 研发，能够稳定、无差别地运行在 Linux 操作系统上；能够运行在支持 Qt 的各种操作系统上。

10．支持单机版、网络版

总线仿真测试平台既支持单机版也支持网络版。单机版指只运行在一台计算机中的测试软件，只有一个使用者操作这台计算机执行测试。网络版指在局域网内有多台计算机运行测试软件，有多个使用者分别操作不同的计算机协同执行测试，此时测试软件也需要有服务器和客户端，使测试软件支持多个用户使用。

每个账号有自己的界面、功能，每个人执行自己的测试。总线仿真测试平台具有测试管理、并行测试、账号管理、权限分配等丰富功能。

11．支持多数据库

总线仿真测试平台的网络版支持数据库存储，支持 DB2/Oracle/MySQL 等主流关系型数据库。基于数据库驱动组件技术，不需要修改软件源码，就能支持多种数据库，实现无缝衔接、简单切换。

8.5　优势

总线仿真测试平台经过多个测试系统项目的验证，服务了众多用户，并且得到用户认可，帮助用户创造了更多价值，是一套持久、稳定、可靠、可信赖的测试系统框架。

1．定位

总线仿真测试平台定位为一个基础的框架软件、软件平台。可以以此为基础，根据具体测试需求，再开发出针对性的测试系统。

在总线仿真测试平台中，已将总线测试的共性功能实现到软件中，在具体的测试系统中不需要重复实现。这些功能包括总线通信、数据采集、指令管理、数据存储、数据查询等。之后，以各种功能插件形式进行扩展，用插件应对特例化需求。

2．比较

在测试领域中，有各种厂商、各种测试系统产品，竞争激烈。在这种情况下，微小型企业的测试系统可以在有限的投入下做出自己的特点（包括产品本身和做好服务）。

（1）产品本身，既可以追求大而全，也可以追求做好一个方面。小团队的投入有限，做一套庞大、复杂的系统，资金投入划不来。

（2）将功能细节做好，尽可能好用，细节决定成败。

（3）做好服务，积极响应用户、配合用户。用户在实际使用过程中提出的改进想法往往是有价值的，可以把这些改进吸收到自己的系统中。

（4）细节做得好、服务做得好，才能得到用户的认可，才能在市场中占有一席之地。

3. 用户不关心技术

需要使用测试系统的用户想要的是结果，不会关心采用什么开发技术，只要能达到目的就好。用总线仿真测试平台高效、稳定地搭建一套测试系统，满足用户的要求就足够了。

实现测试系统时，应针对一个具体的测试需求，选择自己的技术路线，实现系统完成目标。

第 9 章　系统架构设计

总线仿真测试平台是一套可以应用在多种场景中的测试系统框架。从单机调试测试的调试工具软件到批量生产的自动化测试系统，总线仿真测试平台都能用来满足需求。这些场景包括从简单的应用到复杂的大系统，涵盖了差别巨大的各种需求。总线仿真测试平台的基本思路是：通过配置化、框架软件来满足各种需求。

对于能应对多种测试场景的总线仿真测试平台，其架构设计非常复杂，要考虑应对各种测试场景。本章对总线仿真测试平台从设计理念开始，详细描述面向使用者的设计、面向实现的设计等内容。

9.1　设计理念

设计之初应先有理念，你希望自己的系统是什么样的？可以有很多形容词：功能丰富、简洁、臃肿、复杂等。你的想法最重要，想法来源于对之前接触的事物的观察、使用、理解、认知，然后有了你自己的想法。

在产品设计过程中需要设计理念，常见的设计理念是“好用”“功能丰富”“用户体验满意度高”等，但这些还不够具体。关于总线仿真测试平台的设计理念，根据以往的经验总结为轻量化、简便化、自动化，作为整个系统设计的理念、依据、准则。在遇到设计问题举棋不定时，依据这三个理念就可以得到答案。

设计有两个部分：产品呈现给用户的功能设计、面向软件开发人员的软件设计。这两个部分都要用到这三个理念。

9.1.1　轻量化

轻量化指系统不应太复杂、不能臃肿，应少依赖于其他各种硬件环境、软件环境。

（1）不要安装很多依赖程序，依赖多会导致一些问题。例如，会导致软件异常且不好定位问题。如果依赖库的版本不对（交叉依赖会导致版本混乱），也会导致软件异常且不好定位问题，并且版本管理非常麻烦，如安装数据库软件，首先需要确认操作系统的版本、数据库软件版本、安装 64 位或 32 位版本，然后需要安装数据库驱动组件等，非常烦琐。因此，软件的外部依赖应少，不要大量依赖于安装第三方软件环境。

（2）软件系统安装要简单、程序要小。如果程序很大，则需要硬盘空间，复制、解压缩、安装都很耗时，最好支持绿色、免安装、小版本。

（3）在软件启动时、使用过程中，不依赖于其他软件项，可使软件易于使用、不容易出错。

（4）功能不要臃肿，不要设计一堆花哨、好看而不实用的功能。功能在于精炼而不在于多，应防止过度设计。

1．一定要改进

用户、产品研发人员、产品售后人员，特别反感复杂的系统，因为会耗费他们大量的时间和精力。因此，首要的设计要求是，一定不要设计很复杂的系统。存储部分支持文件系统、数据库系统，这也是轻量化的一部分，系统不应依赖于数据库，即没有数据库也可以使用测试系统。

2．具体表现

在总线仿真测试平台中，具体表现包括：

（1）该平台不依赖于数据库，没有数据库仍然可以运行；支持文件存储、数据库存储。

（2）该平台绿色、免安装，解压缩后可以直接使用。

（3）该平台能在 Windows 各个版本上运行，包括 Windows XP/Windows 7/Windows 8/Windows 9/ Windows 10。

9.1.2　简便化

简便化指软件功能简洁直观、上手快、易于使用。

（1）在用户常用的主界面上，尽可能把屏幕用于显示用户关注的各种数值、指令，而不是用于显示软件本身的各种图标、按钮、提示等不常用的内容。

（2）界面的文字提示、点击按钮的次数、界面切换、鼠标滑轮使用次数等，都要精简，具体有很多细节和措施。

对各个功能的细节一定要仔细调整，在总线仿真测试平台中的具体表现包括：

（1）在登录窗口中，可以记录账号、密码，可以选择工程。在一个登录窗口中，集中多个操作并给出默认值，以下一次免输入等。

（2）显示简洁：测试软件界面的左侧显示指令、流程、用例，右侧显示执行结果、日志、实时值，上方显示标题栏、菜单、几个按钮和状态提示信息。

（3）在主界面左侧的指令窗口中，单击指令图标，可直接发送指令，不需要重复弹出窗口、重复选择。

9.1.3　自动化

现代软件系统有很多配置文件、配置功能，这些配置很复杂、烦琐，需要使用各种关键字、各种格式。因此，应该支持配置功能自动化。例如，配置内容提供默认值，软件可以自动生成默认配置。具体包括：

（1）系统的配置功能应自动化，系统的大量配置可以有默认值，不需要用户手动输入，程序应给出默认值、自动生成默认配置。

（2）例如通信接口节点，在输入接口类型后，该接口支持的数据流、控制流也是已知的，所以可以自动生成一些配置。

（3）界面输入框可以给出默认值，界面要有默认值可用。

在总线仿真测试平台中，一些表现如下。

（1）对于建模软件中通信接口的各种配置，添加通信接口后能够给出默认配置，不需要人工一个一个地添加。

（2）编辑各种配置参数时，界面上有直观的提示信息，不需要查阅手册。

（3）在自动执行测试功能中，可以使用脚本自动跑完所有测试用例。

9.1.4 终极目的——好用

这些设计理念的终极目的就是好用。好用是任何产品的终极追求。

产品除具有功能外，还要好用。互联网、手机、电子设备等都在不断地取代传统生活方式，因为它们更好用、更能让用户接受。测试系统也要做到好用，即便这不是大众消费型产品，好用仍然很重要。在任何需要销售的产品中，好用是设计的首要准则。好用要以满足基本设计目标为前提。

（1）好用是整个产品研制的重要部分，应该安排到研制计划中。

（2）有些好用的改进确实会提高设计的复杂度，可以根据实际情况权衡。若真的太难实现则放弃。

1. 重视用户体验满意度

用户体验满意度很重要。现在，各种互联网应用程序、手机应用程序在用户体验满意度上下足了功夫，用户体验满意度高是其竞争优势。在测试系统这种传统行业的软件系统中，也要重视用户体验满意度。即使与互联网应用有区别，也要重视。

传统行业（航空、航天、船舶、车辆）中的各种应用软件，注重的是解决实际问题、具有丰富的功能、能完成任务，至于用起来方不方便是可以商量的。应该向互联网应用学习，重视用户体验满意度，让用户更愿意使用我们的系统，提升自己的竞争优势。

2. 问题

有些组织把用户体验满意度归属于产品经理的工作，由产品经理负责。在这种情况下，一是要有产品经理，而且他能给程序员约定好细枝末节；二是有明确要求，要求产品的用户体验满意度高。如果做项目，用户体验满意度往往由程序员把握，此时他会认为首先要满足用户的要求，以后再考虑用户体验满意度，这不是很好的处理方式。

提升产品的用户体验满意度很难的原因如下。

（1）用文档难以约定清楚，基本没有这么细致的文档。例如，难以约定在输入框中未输入值时是弹出对话框，还是在输入框后面标红提示，以及提示文字内容、字体、大小、颜色等。在多数情况下，程序员手中的文档不会这么细致。

（2）有人瞎指挥，容易发生冲突。例如，产品经理坐到程序员身边，指点如何修改程序，但他不是专业人员，所以既浪费时间又容易导致冲突。

特别是对于传统行业，如航空、航天，程序员实现的内容必须与文件保持一致，虽然在实现功能时发现某个功能太难用，有一些更好的实现方式，但此时他也不能改，程序员必须按照文件实现。程序员按照要求实现了功能，做得很好，但使用这个功能的人会非常不满意。

修改程序涉及开发方式、开发流程等。规划功能的人不如一线的开发人员接触功能多，而一线的开发人员是使用功能最多的人，开发人员更清楚功能好用不好用。此时，应信任开发人员，重视开发人员的话语权、弱化规程文件。

传统行业遵循严格的开发规程体系、开发规程文件，每个阶段修正上一个阶段的输出需要通过很多流程。例如，若要修改编码开发时依据的需求文件，则必须通过各种审批、评审流程。完全依赖于需求文件的开发方式并非好的开发方式。

改进开发方式的一个方法是，重点考虑功能的实现者、测试者、使用者：首先是程序员，然后是测试员，最后是实际用户。项目组人员应互相交换使用他人的功能，提出改进建议。

3．简单的方法

有很多关于改进用户体验满意度的书籍，介绍具体的理论和方法，适合产品经理阅读。开发人员也需要掌握一些理论与方法。简单、有效地提升用户体验的方法如下。

（1）减少用户的操作次数，例如减少点击鼠标的次数。

（2）在界面的显著位置显示关键信息，例如在输入框中显示提示信息，不要频繁地弹出异常提示框，最好在界面显示异常信息。

（3）减少或者优化不必要的弹出提示框，经常弹出提示框，容易让人反感。

（4）有一些功能受开发技术的影响，不好实现。在有限的技术条件下，尽可能实现它们。

（5）多在界面显示一些有用的帮助信息，既能给用户提示，也能供技术人员排查问题使用。

9.2 技术选型

实现总线仿真测试平台，首要的工作是技术选型，包括硬件平台、软件环境、编程语言等。

9.2.1 硬件平台

总线仿真测试平台必须依赖于硬件模块（包括计算机、总线通信卡，选择各种常见的工控机、总线通信卡）。对具体的厂家、选型不做要求，可以根据实际应用场景来选择，给软件添加适配插件，所以重要的仍然是软件设计。

硬件选型如下。

（1）可选择常见的办公用个人计算机、工控机，因为软件系统已经在操作系统层面上进行了隔离，所以对硬件平台的依赖不大。需要考虑的是，如何将各种总线通信卡接入系统中。

（2）工控机的 PXI、CPCI 等通信卡需要安装对应的驱动程序，在软件系统中加入各通信卡对应的通信模块。

（3）USB 转接系列模块、以太网转接系列模块不需要安装驱动程序，在程序中可以直接调用操作系统的相关函数（socket 函数、串口函数）就能够使用这些模块，例如常见的 USB 转串口模块、CAN 转网口模块等。

操作系统是硬件平台的组成，常见的操作系统有各版本的 Windows、各种 Linux 衍生操作系统、非大众的不常见的国产操作系统。因为国产操作系统多数是 Linux 的衍生操作系统，所以支持 Linux 操作系统后，也能支持大部分国产操作系统。

9.2.2 C++和 Qt

有很多种开发计算机软件的程序设计语言，如 C++、Java、C#，它们都是功能强大、应用面广的编程语言。总线仿真测试平台采用 C/S（客户端/服务器）模式的 C/S 类软件，软件运行中会涉及大量的计算机硬件资源操作，必须基于本地应用程序方式的 C/S 模式，不能使用网页的 B/S（浏览器/服务器）应用程序。工业应用领域的软件系统常用 C++开发，综合这些因素选择 C++作为程序开发语言。

图形界面库 Qt 是用 C++编写的跨平台的图形界面库，是 Linux 环境中事实上的图形界面开发标准。Qt 在工业领域中的应用十分广泛。同时，Qt 中有各种技术主题，这些技术主题能够支持大型复杂的软件系统研制。基于这些原因，使用 Qt 作为图形界面库。

9.2.3 JavaScript

测试系统中有脚本运算的需求，选用解释执行的脚本语言 JavaScript。JavaScript 的流行度高，其语法类似于 C/C++/Java，易用、上手快，只要有一些编程基础就可以很快使用它。同时，C++和 Qt 程序中内嵌 JavaScript 的库也比较多，在程序中应用起来的技术难度也不高，可以选用 JavaScript。从易用、资料多、技术难度等角度考虑，都应该选用 JavaScript。

JavaScript 具有语法简单、面向对象编程、弱类型检查等诸多脚本语言的优点，很容易上手使用，经过简单的培训即可使用，也满足仿真测试系统中的脚本需求。

流行的脚本语言很多，这些年流行的 Python 在大数据、人工智能、云计算等领域中已经是事实上的标配了，图形界面库 Qt 也被封装到 Python 中。但为什么不选择 Python 呢？因为 JavaScript 存在近三十年且一直非常流行。并且，使用环境简单，有浏览器就可以执行 JavaScript 代码。

选择 JavaScript 基于如下综合考虑。

（1）JavaScript 的流行时间长，是 Web 开发前端的标准技术、浏览器中的标准语言。

（2）JavaScript 的语法简单，容易使用。

（3）环境容易搭建，只要有任何一个浏览器就可以执行、调试 JavaScript 代码。

（4）总线仿真测试平台是一个框架软件系统，对性能、稳定性有要求，脚本引擎应稳定、高效，有 Google V8 就可以满足这些要求。

9.3 整体架构

在测试系统的应用场景中，包括了在个人开发计算机中的调试测试、测试阶段的测试验证、生产阶段的自动化测试，可以用一套架构来应对这些应用场景。首先，分析各个场景的使用特点、工作流程、需求特点；然后，就可以分析出共性的内容，将共性的内容作为系统的基础功能，用插件应对差异化，形成一套由框架和插件组成的框架软件平台，以应对各个场景的需求差异。这样，就用一套架构应对了多种应用场景。

1. 需要解决的问题

在应用场景中，面对总线通信的差异，需要解决以下问题。

（1）硬件主要解决总线通信问题，不同的应用场景可有不同的硬件选型，软件模块要适配硬件。

（2）因为通信协议不同，所以软件要灵活适应具体的通信协议。

（3）硬件选型改变之后，应不影响上层的应用，不应导致大量修改代码。

2. 框架软件

测试系统的框架软件由框架和插件组成。可将自动化测试功能做成插件。若在调试测试场景中不需要自动化测试，则不提供这个插件，只提供调试测试相关插件。

框架的功能包括数据采集、数据解析、数据存储，插件加载、初始化。框架向插件提供的服务包括发布实时数据、发送指令包、支持插件间的访问。

插件类似于计算机上的各种板卡，即插即用。

框架软件中的框架和插件如图 9-1 所示。

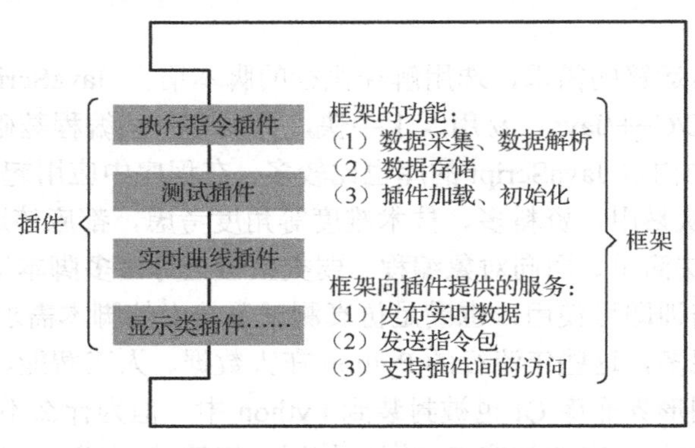

图 9-1 框架软件中的框架和插件

3. 服务器和客户端

在自动化测试时，会有多客户端的情况，会有与其他各种系统对接的情况，需求如下。

（1）需要支持服务器和多客户端模式，此时的存储需要使用数据库。

（2）考虑扩展的需要，服务器端加载通信模块，完成与被测对象的交互。

9.3.1 概念设计

好的概念可以使一套系统更高级。总线仿真测试平台中用到以下概念。

1. 配置化

将测试系统中的公共输入、设置参数、可配置内容作为配置文件，具体配置如下。

（1）在总线仿真测试平台中定义一套文件格式，描述测试相关的组成，作为测试系统的基础输入、测试运行的基础。参见 9.4 节“测试模型”。

（2）脚本执行功能，用脚本代码顺序执行测试，达到流程化的目的，支持顺序执行、条件判断、循环执行等。

（3）对于界面 UI 配置文件，针对具体测试需求可以自己编辑一套界面、功能，如显示的列表、图标、曲线图、仪表面板、使用的指令集合等。

2. 脚本化

在软件系统中，脚本是一种提供给用户的扩展手段，用脚本可完成易变的、灵活的、差异化的业务流程。

在总线仿真测试平台中，应用脚本的情况包括两部分：一是数值解析，二是测试流程。这对应了以下两种使用脚本的需求，可让用户自己编写脚本、实现功能。

（1）数值解析的需求。例如，很多传感器的测量值需要用公式计算将原始值转换为含义值。

```
var temp = X*1200+0.0123
temp + "℃";
```

（2）测试流程的需求。在总线仿真测试平台中需要用脚本执行测试业务流程。例如，在执行环境测试时，根据时间轴顺序执行测试流程，执行发送指令、判读数据、延时、报警提示等。这时非常适合使用脚本。

```
Ins('开机指令')
Sleep(60 * 1000)
bjTime(2021,09,21);
Play('执行完毕');
```

测试脚本通常有一定的复杂性，要求一线人员掌握编写脚本的技能，这会增加他们的工作量，从而影响使用脚本功能。改进如下。

（1）表格化编辑、展示脚本代码。

（2）图形化编程，用图形拖曳生成脚本。

3．插件化

插件化包括以下内容。

（1）将与被测设备交互的服务软件实现为框架软件。通信模块实现各类设备交互的总线通信；框架向插件提供服务，定义抽象接口类。

（2）将通信协议功能定义为插件，实现一些标准化协议的插件，例如程控仪器仪表的 SCPI、远程通信的 Modbus。这里的协议不区分应用协议、传输协议，具体由插件实现为准。将来，可以添加各种应用协议的插件，使整个系统越来越丰富。

（3）在测试执行框架中，呈现给用户的界面显示功能可被插件化，用插件实现各类显示功能、数据处理功能。

（4）在配置中可以添加很多属性，不同的测试需求可以有各自的配置参数；配置功能可以插件化，具体的测试需求有自己的配置界面、配置功能。

9.3.2　架构图

架构总是复杂的，对于一套产品化的框架软件，更是如此。绘制架构图，要考虑面向的问题域、要考虑使用的技术、要考虑一些概念；在图中要体现你的概念、设计的组成部分、这些组成如何交互等。要考虑谁会看和使用这个图，研发人员阅读架构图能够快速了解系统，能够知道系统的组成和组成间的关系。

1．前、后台分离

前、后台分离是常用的一种方法，用来隔离复杂度，隔离输入、处理、输出。前台在多数情况下是界面显示、用户输入等功能模块，具有与界面相关的功能。后台完成数据处理，例如数据库存储、查询、计算、业务流程处理等。根据前台与后台之间交互的内容，定义出数据结构或者抽象接口类，便是前台与后台之间的关系。软件设计——前、后台分离如图 9-2 所示。

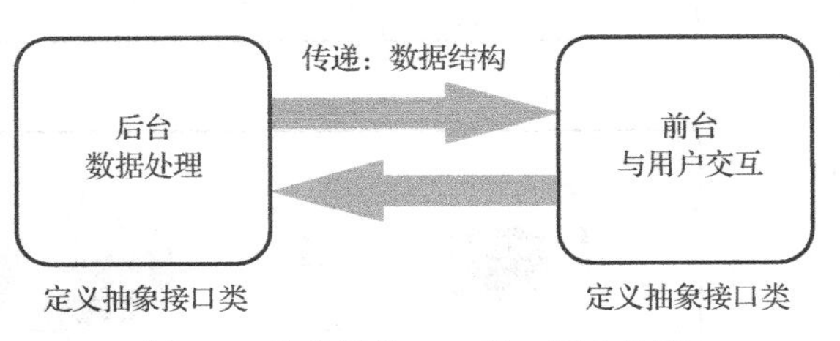

图 9-2　软件设计——前、后台分离

在前、后台分离的设计方法中，前指与用户交互、显示和输入功能，后指数据处理、存储等非显示功能。

前台与后台之间如何交互呢？可以将交互数据内容定义为数据结构，将对外接口抽象为接口类，软件整体为一个框架，可进一步将数据结构定义为配置文件，框架在运行时加载配置文件，根据这些配置文件执行功能，实现配置化。

基于前、后台分离的设计方法，可以使我们更容易地编写单元测试。对于后台代码的单元测试，可以编写测试代码模拟输入、验证输出，一键执行就可以把代码的业务逻辑验证完毕，从而提高开发效率、可靠性、后续维护效率。通常，难以编写界面的单元测试代码，基于 Qt 的界面开发，可以使用 QtTest 完成界面类的测试，降低为界面编写单元测试代码的复杂度。

2. 实现自动化测试

自动化测试是测试系统的核心部分，既要考虑不同型号产品具有独立的用例库等，又要考虑对以后的新型号产品最大限度地复用软件，而不是每次都开发新的自动化测试软件，以避免资源、时间、人力重复投入；测试系统应高度抽象，将硬件接口、总线通信、应用协议都抽象出来，然后基于脚本实现自动化测试。

3. 总架构图

总架构图如图 9-3 所示。

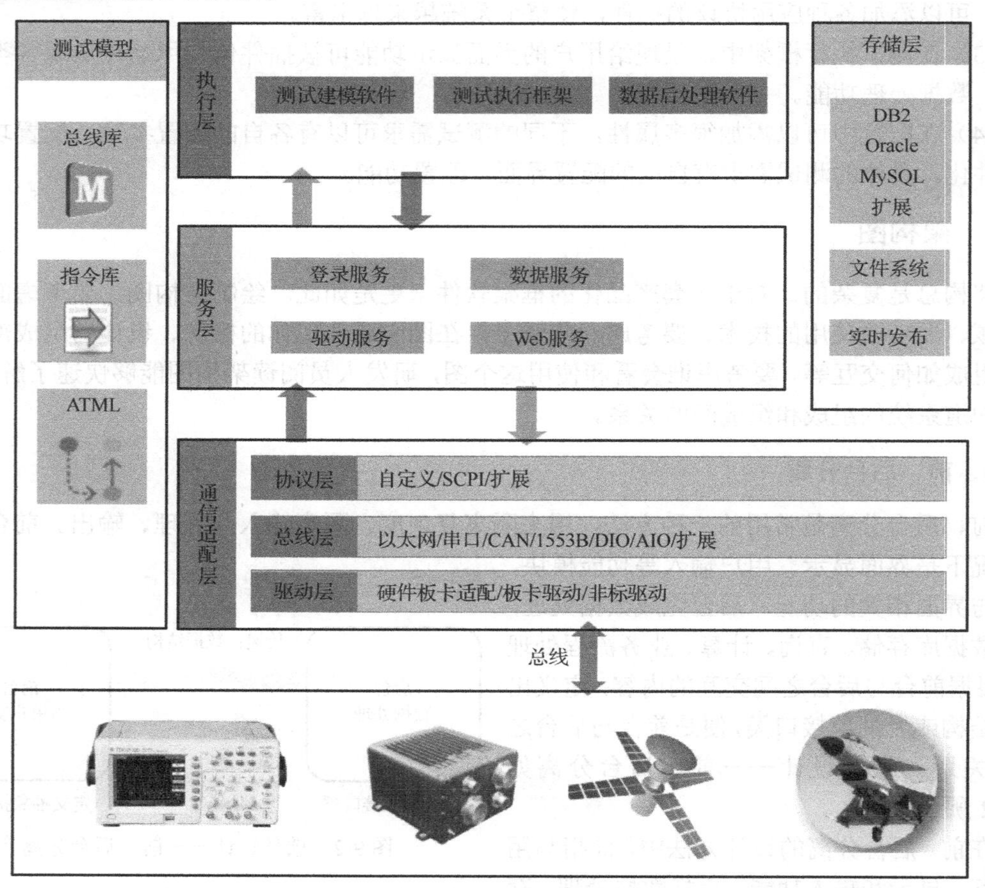

图 9-3　总架构图

总架构图分为测试模型、执行层、服务层、通信适配层、存储层这五个部分。

（1）测试模型是整个系统的核心部分，由各类配置组成，是系统运行的基础。

（2）执行层中的软件直接面向用户。用户日常需要操作的软件包括执行层中的测试建模软件、测试执行框架、数据后处理软件，每个软件提供大量功能。

（3）服务层由多个服务组成，包括登录服务、数据服务、驱动服务、Web 服务。这些服务实现了客户端通信、测试控制、数据存储、数据采集等一系列功能。

（4）通信适配层面向具体的实际设备，如各类仪器仪表、总线通信卡等。通信适配层提供驱动调用、设备交互、通信仿真、协议处理等功能，是与被测对象交互通信的抽象，分成协议层、总线层、驱动层这三个层，每层以插件形式实现适配。

（5）存储层抽象出平台的存储需求。存储层支持多种存储形式、多种数据库，能通过插件适配多种数据库，用户可根据实际需求进行自由选择。

9.3.3　软件项

对总架构图中各层的作用做进一步整理、明确，就得到软件项。各软件项是能够直接面向用户、供用户使用的应用软件。每个软件项提供一部分功能，这也是模块化的设计结果。各软件项既可以相互独立，又可以相互调用。

软件详细组成如表 9-1 所示。

表 9-1　软件详细组成

名称		主要功能
测试建模软件		用于建立测试模型，建立通信接口、数据流，建立数据结构、参数，建立数据表单结构
测试执行框架		测试执行客户端软件，加载配置文件，动态建立界面，执行测试、数据显示等功能
测试服务框架		系统服务程序，客户端登录管理、测试引擎，数据采集、存储、转发，硬件接口驱动等
数据后处理软件		数据及指令的查询、导出、分析
系统管理软件		系统用户管理、权限管理等
插件	控件系统	测试执行框架中的主要插件，用于完成不同的功能，例如显示数据表格、实时曲线、图标，执行指令的执行控件、指令序列，用于测试用例的测试流程控件。在测试执行框架中，所见即控件
	通信模块	也称为通信插件，是测试服务框架中的主要插件

9.3.4　数据流

得到软件项之后，需要开始考虑软件项之间的关系、之间传输的数据项，即数据流的设计。数据流是软件设计中重要的内容。数据流即从一方传递到另一方的数据。通过数据流可以清晰地表达复杂系统，使系统中软件项之间的关系更加明确，便于后续的设计、编码。

数据流图如图 9-4 所示。

（1）准备阶段。

在准备阶段，需要对被测对象的外部接口建模，定义被测对象的通信接口、通信内容、数据结构、控制指令、测试用例、测试流程；针对被测对象建立工程，在工程内建立接口、数据流、数据结构、指令、用例、流程、测试任务；提供各种导入/导出功能，方便使用；根据被测对象的测试项、测试用例，建立测试流程。

界面配置用于搭建测试执行框架的界面，既可以导入默认界面，也可以搭建新界面，以及界面显示的参数表格、实时曲线、图标按钮、指令控件、测试控件等。可根据实际需要搭建界面。

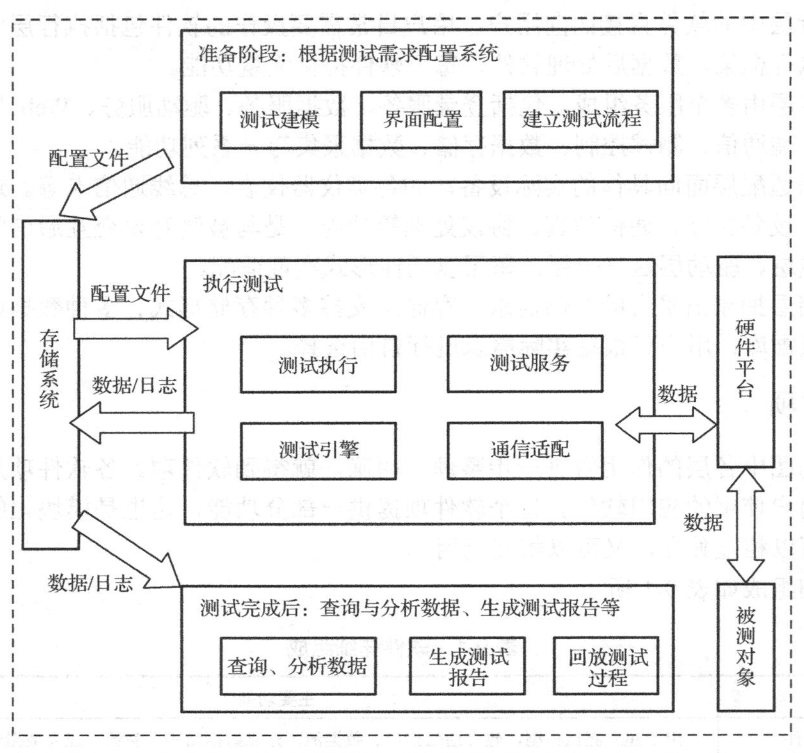

图 9-4 数据流图

（2）执行测试。

在执行测试的过程中，需要提供执行功能用于测试执行，包括显示功能等，可基于框架和控件的设计思路，根据登录账号、工程加载配置文件，满足不同的测试需求。

还需要考虑多用户的情况，此时需要有测试服务程序在后台运行，用测试服务程序实现多用户登录管理、数据分发等功能。测试服务程序可加载配置文件，加载通信模块，完成和被测对象的实际交互。

测试引擎用于加载并执行测试流程。通信适配用于完成具体的通信功能，完成与硬件平台的数据交互。

（3）测试完成后。

测试完成后，可查询历史测试数据、分析数据、回放测试过程、生成测试报告等，可查询、分析和导出采集的数据、测试日志等内容，可以查询导出 Excel、界面显示、绘制曲线等。

在将数据流分析清楚后，可做进一步细化，得到各数据项。这些数据项包括各软件项自己使用的、用于传递给其他模块的、其他模块传递过来的内容等。数据项如表 9-2 所示。

表 9-2 数据项

名称	组成	描述	来源	使用
工程	工程名称	工程中包括每个用户账号的配置文件	测试建模软件	各软件模块

续表

名称	组成	描述	来源	使用
配置文件	测试模型	包括总线、通信参数、数据结构、参数信息等	测试建模软件	测试建模软件 测试服务框架 数据后处理软件
	界面UI文件	界面组成、插件、位置、属性等	QtDesigner（Qt设计师）	测试执行框架
	控件属性配置文件	控件的绑定参数、非Qt属性的属性值	测试执行框架	测试执行框架
账号	账号名称、登录密码、描述信息、权限	实现基本的用户管理功能	系统管理软件	各软件模块
数据	原始数据、解析数据、时间戳	系统从被测对象采集到的各类数据	测试服务框架	数据后处理软件
指令日志	指令名称、指令数据包、执行时间	测试执行框架发送的各类指令包	测试服务框架	数据后处理软件
操作日志	操作名称、用户名、操作内容、时间戳	用户在使用测试系统中进行的各种操作的日志	测试建模软件 测试服务框架 测试执行框架	数据后处理软件

9.4 测试模型

在现代软件系统中，会有各种模型，如数据模型、三维模型、算法模型等。模型是软件运行的基础，模型用于表述事物的组成结构。

借用模型这个常见的叫法，在测试系统中把那些能够描述产品测试相关的各种内容，包括产品外围电接口组成、通信参数、数据流、数据结构、指令、测试流程、判据等，统一在一起称为测试模型。将测试模型作为测试系统运行的基础输入。

在总线仿真测试平台中，定义一套文件格式作为测试模型的存储结构，由系统中的工具软件提供图形化编辑界面，编辑、生成测试模型，这个过程称为测试建模。提供可编辑测试模型的工具软件称为测试建模软件。

9.4.1 问题域

在测试系统中有很多常规的设计方法，例如将数据解析、软件界面都写成代码以固定实现。这种固定实现的设计无法应对变化。例如，在用户使用过程中若有通信协议的调整，则软件无法应对，而这种通信协议的调整概率很大。

本节描述这类常规设计及导致的问题。

1. 常规设计

在总线类产品的测试工作中，首先根据产品的设计文档整理出测试条件、方法、约束。设计文档中约定了外围接口，如某CAN总线通信协议，其中有工程参数数据包。在工程参数数据包内有各种工程参数，这些参数会反馈产品的内部测量值，例如各种温度、开关状态、数值计数等，有哪些模拟量、哪些开关量等，有测量值的区间范围等。根据这些内容可以知道如何测试并编写测试用例。

在设计测试系统时，根据整理出的测试方法，设计测试系统。例如，先选择一个CAN总线通信卡，然后设计一个软件实现通信协议，包括解析工程参数、编写控制指令，之后发送指令、验证采集值，就可以达到测试的目的。

在常见的测试软件设计中，根据测试需求中的多个通信总线要求，逐个实现每个通信，需要根据每个总线的通信协议编写通信代码。例如，一个串口通信协议中有工程参数数据包、控制指令数据包，该数据包的格式如下。

（1）工程参数数据包：帧头为eb 90，长度为15字节。工程参数数据包如表9-3所示。

表9-3 工程参数数据包

参数代号	参数名称	数据类型
key	帧头	2字节
P001	跟踪状态标识	单字节无符号数
P002	*X*跟踪偏差	双字节整数
P003	*Y*跟踪偏差	双字节整数
P004	当前工作状态	单字节无符号数
P005	系统时间	4字节无符号数
P006	遥测遥控缓存区状态	单字节无符号数
crc	帧尾校验	2字节

（2）控制指令数据包：用于描述控制指令的数据格式。控制指令数据包如表9-4所示。

表9-4 控制指令数据包

字节位置	数据定义	有效范围
0	指令名称：响应指令	0x80
1～4	时间戳	0x0-0xFFFFFFFF
5	参数长度	0x6
6	指令参数#0的指令类型：指令单帧（0x30）、指令复合帧（0x36）	0x30/0x36
7	指令参数#1是否正确：0x23为接收正确，0x26为接收错误，其他值为无效	0x23/0x26
8	指令参数#2错误类型：0x30为校验和错误；0x33为接收超时，0x36为复合帧序号错误	0x30/0x33/0x36

测试软件需要实现的功能如下。

（1）编写代码实现数据包解析、显示，解析工程参数数据包，解析出其中的各个参数。

（2）编写代码实现数据包组帧、发送功能，将控制指令的数据包发送出去。

除实现基本的总线通信外，还需要有界面显示设备数据、曲线图显示、数据存储、数据查询功能，可能还需要有特定的数据分析功能。

测试软件模块组成如图9-5所示。

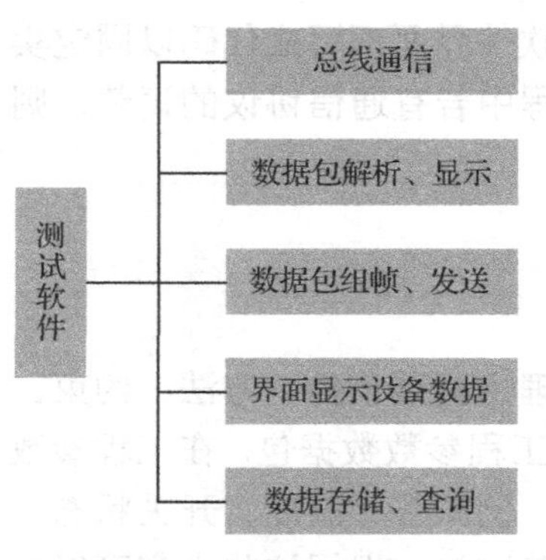

图9-5 测试软件模块组成

当被测对象有多个总线接口时，测试系统中也需要有多个总线通信，对每个通信都需要编写一个通信模块。

2. 问题 1——重复的工作

应用上面的设计后，会发现各个测试系统间都有这些功能，这些功能都需要通过重复编码实现，也就是一直做重复的工作。

各类测试系统研制多了以后，会发现很多共性的内容，包括数据包解析、多个总线通信、指令数据包。在我们的软件中总是编写相似的代码，实现数据包解析、指令数据包和多个总线通信，复制与粘贴代码后稍做修改即可。

代码中有如下重复内容。

（1）总线有多种，如 CAN、串口、1553B 等，每个被测对象使用这些总线中的几种。每个测试系统都有程控仪器仪表的需求，如程控电源等。将原有类似代码复制、粘贴过来后做一些修改，就可以执行通信功能。

（2）通信协议中会有很多种数据包，每种数据包定义一个数据结构。在实时通信过程中，软件根据通信协议识别出是哪一种数据包，然后根据对应的数据结构解析出有效数据，之后，软件可以对解析出的数据进行公式转换、区间判读等操作。

3. 问题 2——变化的需求

在产品的研制过程中，会发生变化的情况如下。

（1）用户修改了总线通信参数，例如换了一个程控电源，把一部分参数换到另一个总线传递等。

（2）用户调整了通信协议，例如增加了参数、修改了某个参数的转换系数、修改了参数位置等。

此时，就需要修改协议解析代码、界面显示代码等。这是一件调试费时、修改容易出错的事情，测试系统开发人员经常需要花费时间配合修改、调试。

对这些重复、变化的需求，是否有好的应对方法呢？可以采用在第 2 章中描述的配置化方法，下一节描述具体的设计。

9.4.2 解决之道

解决之道：可以将重复的工作、变化的需求交给测试系统使用人员，让他们自己通过配置文件、软件配置功能等简单方法自行修改。

这个方法就是用配置文件应对变化的需求。

1. 配置化

实现配置化要做如下工作。

（1）整理出共性内容。

首先要识别出相同的内容，即共性内容，整理在总线测试系统中不同产品的测试系统之间的共性内容。共性内容如表 9-5 所示。

表 9-5　共性内容

内容	描述
通信接口	例如 CAN 通信、串口通信，每种总线接口都有通信参数，如地址、波特率等，通信接口类型、通信参数可以作为配置输入

续表

内容	描述
数据流	在通信协议中，解析出一个包，如工程参数数据包、指令数据包，从一个节点到另一个节点的通信，可配置的内容包括名称、关键字等
数据结构	数据结构和 C 语言的结构体类似，描述一个数据包的组成、如何解析，结构体中的变量对应一个参数，参数包括位置、数据类型、系数、公式等
指令	指令是需要通过总线发出去的数据内容，指令本身需要指明从哪个接口发、数据内容、数据结构等，在软件中可被配置、编辑、修改、保存
测试流程	测试流程依赖于具体的测试业务，例如发送开/关机指令，然后判断实时数据中的状态参数，以确认是否已经开/关机，当数据流、数据结构、指令作为配置输入后，测试流程也可以作为配置输入

（2）整理出属性。

在整理出各种测试系统都具有的共性内容（每个测试系统都有的内容）之后发现，测试系统的每个共性内容中又是有细节区别的，参见如表 9-6 所示的属性。

表 9-6 属性

共性	有区别的内容
通信接口	接口类型、通信参数、数据流组成、测试流程组成等
数据流	名称、编号、识别的属性值、引用的数据结构
数据结构	名称、编号、字节长度、参数组成 参数：参数名称、编号、数据类型、公式、字节长度或位长度
指令	名称、编号、引用的控制流、数据内容
测试流程	指令、判读等

将各个共性内容中有区别的内容作为属性值。到这里，整个配置文件的内容都有了，那些共性内容作为配置项，这些区别内容作为配置项的属性值。

（3）配置文件。

为了直观显示配置文件的内容，下面用 XML 文件举例说明。其中，“inter”对应通信接口，“stream”对应数据流，“struct”对应数据结构，“param”对应参数。

```
<root>
    <bus>
        <inter name="串口 1" addr1 = "9600" addr2 = "1" addr3="" interType="422">
                <stream name="工程参数" structRef="工程参数数据包" attr1= "" attr2= ""/>
                <stream name="程控" structRef="程控数据包" attr1= "" attr2= ""/>
        </inter>
    </bus>
    <strcuts>
        <struct name="工程参数" byteLen= "200">
            <param name="p1" type= "int" bitLen= "32"/>
        </struct>
        <struct name="程控" byteLen= "100">
                <param name="p1" type= "int" bitLen= "32"/>
        </struct>
```

```
        </strcuts>
        <instrs>
            <instr name="开机" streamRef= "串口 1/程控" data= "0x1acf1bce0011223344"/>
            <instr name="关机" streamRef= "串口 1/程控" data= "0x2acf1bce0011223344"/>
        </instrs>
    </root>
```

2. 软件设计

加入总线通信配置文件后，软件会依赖于这个配置文件，这个配置文件就成为测试软件运行的基础。此时的软件工作流程如图 9-6 所示的总线通信工作流程。

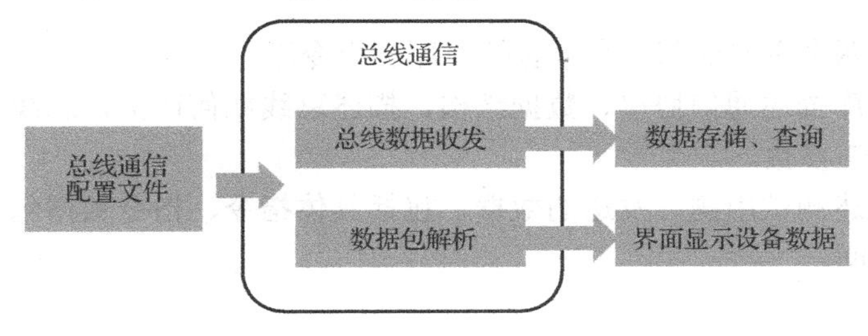

图 9-6　总线通信工作流程

总线通信配置文件为测试模型。

到这里，测试模型的定义就很清楚了：描述产品测试相关的各种内容，包括产品外围接口、通信参数、数据流、数据结构、指令、测试流程、判据等，将这些内容统一在一起称为测试模型。

3. 阶段

测试模型的建立应该贯穿整个研制阶段，包括设计产品、编写测试计划、设计测试用例。

（1）在研制过程中，根据研制的推进，不断完善、调整测试模型，一边修正，一边使用，一边调试测试。

（2）在验收、交付产品时，测试模型趋于稳定，基本上不会变化，可以作为固定依据，以后一直使用。

9.4.3　组成

测试模型是一个层级的结构树，每层节点约定一部分内容，子节点约定下一层的内容，每个节点有各自的属性。

设计测试模型的具体组成有如下三个层级节点。

（1）设备→通信接口→数据流。测试模型的树状显示如图 9-7 所示，其中左侧的“地面设备”是设备节点，“星载计算机”是通信接口节点，“状态”“状态包”“温度包”等是数据流节点。

（2）数据结构→参数。图 9-7 左侧的“正弦”“遥测”等是数据结构节点，“电压”“电流”等是参数节点。

（3）指令分组→指令。图 9-7 右侧的“指令分组”等是指令分组节点，“指令 11”等是指令节点。

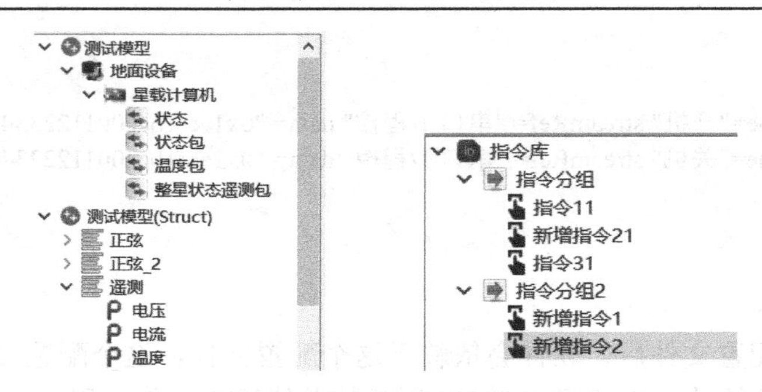

图 9-7　测试模型的树状显示

测试模型中的两个主要的部分是设备接口库和指令库。

（1）设备接口库描述通信协议、数据结构，描述总线如何通信，总线数据如何处理，有哪些通信总线、通信参数。

（2）指令库描述测试用例、发送的数据，包括具体指令、指令数据包、指令分组、测试流程、有效值的区间。

1. 设备节点

设备节点是描述与被测对象交互的设备，设备节点在软件运行中没有实际的功能，只是贴近现实的抽象。设备节点的属性只包括名称，设备的下一层节点是通信接口节点，一个设备节点中可以有多个通信接口节点。

这里的设计也是根据实际设备考虑的，一个设备可以有多个通信接口。另一个需要考虑的是，加入一个网口，上面有多路 UDP 和外接通信，这时应该算是一个通信接口还是多个通信接口呢？此时的测试模型中，每路通信算是一个通信接口。

2. 通信接口

通信接口节点用来描述产品的实际通信接口，包括一些基本属性，通信接口的主要属性是数据流、控制流，数据流和控制流是接口的下一层节点，通信接口中允许有多个数据流、控制流。

真实的通信模块会用到多个属性，抽象的通信接口不能将每种总线的通信参数都作为属性，所以抽象出 4 个地址、1 个配置字符串，共 5 个属性值，用于存储任何总线的通信参数。

通信接口的属性如表 9-7 所示。

表 9-7　通信接口的属性

属性	描述	取值
名称	接口的名称	字符串
编号	接口的编号	字符串
描述	描述信息	字符串
启用/停用	该接口的启用或停用状态	布尔型，是否
硬件 IO 类型	标识具体是哪种总线、字符串格式的 sId，软件运行时根据这个 sId 创建抽象接口类	字符串
接口类型	软件系统中的协议处理模块，字符串格式为 sId，软件运行时根据这个 sId 创建抽象接口类	字符串
配置	通信协议处理模块支持的配置字符串	字符串
地址 1	总线的通信参数	字符串

续表

属性	描述	取值
地址 2	总线的通信参数	字符串
地址 3	总线的通信参数	字符串
地址 4	总线的通信参数	字符串

3. 流

流表示的是在总线上从一个点流通到另一个点的数据，即动态传输的数据，包括数据流和控制流，分别对应需要解析显示的参数、需要编辑发送的指令。

数据结构是流的一个重要属性，在数据解析、数据编码时会用到数据结构。数据结构是静态的数据组成，与流的动态传输特点相对应，一个是静态，另一个是动态。

4. 数据流

数据流节点是对通信数据的抽象，用数据流来区分通信的多个数据包。例如，一个串口通信中会传递过来多种数据包：状态数据包、开关数据包。此时，每个数据包需要一个数据流，用数据流区分开。

数据流的属性如表 9-8 所示。

表 9-8　数据流的属性

属性	描述	取值
名称	数据流的名称	字符串
编号	数据流的编号	字符串
数据结构	引用的数据结构名称。软件运行时，实际的数据解析依据这个数据结构	字符串
源	发送数据的源接口名称	字符串
目的	接收数据的目的接口名称	字符串
属性 1	区分数据流的标识	字符串
属性 2	区分数据流的标识	字符串
属性 3	区分数据流的标识	字符串
属性 4	区分数据流的标识	字符串

5. 控制流

控制流节点用于区分多个指令数据包。例如，接口会发送多种指令数据包，每个指令数据包需要定义一个控制流。控制流的属性如表 9-9 所示。

表 9-9　控制流的属性

属性	描述	取值
名称	控制流的名称	字符串
编号	控制流的编号	字符串
数据结构	引用的数据结构名称。软件运行时，实际的数据解析依据这个数据结构	字符串
源	发送数据的源接口名称	字符串

续表

属性	描述	取值
目的	接收数据的目的接口名称	字符串
属性1	区分数据流的标识	字符串
属性2	区分数据流的标识	字符串
属性3	区分数据流的标识	字符串
属性4	区分数据流的标识	字符串

6. 数据结构

数据结构与C语言的结构体类似。数据结构描述的是一个数据包的组成结构，在总线数据解析处理时，根据数据结构执行数据解析，解析出其中的参数值。

数据结构的属性相对较少。数据结构的属性如表9-10所示。

表9-10 数据结构的属性

属性	描述	取值
名称	数据结构的名称	字符串
编号	数据结构的编号	字符串
字节长度	数据结构的字节长度。数值解析时会判断长度是否有效	整数
严格数据解析	标识符。数据解析时，若数据长度无效时，则有多少数据就解析多少数据	布尔型，是否
参数数组	数据结构中包括的参数	数组，参数类型的数组

7. 参数

因为参数的属性涉及数据解析、数据编码、界面显示等内容，所以需要用很多属性值来描述。其中，关键属性包括数据类型、bit长度，执行解析时会根据这两个值在一段数据中定位到参数的数据。其他属性包括含义转换、脚本公式、判读区间等，可根据测试业务的需求增加属性。参数的属性如表9-11所示。

表9-11 参数的属性

属性	描述	取值
名称	每个参数必须有一个名称，在各种通信协议文件中，每个参数必须有一个有意义的名称	字符串
代号	编号、序号等	字符串
数据类型	包括32位浮点、64位浮点、自定义长度、BYTE、16位整数、32位整数、64位整数，字符串、16位无符号整数、32位无符号整数、64位无符号整数	字符串
单位	用于显示有意义的字符串内容	字符串
偏移	解析数据包时相对起始位置的bit长度	整数
bit长度	位长度，数据类型是自定义长度时有效，其他数据类型无效	整数
大小端	解析有意义的数据时，大小端转为本地的大小端	整数
系数	数据解析时，解析出原始值需要乘系数值，常见的是热敏电阻，原始值需要乘系数后才能得到有意义的值	整数
小数位	在界面显示数据时，需要转为有意义的字符串，浮点数需要显示小数位，根据这个系数转为有小数位的字符串	整数

续表

属性	描述	取值
解析公式	JavaScript 脚本，数据解析时，用原始值带入 JavaScript 脚本中可以算出运算值	字符串
编码公式	JavaScript 脚本，指令编辑时，用录入值带入 JavaScript 脚本中可以算出初始值	字符串
最大值	实时解析时，可以统计判断是否超限	整数
最小值	实时解析时，可以统计判断是否超限	整数
枚举	用来描述参数的多种含义值，根据数值所在区间，得到有意义的字符串描述	字符串
填充值	生成指令时的初始值	字符串
校验方式	校验方式	字符串
虚拟参数	虚拟参数不占用实际的位置，解析数据时由解析公式运算得到值	布尔型

8. 指令库

指令库用于描述从接口发送出去的数据包，指令是指令库的主要内容，指令的内容是一段数据，数据的格式由数据结构描述，从哪里发出去由控制流描述。因此，流和数据结构是指令的两个必要属性。

指令库中包括指令组、指令、测试流程。

9. 指令组

指令组只是对指令进行分组管理，没有其他内容；指令组有名称和多个指令。

10. 指令

因为总线类测试系统的一个重要工作是发送指令，所以在测试模型中，指令也是非常重要的部分。指令中包括名称和数据内容等。指令的属性如表 9-12 所示。

表 9-12　指令的属性

属性	描述	取值
名称	用于标识指令	字符串
编号	指令的唯一编号，用于标识指令	字符串
引用的控制流	指令引用的控制流的名称	字符串
数据内容	指令中二进制的数据内容，一段字节数组	二进制数据包

指令的编辑功能是使用者经常使用的功能。指令编辑界面需要直观、简洁等，需要在易用性上下功夫。

可供参考的指令编辑界面如图 9-8 所示。

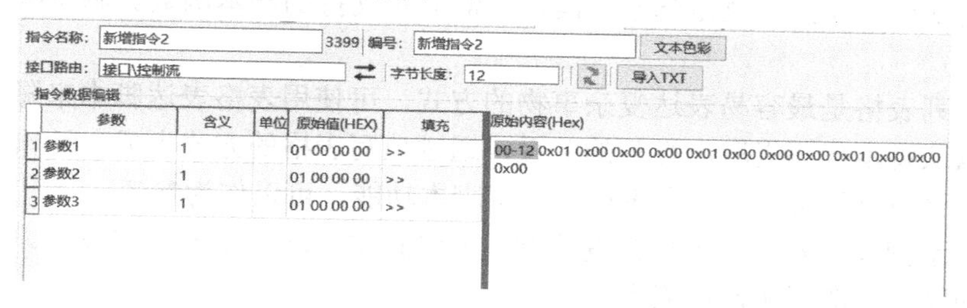

图 9-8　可供参考的指令编辑界面

11. 测试流程

测试流程用于描述顺序执行的测试用例、测试细则，其中包括执行指令、判断数据、得到结论。例如，发送多个指令后判断数据是否符合要求，有哪些指令需要循环、定时执行等。根据顺序执行、灵活的特点，应该使用脚本来实现测试流程。

测试流程的属性比较少，包括分类、名称、脚本内容。

1）脚本函数组成

测试流程中会关注脚本引擎提供哪些脚本函数。脚本函数包括发送指令、判读数据、延时、计时、定时等函数。脚本函数多了，系统会复杂，用户会抵触。脚本函数少了，有的需求又无法满足。函数取舍如下。

（1）只实现基本函数，例如发送指令、判读数据、延时、计时等函数。

（2）复杂的函数用自定义脚本函数来实现，即复杂的函数用基本函数再组合。

（3）常用函数的名称一定要简短、好记忆，让使用者更容易接受。

因为这里的测试流程中需要定义测试的函数，所以罗列几个脚本函数（使用 JavaScript）。脚本函数如表 9-13 所示。

表 9-13 脚本函数

函数	说明
ins(name,group)	执行指令，指定指令组中的指令
insEx(name,group,values)	执行指令，输入为指令名称、指令组、指令值字符串，根据指令值修改指令，然后执行指定的指令，执行指令的时延单位为秒（s），参数值按顺序、以分号分隔
bjTime(hour,minute,second,day,month)	延时至北京时间，输入为北京时间时、分、秒、日、月
sleep(millisecond)	延时函数
exit()	终止当前的脚本执行
CatchPack(stream,param)	获取实时的遥测值，可用于判读区间、跳转执行等
ParamEst(timeOut,arrayObj)	状态到位判读，输入为超时时间（秒）、遥测判读，判读：判断参数值是否在区间内，在区间内为成功（正常），超出区间为失败（异常）；若判读成功则立即返回，否则判读至超时；判读结果会记录一个状态量'F'

2）ATML

总线仿真测试平台中的 ATML（Automatic Test Model Language，自动测试模型语言），是以 JavaScript 语言为基础、加入若干用于测试的函数、实现自动化测试的语言，是总线仿真测试平台中对 JavaScript 的进一步扩充。

3）脚本编辑功能

脚本编辑功能界面的左侧是脚本源码，右侧显示支持的脚本函数。脚本编辑——文本如图 9-9 所示。

二维的行列表格是最容易表达复杂事物的方式，可使用表格表达脚本来降低编写脚本的复杂度，可以从脚本代码提取出行列的关系，通过填写表格的方式生成、编辑脚本代码。总线仿真测试平台中已经实现了一个表格化测试脚本功能，可以作为参考。

用图形表示脚本内容，以图形拖曳的方式编辑脚本，这是很成熟的技术。这是很多软件产品都有的功能，即图形化设计流程。

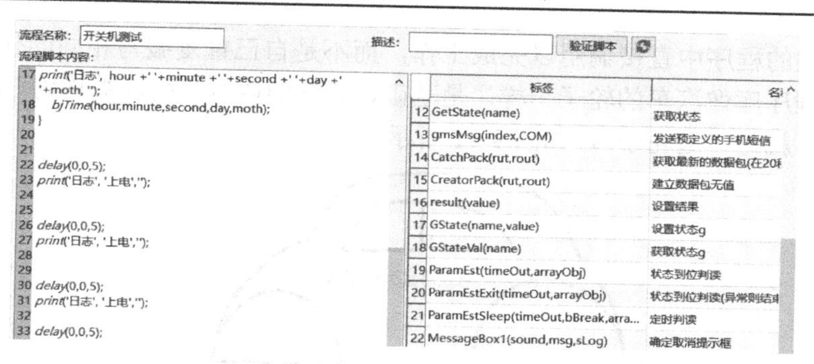

图 9-9　脚本编辑——文本

（1）图形化一定要简化，不能操作太复杂。

（2）只实现描述顺序执行、分支执行、循环执行，函数定义等不需要实现。

（3）可以参考图形化脚本编辑界面。脚本编辑——图形如图 9-10 所示。

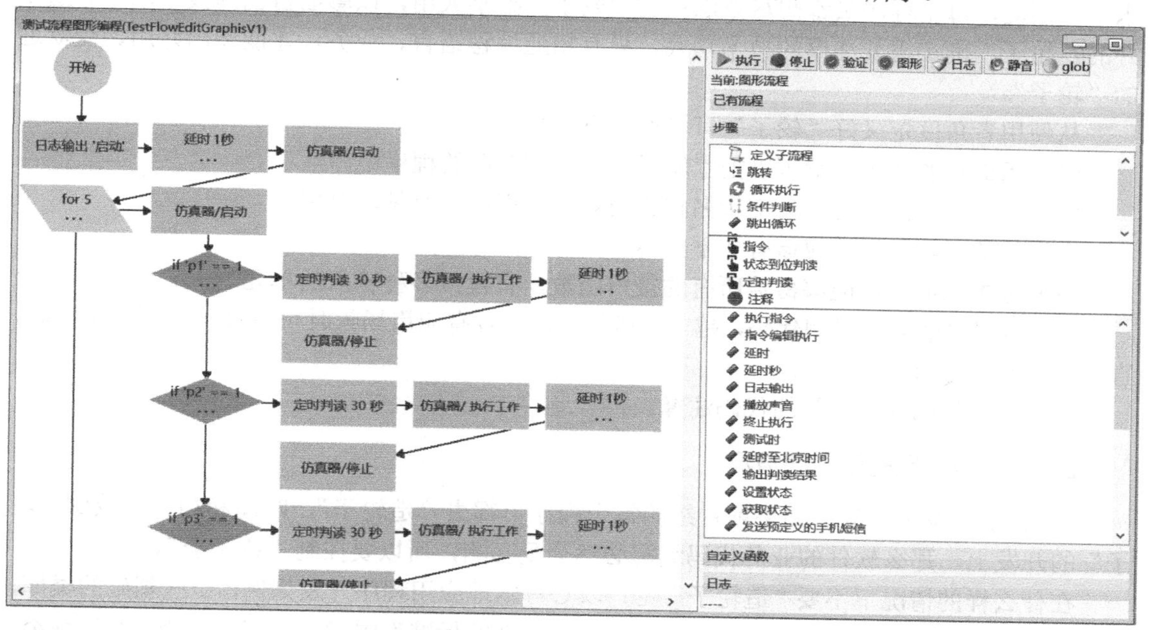

图 9-10　脚本编辑——图形

在执行测试用例的软件模块中，需要支持执行脚本、脚本执行内置函数、脚本中可以执行 C++的代码，然后在软件中实现这些脚本函数。具体内容参见第 7 章“脚本引擎技术”。

9.4.4 “造轮子”

在程序设计方面有一个词叫“造轮子”，简单的解释就是设计、编写一些基础的代码库。测试模型是测试系统的基础，实现了很多功能，有很多组成、丰富的接口方法，应该把测试模型的这些内容封装起来，即设计、编写、封装成一套代码库，作为测试系统的“轮子”。

1. “轮子”

在编写计算机程序代码的过程中，有很多基础性代码已被他人编写好了，我们可以直接调用这些外部函数、程序库。这些外部函数、程序库实现了一些基础性公共功能，可以作为公共代码在我们的程序中直接调用以完成工作，而不是自己重复编写相同的代码。

因为这些程序库像汽车的轮子一样，是基础、必备的内容，所以被称为"轮子"。自己编写这些"轮子"就是"造轮子"，如图9-11所示。

图9-11 "造轮子"

"轮子"非常重要。"造轮子"是一件受到程序员青睐的事情，这件事最能体现程序员的水平。因此，每个程序员都想尽办法造些"轮子"给别人用，以彰显自己的技术水平。造出好的"轮子"确实需要深厚的技术功底，只有精通编程语言、业务，才能造出好用、受欢迎的"轮子"。

从使用者角度定义好"轮子"可以有如下内容。

（1）用最少的代码行就可以把"轮子"组装到自己的程序中。

（2）类名称、函数名称、变量名称应简短、好记忆，所见即会用。

高质量的"轮子"还应该有如下内容。

（1）有单元测试，能够覆盖所有的接口函数，有模拟多种输入的单元测试。

（2）有尽可能多的示例代码，越丰富越好。使用者有应用场景时可以直接找到例子代码，直接用，例如QtDemo。

（3）接口代码要有适量的代码注释。

2. 不应该"造轮子"的情况

"造轮子"也怕泛滥，如果项目组的每个程序员都去"造轮子"，时间和精力都放到"轮子"的开发上，那么软件的业务代码编写必然会受影响，所以要控制"造轮子"。

在什么样的情况下不要"造轮子"呢？以C++本地应用程序开发为例，一些基础的类库，如线程类、互斥锁类，都没必要自己编写。在C++98的标准库中确实没有线程类、互斥锁类，但在C++11及高版本、Boost库、Qt库中有，可直接调用使用。在下列情况下不需要自己"造轮子"。

（1）对于基础性类库，尽量找稳定的类库，避免自己编写。

（2）若找类库，则涉及是否收费、是否好用，其优点是可靠、稳定。

3. 在什么情况下需要"造轮子"

对软件所在业务领域中的公共操作内容，一定要抽象封装出类库。在这种情况下一定要"造轮子"，"轮子"造得越好用，就越有助于提高整个软件的质量、缩短开发周期，以及有助于后续维护等。

在这种情况下，需要非常了解所在业务领域，除具有编程语言的功底外，还取决于"造轮子"的人是否熟悉业务。

4. 印象比较深刻的“轮子”

在很多年前用 C#写程序时，有一个大连东软出的工具软件，可以在连接数据库后直接根据表结构生成 C#的 MVC 三层代码，对编写数据库相关代码非常有用，可生成 Model、View、Controller 的基础代码。过去，操作数据库时往往需要自己手写类似的代码；现在，可以生成代码并直接使用。

这个“轮子”的确很好，其他编程语言都可以借鉴这个模式来生成代码。然而，Java 却没有类似的工具软件，Qt 也没有类似的工具和生成代码机制。

5. 测试模型的“轮子”内容

前面定义了测试模型的结构，现在需要用代码实现、编写这个测试模型。因为测试模型也是其他各模块都需要调用的基础功能，例如树结构显示、测试模型的遍历、解析数据、指令数据包等，所以应作为测试系统的“轮子”。按照模块化的思路，将测试模型代码作为一个软件模块，以代码库形式为其他模块提供接口。

（1）根据测试模型的结构，为每个节点定义实体类，节点的各个属性作为类的属性，每个节点是面向对象的类。这些类之间是组合关系，测试模型类是最高层的类，每个层的类都负责下一层类对象的生命周期。

（2）构造和删除的方法：新增子节点、删除子节点、访问子节点，子节点的创建必须调用父节点的公共方法。一定要这样设计，以避免随意创建节点对象。子节点的生命周期依赖于父节点，父节点销毁后，子节点也会销毁，以此保证程序稳定、可靠。

（3）序列化相关方法：读文件创建测试模型、测试模型写入文件中、测试模型导出字符串、字符串创建测试模型、导出 Excel 格式（csv）、导入 Excel 格式（csv），测试模型节点需要提供这些方法。

（4）每个节点定义唯一标识符 ID，用于唯一标识一个节点。

（5）节点访问的方法：按顺序访问各个节点、子节点，随机访问节点，根据 ID 访问节点，根据名称访问节点。

（6）对于这些类的名字、方法名、如何实现、具体代码，这里不再赘述。

6. 测试模型中的数据解析库

测试模型中有一个重要的功能，即数据解析功能。数据解析功能完成从原始数据包到有意义数值的解析工作。在解析过程中要根据数据结构的定义，解析出每个参数的原始值、计算值、含义值，这是一件相对复杂的事情，整字节的参数较容易解析，位域定义的解析比较麻烦。

好在数据结构中的各个参数都是顺序定义的，每个参数有位长度、数据类型，所以在实时解析数据时也是按顺序执行的，按顺序逐个挑出原始数据后再运算。数据解析库的工作流程如图 9-12 所示。

7. 测试模型中的数据编码

数据编码是数据解析的逆过程，在将指令值转成原始数据包的过程中调用，这里也需要封装为程序库。因为数据结构中的各个参数都是按顺序定义的，所以也容易实现。

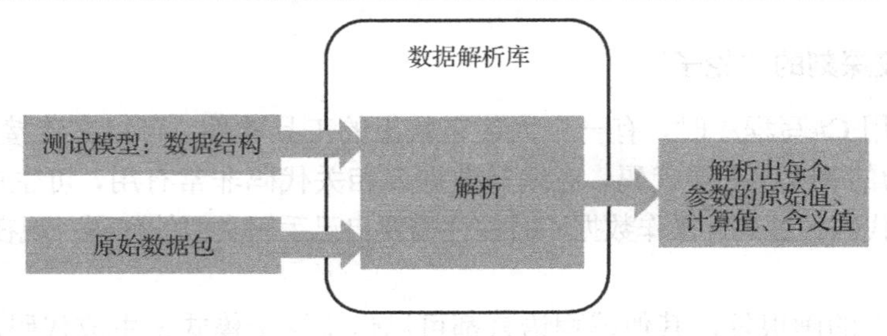

图 9-12　数据解析库的工作流程

9.4.5　电子化

电子化的含义是：将测试模型按照一定格式保存为电子文件（简称测试模型文件），之后可以编辑、保存、修改这个文件，在执行测试时加载这个文件，这个文件是整个测试系统的基础输入。

为了完成电子化工作，需要实现以下两项内容。

（1）需要有一个建模工具软件，在这个建模工具软件中可以录入、编辑、生成、修改测试模型文件。

（2）需要对测试模型文件设计一套文件格式，存储测试模型文件的具体内容，该文件格式的要求是：可读性高、体积小、容易加载、容易升级。

文件格式选择使用轻量级的 JSON 格式。

JSON（JavaScript Object Notation，JavaScript 对象简谱）是一种轻量级的数据交换格式。它基于 ECMAScript（欧洲计算机协会制定的 JavaScript 规范）的一个子集，采用完全独立于编程语言的文本格式来存储和表示数据。简洁和清晰的层次结构使得 JSON 成为理想的数据交换语言，它既易于阅读和编写，也易于机器解析和生成，并可有效地提高网络传输效率。

JSON 格式十分简单，主要内容是多个属性节点。属性节点有名称和值，属性节点的值可以是数组，数组里又可以有很多属性节点。基于 JSON 的数组使 JSON 本身是一个树状结构，这和测试模型的层级树状结构匹配，很适合用于存储测试模型。

1．使用 JSON 格式的优点

我们的测试模型文件会非常复杂、庞大，适合使用二进制文件定义和存储。如果是二进制文件，用二进制编辑器打开看到的二进制码没有可读性，而可读性是应重点考虑的因素，所以不能使用二进制方式，二进制方式不方便阅读。需要使用文本格式，用文本编辑器就可以打开文件，常见的用于配置文件的文本格式是 XML、JSON。

XML 的特点是可读性好；缺点是文件格式本身也占用字符，复杂的配置会导致文件很大，使用一些 XML 编辑器需要单独安装程序，这样就增加了一个外部依赖，提高了系统复杂度。综合考虑后，应使用 JSON 格式，JSON 也是文本格式，具有一定的可读性，而且格式本身的描述字符很少，复杂的配置文件与 XML 比会小很多。

JSON 的简单的语法格式和清晰的层次结构明显比 XML 易于阅读；并且在数据交换方面，由于 JSON 所使用的字符比 XML 少得多，所以可以大大节约传输数据所占用的带宽。使用 JSON 格式的优点如下。

（1）兼容性好。测试模型的各个节点，在增加属性后，历史版本可以直接使用，对历史版本文件不需要做任何修改。在给用户升级软件系统后，对用户的配置文件不需要做任何修

改就可以直接使用。如果是数据库，则必须修改用户的数据库结构，手动修改或用 SQL 语句修改，这都会消耗开发者的时间、精力。

（2）占用空间少。JSON 格式中的关键字可以使用最简短的字符，当测试模型非常复杂时，这个优点就突显了。短字符虽然可读性略差，但可以接受。

代码实现时的注意事项如下（供参考）。

（1）在测试模型的 JSON 格式中，对于具体的属性关键字名称，可根据习惯自己命名，命名的要点：要有可读性、要简短。

（2）对各个属性要给出默认值，在保存 JSON 时，若是默认值，则不写这个属性，这样可以大大减小 JSON 文件容量。

JSON 格式的格式化效果如图 9-13 所示，可以看出格式化之后，可读性还是很高的。


```
"desc": "model",
"dev": [{
  "id": 103,
  "inter": [{
    "a1": "",
    "a2": "",
    "a3": "",
    "a4": "",
    "a5": "",
    "agentIp": "",
    "config": "{\"StuHead\":\"\",\"YcHeadKey\":0,\"YcHeadKe
    "desc": "",
    "en": true,
    "iType": "Adapter.otmk.IO.AskAnswer",
    "id": 152,
    "ioT": "网口UDP",
    "name": "星载计算机",
    "num": "",
    "param": [{
      "a1": "state",
      "blk": "状态",
```


图 9-13　JSON 格式的格式化效果

2. 建模工具软件

建模工具软件的基本功能是编辑、保存测试模型文件。该软件属于设计类工具软件，可以参照常见的本地应用程序进行设计。

测试建模软件界面是很传统的工具软件界面，由菜单栏、工具栏、属性视图、指令库视图、中部的工作区组成。测试建模软件界面如图 9-14 所示。

在该界面左侧，将测试模型树以层级节点方式展示出来，单击节点后，在属性视图中会显示该节点的属性，可直接编辑、查看。

该界面中部的工作区提供一些便捷的编辑、查看功能，如数据结构的表格化编辑功能、指令的编辑功能等。

3. 数据库存储

根据测试模型的组成可以看出，使用数据库也可以存储测试模型。设计几个表结构，将测试模型的组成存储到数据库中，这样的存储方式也是一个选择。但是，与存储到文件中比较，缺点如下。

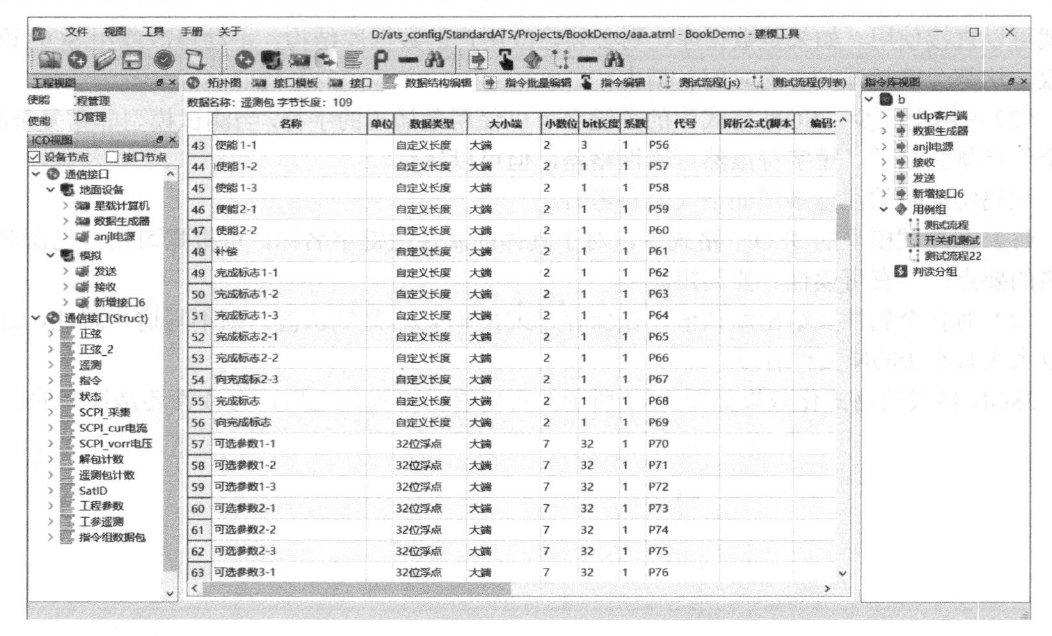

图 9-14　测试建模软件界面

（1）没有可读性。需要使用专业软件打开数据库才可以查看数据，即便使用文件型数据库 SqlLite，也需要使用 SqlLite 工具才可以打开查看数据。

（2）用了数据库之后，增加了一个非常大的外部依赖，需要安装复杂庞大的数据库软件。即便使用文件型数据库 SqlLite，也增加了一个外部依赖。

（3）升级烦琐。如果测试模型中增加了属性，则必须修改数据表结构。在多个表有关联关系时，必然修改一连串的表结构。若表中有存储数据，则又要修改数据，一系列升级操作十分烦琐。

（4）未实现电子文档化。电子文档化必须是简单可读的，例如文本文件格式，使用数据库显然无法实现。

在一套多用户、多客户端的自动化测试系统中，使用数据库存储的优点也是显而易见的，此时部署一台数据库服务器，所有人编辑、使用的测试模型都在这个数据库服务器的数据库中。在这种情况下，若仍然使用文件存储到本地计算机中，而没同步到服务器数据库中，显然会导致混乱。

对上述缺点有如下好的解决方法。

（1）多用户、多客户端的自动化测试系统的经费必然很多，即有专业的维护费用。此时，可以让专业的技术人员做维护，即用人力、资金来克服上述缺点。

（2）在多用户、多客户端的测试系统中，也必须使用数据库结构，这也是复杂的测试系统应用场景。如果是单机测试设备、单机测试软件，就可以使用文件存储。具体的数据库表结构与前面的组成类似，表字段名称用 JSON 的关键字即可，不需要重复描述。

9.5　功能设计

在整体架构中已经设计出多个软件项，这些软件项各自有很多功能。下面对这些软件功能进行分解。

9.5.1　软件功能分解

将软件功能分解为测试建模软件、测试执行框架、测试服务框架、数据后处理软件这四个部分。

1．测试建模软件

测试建模软件是用于编辑测试模型的工具软件。在测试建模软件中，可以以软件配置的形式定义被测对象的外部总线、外部接口，各总线、各接口的通信参数等；定义各接口的数据结构；定义数据流和控制流。测试建模软件是基础软件。

首先需要设计测试模型的结构组成代码，然后用 Qt 实现测试模型的图形化编辑功能，打开、编辑、保存这个测试模型。测试建模工具软件是常用的工具软件，一定要在功能细节上下功夫，应采用简便化的理念，做到好用。

测试建模工具软件如图 9-15 所示。

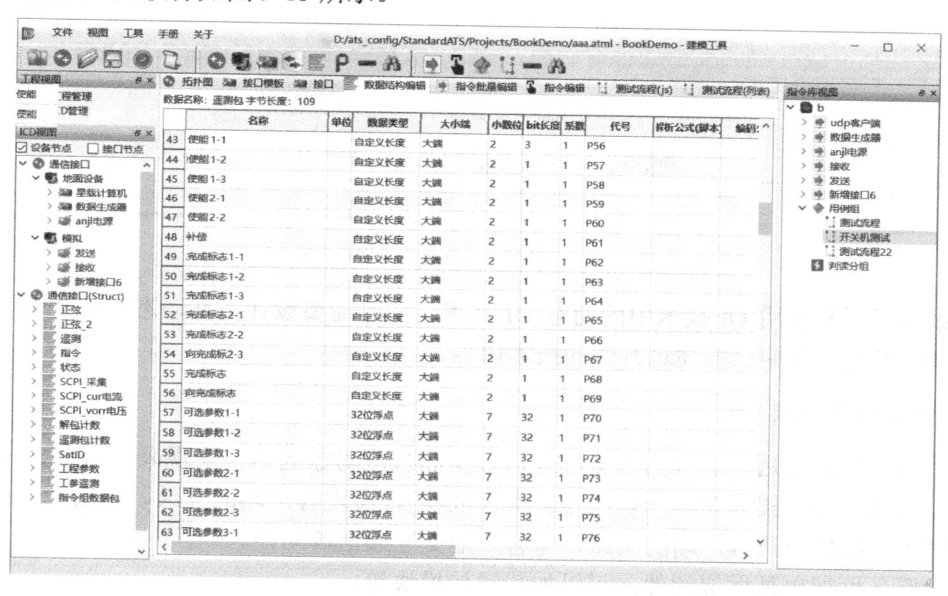

图 9-15　测试建模工具软件

2．测试执行框架

测试执行框架用于执行测试，可以加载指定的测试工程，打开工程后加载该工程的测试模型、UI 文件、功能组成；可以编辑、修改、保存该工程的界面、控件属性、绑定关系等；可以执行开始测试、停止测试等操作。

测试执行框架是一个框架软件，包括框架的服务接口和各种插件接口。

测试执行框架基于组态软件技术实现。在启动软件后，根据账号、工程加载软件界面和功能。在运行时加载软件功能非常灵活和方便，呈现给最终用户的软件界面和功能是灵活、可配置的。

基于简便化的考虑，测试执行框架内置了几套默认的功能、界面。默认的界面非常简洁、易用，使用者不必从头搭建一套界面，可直接使用内置的默认界面。

这里应用了组态功能，可参见第 6 章 6.1 节的“组态软件”。

测试执行框架的设计原理，参见如图9-16所示的测试执行框架——原理图。

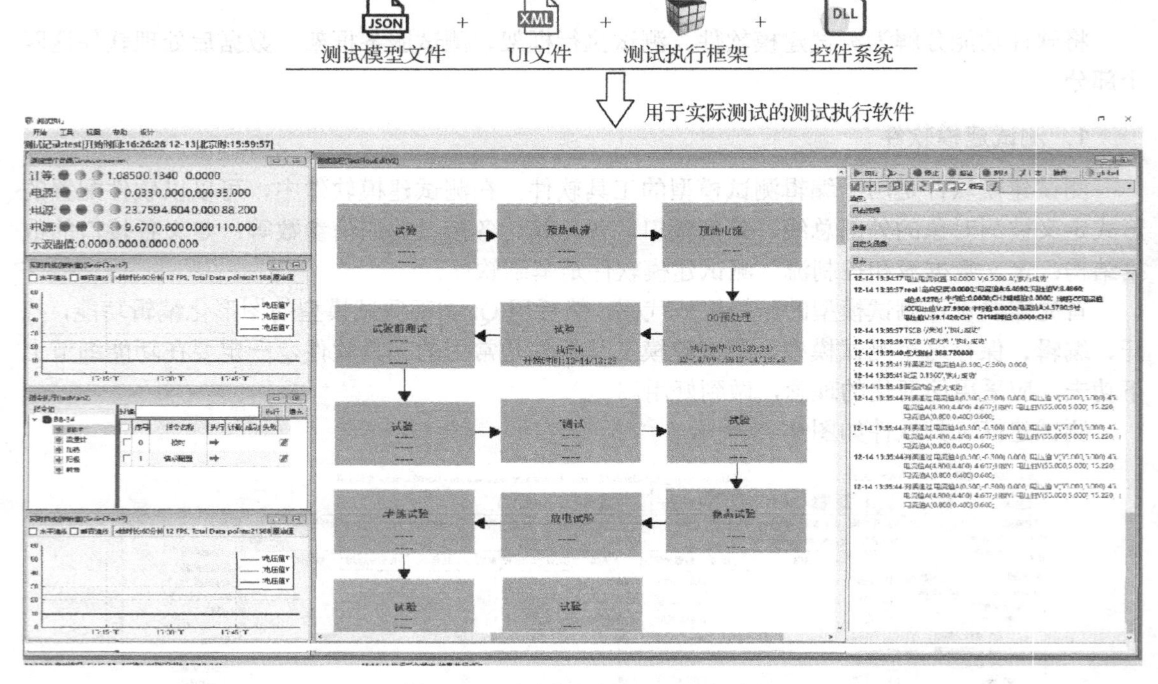

图9-16　测试执行框架——原理图

测试执行框架使用Qt技术中的动态UI技术，同时需要设计插件动态识别机制，在第2部分关键技术的几章中已描述过具体的技术内容。

3．测试服务框架

测试服务框架是后台运行的服务程序，负责和被测对象通信，实现采集数据、发送指令等功能。测试服务框架管理客户端（测试执行框架），实现客户端的登录、退出、加载工程、开始测试等，维护登录客户端的状态，与客户端交互通信等功能。

测试服务框架也是框架软件，可以加载通信模块等。

（1）测试服务框架，加载测试工程、加载插件，完成硬件交互、数据存储。

（2）根据测试工程，加载其中的通信模块，执行数据采集、解析。

（3）接收测试执行框架的用例、指令，发送数据，回复执行结果。

（4）存储采集的数据，存储发送的数据、存储各类操作日志。

测试服务框架作为独立的程序，在界面中嵌入其他几个软件项的启动链接，方便用户启动其他软件，简化操作步骤、提升易用性。

4．数据后处理软件

在测试工作中，测试数据的管理、查询、分析、导出非常重要。例如，在测试过程中出现了问题，测试人员和开发人员需要分析与解决问题。这时就需要分析各类数据，包括在测试系统运行中实时存储的各类数据、测试记录、日志等，在测试完毕后通过数据后处理软件来查询导出，达到分析定位问题的目的，并且可以导出生成测试报告，直接打印输出报告。

数据后处理软件如图9-17所示。

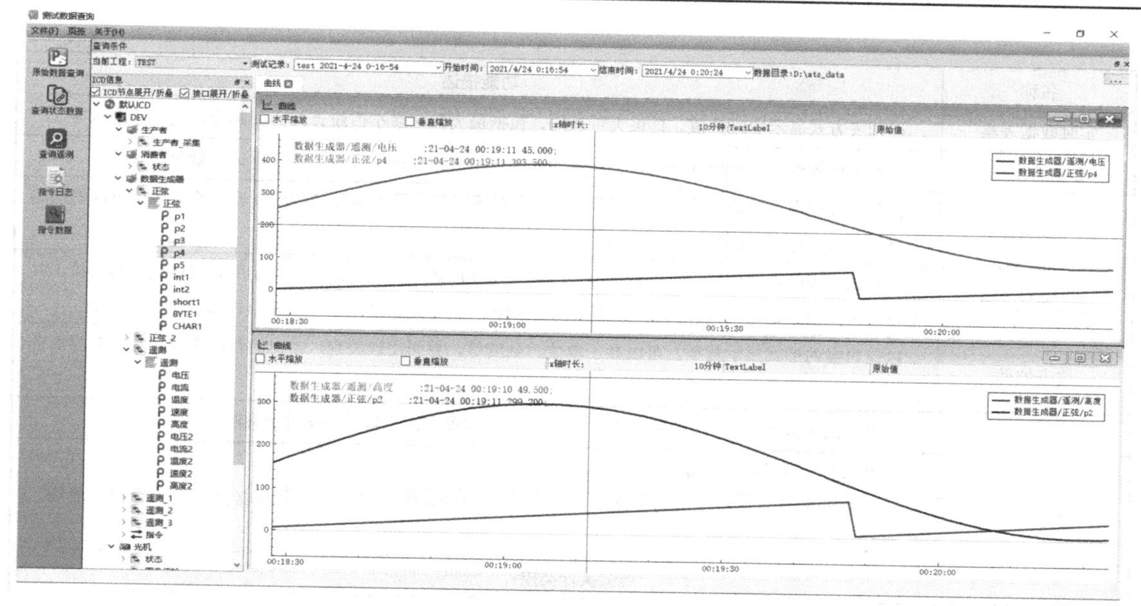

图 9-17　数据后处理软件

（1）支持文件系统的数据源，实现查询数据并显示结果、导出结果等。文件系统实现这些功能，与用数据库实现相比，要复杂一些，要多写代码，但可以接受。

（2）支持数据库，实现查询数据并显示结果、导出结果等。可使用常规的关系型数据库，并且使用基于 Qt 的数据库插件更容易操作这些数据库。Qt 的数据库插件已经对多种数据库进行了适配，并抽象出操作数据库的接口类。但是，各种数据库之间有一些差异是无法抽象出来的。例如自增 ID，在 DB2 中，表的字段有自增，而在 Oracle 字段属性中没有自增，在这种情况下就需要在代码中判断当前数据库类型，然后针对性地写代码实现。

9.5.2　插件

在总线仿真测试平台中有多种插件，主要包括运行在测试执行框架中的控件系统，以及运行在测试服务框架中的通信模块。

1．控件系统

在测试执行框架中，通过控件实现各类功能，以界面拖曳形式建立一套测试执行框架界面。这些控件包括数值显示类控件，如实时曲线图、实时数据表格、数值分组框、原始数据监显等；包括测试执行类控件，如指令执行控件、指令序列控件、测试流程控件、指令编辑执行控件等。同时，开放了控件开发接口，支持用户自己定义控件，实现内置控件不具备的功能。

在总线仿真测试平台中已经实现的内置的控件如表 9-14 所示。

表 9-14　在总线仿真测试平台中已经实现的内置的控件

名称	功能描述
数值显示类控件	
实时曲线图	支持绘制实时参数曲线；鼠标右键菜单提供大量功能，包括缩放、导出图片、横纵标线提示等，设置曲线样式、线型等

续表

名称	功能描述
实时数据表格	以列表方式显示实时数值。提供大量功能，包括最大值、最小值统计，区间判读，列显示隐藏等
数值分组框	内嵌其他控件，支持属性编辑，可以修改其中包括的控件，可设置图标、字体、颜色等
原始数据监显	在测试过程中有时需要监视原始通信数据，此时通过原始数据监显控件可以看到所有通信数据的原始内容，并可以导出、保存这些数据等
总线调试工具	在测试过程中除需要监视原始数据外，还需要发送原始数据包，此时可以使用总线调试工具。该工具不仅可以监视原始通信内容，还可以手动发送数据、定时发送数据，类似于串口调试工具的功能
仪表控件	以仪表盘的形式显示数据，可以显示单位、刻度等，界面比较美观，常见的是航空仪表盘，其界面非常漂亮
状态图标控件	根据值的范围显示不同的图标。在一些状态显示需求中，非常适合使用状态图标控件
电源监控控件	以电源面板形式显示电源的实时值。 这个控件参考了虚拟仪表的思路，类似于在 LabView 中拖曳了一个示波器控件，有旋钮、曲线、设置等
测试执行类控件	
指令执行控件	在大部分测试情况下，需要找到指令且立即执行，之后观察测量值是否符合预期情况，指令执行控件可满足这类需求，其界面以列表形式显示出所有的指令，所见即所得、所见可执行
指令序列控件	用于将指令组合后顺序发送。指令序列控件提供多种功能，可便捷地编辑指令序列，可设置定时执行、自动执行等
测试流程控件	测试流程控件用于执行测试流程。有以下三个测试流程控件，对应三种脚本代码展示、编辑方式。 （1）测试流程是一段测试脚本，通过表格图形或拖曳方式建立，用行列表格表示脚本代码、执行脚本，每行有标记、时间戳、执行结果等。 （2）图形化的测试流程控件，用图形拖曳、流程图方式编辑脚本、执行脚本、显示界面，非常直观。 （3）直接文本源码编辑的测试流程控件，在界面编辑文本的脚本源码，执行脚本时每行有标记，执行到哪行都有标记、时间戳、执行结果
指令编辑执行控件	在需要经常编辑指令值的情况下，可以使用该控件，该控件在界面中显示指令值，可以进行实时编辑，编辑后单击“执行”按钮，即可执行指令
测试日志控件	显示指令执行日志、结果、时间戳、值
指令按钮控件	显示图标按钮，单击按钮可以发送对应指令
框架系统控件	
系统命令按钮	是基于 Qt 的按钮控件，提供属性选项，可以控制开始测试、停止测试、显示属性、控制接口启动/停止、显示 UI 配置等功能
系统功能菜单	是基于 Qt 的菜单，与系统命令按钮类似
Qt 控件	
其他 Qt 控件	Qt 控件不能与框架软件交互，可以用于界面美化、装饰等显示效果改进

2. 通信模块

测试系统中最重要的内容是完成与被测对象的通信、采集、控制，在测试服务框架中将各类通信、采集、控制设计为通信模块，以动态加载的方式加入系统中。通信模块内部又分为硬件驱动、总线适配、协议适配三个方面来完成不同的工作。

在测试服务框架中可以显示加载的所有通信模块。通信模块如图 9-18 所示。

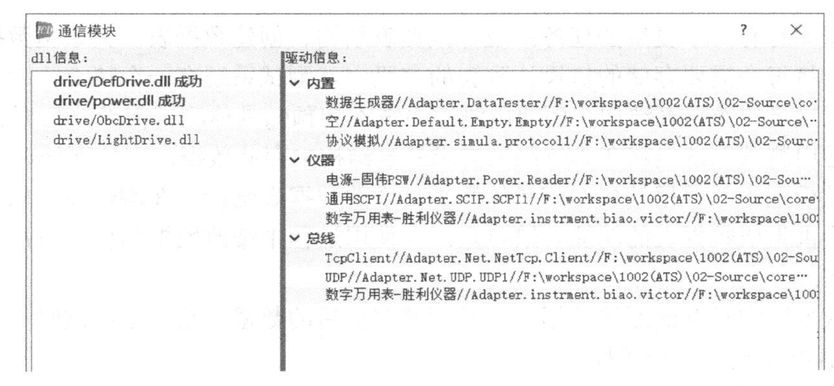

图 9-18　通信模块

9.6　数据存储设计

总线仿真测试平台中的各个数据都需要存储。如何存储数据？主要有文件存储和数据库存储这两种形式。

9.6.1　文件存储

根据轻量化的理念，应减少外部依赖，所以优先使用文件存储。文件存储只需要调用操作系统提供的文件函数，不依赖于任何其他库，不需要安装数据库软件，只依赖于操作系统的文件读/写函数，只要磁盘有空间就可存储。

需要设计自检功能，检查存储目录所在磁盘的剩余空间，若低于一定值则预警提示。

相比数据库存储，文件存储有诸多优点，例如容易维护、升级，容易导出数据。

存储文件的格式以简单、便捷为原则，不能过于复杂，具体格式如下。

（1）测试模型文件是自定义的 JSON 格式，已在 9.4.5 节中详细描述。

（2）UI 文件格式使用了 Qt 设计师生成的.ui 文件格式，UI 文件是 XML 的文本格式，因为是由 Qt 设计师生成的，所以不需要关注这个 XML 的具体格式。有关 Qt 设计师的内容参见 6.3.1 节，有关 UI 文件格式的内容参见 6.4.1 节。

（3）测试数据、日志等，使用二进制文件、文本文件，混合保存。二进制文件存储原始值，文本文件描述二进制文件，每行是一个存储记录。

9.6.2　数据库存储

文件存储有诸多优点。然而，在下列场景中需要用数据库来存储数据。

（1）在多客户端的场景中，具有多账号、多客户端，需要用一个数据库服务器存储各种数据。此时，必须使用数据库服务器存储各类配置文件，存储产生的测试数据、日志等。

（2）在生产阶段的自动化测试中，应将测试数据、日志提供给其他业务系统，必须使用数据库作为对外的接口，用数据库和其他系统交互数据。

（3）数据库使用主流的关系型数据库，Qt 有数据库适配插件，所以可以比较方便地兼容各种常见的数据库，例如 Oracle/DB2/SQLServer/MySQL。数据库存储的数据项参见 9.3.4 节。

使用数据库时有一个复杂的任务：设计数据表结构、创建数据表。关系型数据库中必须有表、字段，将每个需要存储的值设计到表的字段中。测试系统有一个特点，即每个具体的测试需求都有自己的数据表结构，而通用测试系统不会预知具体测试需求的数据表结构。

为了使通用测试系统能够在具体测试需求的表结构中存储数据，有如下处理方法。

（1）测试模型中的数据结构对应具体测试需求的数据表结构，在测试建模软件中编辑数据结构后，提供生成数据表的功能。缺点是：在使用过程中修改数据结构，每次都要重新生成数据表结构。

（2）在数据库中只存储原始数据包，不存储解析后的数据。缺点是：这时无法用数据库的 SQL 语句执行查询、分析等操作。

（3）采用非关系型数据库。在非关系型数据库中不需要事先设置存储结构，存储时以 key-value 的形式存储数据，非常适合测试数据这种结构不固定的存储需求。

第10章 软件设计

在前面章节的架构设计中已经区分好了软件项、软件项的功能定位、软件项间的关系，现在需要考虑如何实现各软件项，即如何设计面向对象编程中的类、对象，如何编写代码。

基于面向接口的程序设计方法，抽象整理模块间的关系，定义出抽象接口类；依据测试业务流程、测试业务内容、测试系统特点、需求特点等测试领域知识，定义出接口类、类方法。这是将测试领域知识转化为软件系统的最核心内容，掌握这些知识不管用的是什么具体技术、具体实现方法，都能构建一套测试系统平台。

各行各业的软件系统都有各自的业务知识，除技术外，技术人员还要掌握业务知识。本书前两章介绍了测试系统的业务知识。

有了前面的架构设计，可以得出实现方面的整体设计，包括以下内容。

（1）整理出模块清单，包括模块、源码目录、子目录。编译类型：可执行程序、动态库、静态库。可执行程序发布目录：exe、dll、配置文件、子文件夹。

（2）考虑可以作为公共库的模块，包括测试模型、ATML 模块、文件存储系统等。

（3）定义各个软件项间的接口关系，包括抽象接口类、数据结构定义、网络数据包定义、配置文件定义等；定义数据存储格式：文件格式、数据库结构。

（4）对软件项间的执行关系，可以绘制序列图。

在软件设计中应有如下约束条款。

（1）根据轻量化理念，各个模块要减少对外部库的依赖。例如，非界面的公共库代码非必须时不调用 Qt 库，以减少对 Qt 库的依赖；无操作系统函数调用的模块，不要引用系统库函数文件，等等。在设计各个模块时需要注意这一点。

（2）基于面向接口编程，在软件项之间设计、抽象接口类，可以隔离复杂度。

（3）跨平台考虑，软件系统应能运行在 Windows/Linux 等主流操作系统上，图形界面使用 Qt，在非界面代码中避免调用和依赖于操作系统相关函数，在避免不了时需要有条件编译，然后调用不同操作系统的系统函数。

（4）存储设计的考虑，能够不依赖于数据库，可以设计文件格式，用文件存储各类信息，所有操作系统都具有文件操作。不依赖于数据库表结构存储信息、不依赖于具体的数据库。

（5）服务器、客户端之间的通信协议，涉及整数的大小端问题，统一为网络字节序。

（6）基于面向对象的若干设计准则，包括弱依赖、多组合少继承、功能内聚、调用者只关注接口不关注实现、单一接口抽象等。

10.1 模块清单

模块清单包括整体的源码目录结构，具体的软件项名称、编译类型、目录、描述。清单是直观的体现，对整体可以有直观的认识，方便在后面逐个描述。

代码模块清单表格如表 10-1 所示。

表 10-1 代码模块清单表格

<table>
<tr><th>软件项</th><th>类型</th><th colspan="2">源码目录</th><th>描述</th></tr>
<tr><td>公共库</td><td>静态库</td><td colspan="2">ATS/src/Core</td><td>各个软件项都会用到的一些公共代码放到这个公共库中，编译为静态库；包括测试模型、文件存储系统、ATML 模块、公共界面等</td></tr>
<tr><td>动态创建模块</td><td>动态库</td><td colspan="2">ATS/src/Core/DynamicObj</td><td>动态创建模块必须是动态链接库，实现了插件的注册、创建、维护等功能。
是实现框架软件、插件机制的重要基础</td></tr>
<tr><td>测试建模软件</td><td>可执行程序</td><td colspan="2">ATS/src/Frame/ModelTool</td><td>独立的可执行程序 exe，基于 Qt 的 QMainWindow 类开发实现</td></tr>
<tr><td>测试执行框架</td><td>可执行程序</td><td colspan="2">ATS/src/Frame/Performer</td><td>测试执行框架主程序 exe，加载控件类插件，实现组态功能的主程序，界面、功能通过加载 UI 文件得到</td></tr>
<tr><td>测试服务框架</td><td>可执行程序</td><td colspan="2">ATS/src/Frame/SServer</td><td>服务程序，加载总线通信插件，多客户端登录、多客户端通信，与被测试设备通信、数据采集、执行测试，数据实时存储、转发等。
定义多个 TCP 通道，与测试执行框架（客户端）通信，传输控制命令、实时数据、遥控指令等</td></tr>
<tr><td rowspan="2">插件系统</td><td rowspan="2">动态库</td><td>控件类</td><td>ATS/src/UI_Plugin</td><td>可以在 Qt 设计师中使用的自定义控件，包括显示类控件、执行测试类控件、判读类控件、框架系统类控件</td></tr>
<tr><td>通信类</td><td>ATS/src/Drive</td><td>测试服务框架加载的插件，完成设备交互的各个模块，包括通信协议插件、总线插件、属性插件等。基于 C++动态创建机制</td></tr>
<tr><td>数据后处理软件</td><td>可执行程序</td><td colspan="2">ATS/src/Frame/Analyse</td><td>独立可执行程序 exe，基于 Qt 的 QMainWindow 类开发实现。
QTabWidget 页签形式，分别显示查询结果：数据表格、数据曲线、测试日志、导出报告、导出数据等，每个页签是一个结果。
使用 Qt 的 MVC 技术，实现不同数据源的查询、显示。
基于文件系统存储的界面表格显示时，子类化 QTableModel，程序在其中创建文件源查询对象，然后实例化后绑定到界面 QTableView 中。
基于数据库存储的界面表格显示时，直接使用 Qt 的 QSqlModel，然后实例化后绑定到界面 QTableView，调用接口设置查询条件等</td></tr>
<tr><td>配置工具软件</td><td>可执行程序</td><td colspan="2">ATS/src/Frame/SystemConfig</td><td>全局 XML 配置文件读写、显示。
全局 XML 配置文件：包括若干开关选项、基础输入等，是整个系统运行的基础输入。例如，TCP 的 IP 和端口号，存储的文件目录、数据库地址、账号等，加载的背景图等</td></tr>
</table>

在设计中既需要规划源码目录，也需要规划发布后的可执行程序目录。特别是对于复杂的软件系统，可执行程序目录中有很多文件，包括各种依赖库、可执行程序文件、配置文件，在设计初期需要考虑好这些文件。总线仿真测试平台的可执行程序目录结构如图 10-1 所示。

主要内容如下。

（1）编译生成的各可执行程序，依赖于 Qt 发布的多个动态链接库，可执行程序目录中需要复制 Qt 的多个动态库。

（2）子目录 designer 中存放编译的 Qt 自定义控件，即插件中控件系统编译的各个控件。

（3）子目录 projects 中存放工程文件、测试模型文件、UI 文件等。

（4）子目录 drive 中存放编译的通信模块、总线插件、属性插件等。

（5）子目录 ini 中存放一些配置文件、全局的运行参数等文件。

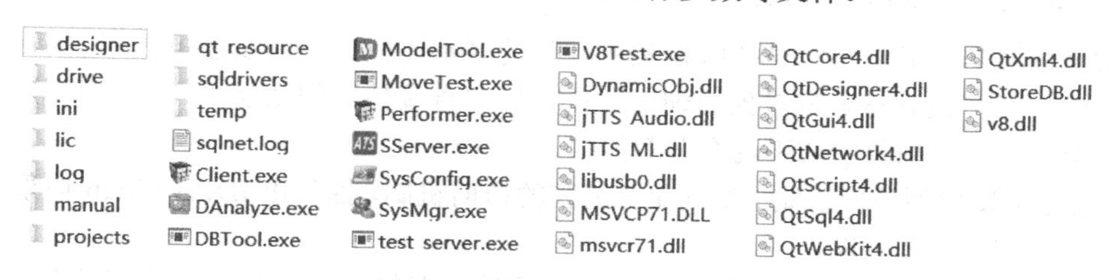

图 10-1　总线仿真测试平台的可执行程序目录结构

10.2　框架接口设计

10.2.1　分析

软件平台中最重要的两个软件项是两个框架（测试执行框架、测试服务框架），其次是实现具体功能的插件。现在定义这两个框架的服务接口、插件的接口，即根据测试业务抽象出多个抽象接口类，之后定义出这些抽象接口类间的关系（泛化、实现、关联、聚合、组合、依赖）。整个系统的顶层设计是这些抽象接口类之间的交互。

在前面章节中提过，在框架软件中需要考虑框架向插件提供的服务是什么，下面分别加以说明。首先是厘清功能，根据功能就会清楚需要提供的服务。考虑以下两项内容。

（1）测试相关的基础功能、公共操作，设计为框架的服务接口。

（2）框架拥有的资源也作为服务接口提供给插件，使插件可访问框架的公共资源。

1．测试执行框架的功能

测试执行框架包括如下功能。

（1）操作功能：加载 UI、加载测试模型、测试控制、开始测试、停止测试，界面保存、界面删除控件、初始化等。

（2）处理测试服务框架传递的总线数据，根据测试模型执行总线数据的解析、区间判读、数值统计。

（3）向测试服务框架发送控制指令，实现组数据包并发送到测试服务框架中。

2．测试执行框架的对外服务

测试执行框架面向插件，提供如下服务。

（1）访问框架的功能命令，例如加载 UI、加载测试模型、开始/停止测试等。

（2）获取采集的数据，包括总线原始数据包、解析后数据包、参数数据包。

（3）通过框架与测试服务框架通信，例如发送指令包、修改接口属性等。

3. 测试服务框架的功能

测试服务框架具有如下主要功能。

（1）服务启动/服务停止、加载测试模型、开始采集/停止采集、数据存储。

（2）加载通信模块，创建插件对象、初始化、设置属性、维护对象生命周期。

（3）插件对象的交互，采集数据、发送指令包、采集总线原始数据等。

4. 测试服务框架的对外服务

测试服务框架的插件与测试执行框架的插件的区别比较大，测试服务框架的插件的主要功能是后台执行、完成与被测对象的硬件通信，用户直接使用的功能少，所以不需要访问很多服务框架的功能。抽象出如下两个服务接口。

（1）根据测试模型访问机制、测试业务流程的访问机制，抽象出 IDeviceMan 抽象接口类，提供接口方法实现这些功能。

（2）框架资源的访问功能，包括访问其他插件、存储配置信息、输出日志等，抽象出 IResource 抽象接口类，提供接口方法实现这些功能。

10.2.2　类图

有了上面的分析后，服务接口和插件接口都很清晰了，绘制出整体的框架图——插件接口类图。这个图是顶层的各个软件项间的交互接口，非常重要。框架接口类图如图 10-2 所示。

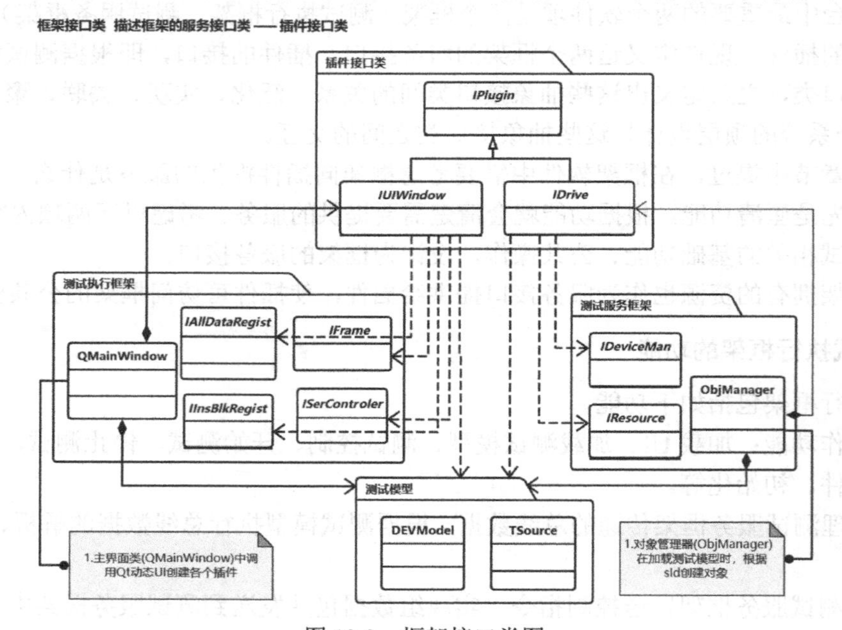

图 10-2　框架接口类图

整体分为三个部分：插件接口类、测试执行框架、测试服务框架。后面按照这三个部分来描述。

10.2.3　插件接口类

在框架的软件架构中考虑多用户同时执行测试，设计了服务器、客户端模式。测试执行框架直接面向使用者，提供了很多显示、测试、控制的功能。测试服务框架作为服务器程序，承担了很多面向被测对象交互的工作。根据面向的业务领域、业务流程的特点，充分地抽象、设计了很多抽象业务接口。

1．清单

插件接口类清单如表 10-2 所示。

表 10-2　插件接口类清单

名称	基类	描述
IPlugin	无	插件类。所有插件的基类，包括名称、分类等基本方法
IDrive	IPlugin	通信插件。可以应用在测试服务框架中的通信插件，包括读数据、写数据、设置参数、启动、停止等方法
IUIWindow	IPlugin	界面类插件。可以应用在测试执行框架中的界面插件，包括属性框、自动化、界面对象、显示、隐藏等简单的界面方法。 根据测试业务定义了四个子类：IDataPlugin、IDataPluginEx、IInsPlugin、ISysPlugin
其他	IPlugin	在测试服务框架中，与测试业务相关的另外三个接口类包括 IConfig、IDrive、IIO，分别用于属性设置、总线通信、总线 IO

测试模型中包括 DEVModel 和 TSource 两个模块，其中又有很多类，将在 10.5.1 节中详细描述。在 DEVModel 中定义命名空间 DEV，DEV 命名空间中的类都是 DEVModel 中的类。TSource 的命名空间是 INS，在 INS 命名空间中的类都是 TSource 中的类。

2．插件——IPlugin

在总线仿真测试平台中，所有插件的基类 IPlugin 无太多实际接口方法。主要目的是实现接口转换，由一种接口转为另一种接口。

主要接口方法如下。

（1）返回插件的名称：virtual std::string PluginName() = 0;

（2）提供接口转换的能力：virtual IPlugin * QueryInterface(int ID) = 0;

其中实现了接口转换机制，接口转换也称为接口查询，参照了一些技术中的接口查询机制。在一个框架系统中，预定义了很多插件接口；但在具体使用时，如果想让框架支持新的接口，则需要改动框架的接口代码，然后重新发布框架。这需要修改以往的各种插件代码，导致耗费时间、考虑兼容性，需要各种测试、各种验证等。使用接口转换能够实现，在不调整接口的情况下，直接转换为预期的另一个接口，能够使两个插件互相识别对方，在插件间能识别对方后，就可以调用新接口调用对方的功能。

一个重要的机制是设计一套 ID（唯一标识符）机制，为每个接口类分配一个唯一的 ID，既可以用整数表示，也可以采用字符串形式，这里选择整数的 ID。

此处的 ID 与平台中的插件 sId 不是一个概念，此处的 ID 用来标识一类插件，标识一个 IPlugin 的子类，而插件的 sId 是描述一个插件的唯一标识。

3．通信插件——IDrive

在平台中定义的通信接口类抽象出通信交互、测试流程、数据接收、数据发送等业务流程，将这些抽象为接口方法。

通信插件实现具体的总线通信、各种自定义协议解析等功能。对应测试模型中的每个接口，根据接口类型（通信插件的 sId）实例化 IDrive 对象。主要接口方法如下。

（1）初始化，测试服务框架将服务接口对象、测试模型对象等传给插件。

```
virtual void Init(IDeviceMan *pDevMan,DEV::InterfaceInfo * pInter)=0;
```

（2）硬件自检。

```
virtual bool CheckSelf(string & errorString) = 0;
```

（3）开始通信，插件进入测试中。

```
virtual int StartWork() = 0;
```

（4）停止通信，插件结束测试执行。

```
virtual void StopWork() = 0;
```

（5）获取最后的错误信息，用于调试测试提供的接口方法。

```
virtual string GetErrorString();
```

（6）获取 IO 状态信息，返回 IO 状态的结构体变量。

```
virtual IOStateStu GetIOState();
```

（7）设置通信地址。

```
virtual int SetAddress(const string & strAdd1,const string & strAdd2,const string & strAdd3,const string & strAddr4) = 0;
```

（8）设置插件的自定义配置字符串。

```
virtual int SetConfig(const string & config);
```

之后是最重要的两个接口——读数据和写数据，根据总线通信的基本业务流程，从总线读数据、从总线发送数据，抽象为读和写两个接口方法。在测试过程中，测试服务框架调用 read 和 write 方法，完成与插件的数据交互，调用方式是异步的，在各自独立线程中调用。

（1）从接口读数据。

```
virtual int read(stmHead & head,char * buff,int buffLen);
```

（2）接口发数据。

```
virtual int write(stmHead & head,const char * buff,int buffLen);
```

4．界面控件——IUIWindow

界面控件是在测试执行框架中用于界面显示、交互等功能的插件。这类插件考虑以下两方面内容。

（1）完成显示、交互等工作。

（2）完成测试流程的加载、开始、停止等工作。

将这些抽象为接口方法，框架在加载 UI 界面时和测试过程中逐个调用。

类名称为 IUIWindow，基类为 ATS::IPlugin，描述有界面交互的插件、界面控件，有显示、处理、交互等接口方法。

主要接口方法，参见以下代码：

```
// 对象名称
virtual std::string UI_name() =0;

// 插件类名称，思路来源于 Qt 的原对象系统
virtual std::string className() = 0;

// 模型名称
virtual std::string devName() = 0;

// 打开工程
virtual void OpenProject(const char * projectName, int projectId, const char * userName, int userId, int iRight) = 0;

// 设置控件的属性字符串
virtual void SetPropertyString(const std::string & stri) = 0;

// 获取控件的属性字符串
virtual std::string GetPropertyString() = 0;

// 显示控件的属性框
virtual void OpenPropertyDialog() = 0;

// 开始测试
virtual void start(const char * testName, long testlId, bool inLine) = 0;

// 停止测试
virtual void stop() = 0;
```

5．数据控件——IDataPlugin

在测试执行框架中，界面相关插件中的数据控件 IDataPlugin 用于实现数据处理、显示等功能，继承自 IUIWindow。例如，实时数据表格控件、实时曲线图控件等，都继承和实现该抽象接口类。

类名称为 IDataPlugin，基类为 IUIWindow，主要接口包括获取实时数据、异步方式获取数据等。

（1）绑定服务接口对象之后，插件可调用服务接口 IAllDataRegist 来订阅参数和流的实时值、实时数据。接口方法定义如下。

```
virtual void bind(IAllDataRegist*, ISerControler *, DEV::DEVModel *);
```

（2）接收实时数据，在框架的数据处理线程中会调用该接口方法。接口方法的定义如下。

```
void on_ycData_arrive(const ATS::SrTimeTriple *, const DEV::InterfaceInfo * , const DEV::MStream* , const DEV::ParamInfo* , DEV::ParamValue * );
```

6. 原始数据控件——IDataPluginEx

在测试执行框架中，界面控件的原始数据控件继承自 IUIWindow。总线调试工具、数据监视器等控件，都继承和实现该抽象接口类。

框架的服务接口对象绑定到控件中，实现向框架订阅数据流、控制流，以异步方式获取数据等。主要接口方法如下。

（1）接收数据流的接口，在框架的数据处理线程中会调用该接口方法。接口方法的定义如下。

```
virtual void on_ycData_arrive(const ATS::SrTimeTriple *, const DEV::InterfaceInfo *, const EV::MStream*, const char *, size_t) = 0;
```

（2）接收控制流的接口，在框架的数据处理线程中会调用该接口方法。接口方法的定义如下。

```
virtual void on_controlData_arrive(const ATS::SrTimeTriple *time, INS::TestIns * pIns, const char *data, size_t length) = 0;
```

（3）接收原始数据的接口，在框架的数据处理线程中会调用该接口方法。接口方法的定义如下。

```
virtual void on_origData_arrive(const ATS::SrTimeTriple *time, const DEV::InterfaceInfo * pInter, const char *data, size_t length, int externLen) = 0;
```

7. 指令控件——IInsPlugin

在测试执行框架中，界面控件的指令控件继承自 IUIWindow。例如，指令执行控件、指令序列控件、测试用例执行控件等，都继承和实现该抽象接口类。

指令控件的主要接口方法如下。

（1）绑定框架的服务接口对象，接口代码如下。

```
virtual void bind(ISerControler *sender, IInsBlkRegist*reg, DEV::DEVModel *dev, INS::TSource * source) = 0;
```

（2）接收指令执行结果，采用异步方式。框架调用该接口向插件传递执行结果，代码如下。

```
virtual void on_insData_arrive(const ATS::SrTimeTriple *time,INS::TestIns * pIns, const char *data, size_t length) = 0;
```

8. 系统控件——ISysPlugin

在测试执行框架中，界面控件的系统控件继承自 IUIWindow。这类控件不处理实时数据，只用于主框架的控制、交互等功能。例如，系统命令按钮、自定义面板、控件分组框等控件，都继承和实现该抽象接口类。

系统控件更关注的是整个系统的状态、信息、变化等情况。定义接口方法接收这些信息，代码如下。

```
class ISysPlugin : public IUIWindow
{
public:
    virtual IUIWindowVersion GetVersion(){return system;}
public:
    typedef enum _INFO_TYPE{
        SYS_LOG,            // 系统日志
        HEART_PAG           // 心跳包
    }INFO_TYPE;
    // 初始化
    virtual void InitOK() = 0;
    // 绑定框架服务接口
    virtual void bind(IFrame *sender, INS::TSource * source, DEV::DEVModel *dev) = 0;
    // 系统的工程属性信息
    virtual void SysInfo(INFO_TYPE x, const char *,int ) = 0;
};
```

9．原始数据包插件——IDriveOrig

与通信接口 IDrive 相比，这里的接口细化了数据交互功能。根据测试业务实际情况，有三种数据交互接口：一次读取多个数据包的 ReadIO、一次发送多个指令包的 WriteEx、读取多个指令的执行结果 Read_selfIns。主要接口方法如下。

（1）读取原始数据，各类总线数据都可以放到 buff 中，在 buff 中存放总线的数据结构和数据。接口代码如下。

```
virtual int ReadIO(char * buff,int buffLen, int & externLen) = 0;
```

（2）WriteEx 用于发数据，参数 head 中包含指令 ID、指令组 ID。接口代码如下。

```
virtual int WriteEx(stmHeadEx & head,const char * buff,int buffLen) = 0;
```

10.2.4　测试执行框架的接口

将测试执行框架向控件提供的功能抽象出来，定义为抽象接口类。

测试执行框架的服务接口如表 10-3 所示。

表 10-3　测试执行框架的服务接口

名称	基类	描述
IAllDataRegist	无	实时数据订阅接口类。 提供实时数据方法，获取解析后的实时数据。 参数注册方法，框架会实时向插件发送实时数据
IInsBlkRegist	无	指令数据包订阅接口类。 提供实时数据方法，获取实时的原始数据包。 数据流注册方法，框架实时向插件发送原始数据包

续表

名称	基类	描述
IFrame	无	框架接口类。 提供访问框架资源的方法，访问主框架界面控件。 提供控件访问方法，可以访问主框架中的其他控件。 提供访问测试模型方法，获取 DEVModel 对象、TSource 对象
ISerControler	无	服务器控制接口类。 提供控制服务器启动、停止、加载控制方法。 提供向服务器发送数据包、发送指令数据包的方法。 提供控制服务器的采集接口启动、停止、重置的方法

1. 实时数据订阅接口类——IAllDataRegist

插件通过 IAllDataRegist 得到实时数据。

用于实时数据订阅的接口类，插件向框架订阅想要的数据，基于订阅者模式，框架在处理实时数据时，根据订阅关系向插件发送数据，调用插件的接口方法来传递数据。

第一部分工作是实现数据订阅相关接口，订阅数据之后，框架会主动将数据传递给控件。

（1）订阅指定数据流的指定参数数据，在接口、流、参数都为空时，表示订阅所有流的参数数据：

```
virtual void regist(const DEV::InterfaceInfo * , const DEV::MStream * , const DEV::ParamInfo * ,IDataPlugin * ) = 0;
```

（2）取消订阅：

```
virtual void unRegist(const DEV::InterfaceInfo * , const DEV::MStream * , const DEV::ParamInfo * ,IDataPlugin * ) = 0;
```

（3）取消全部订阅：

```
virtual void unAll(IDataPlugin * ) = 0;
```

（4）订阅指定流的数据包，MStream 为 NULL 时表示订阅所有数据包：

```
virtual void registstm(const DEV::MStream * ,IDataPluginEx * ) = 0;
```

（5）取消指定流的订阅：

```
virtual void unstm(const DEV::MStream * ,IDataPluginEx * ) = 0;
```

（6）可以订阅接口的原始通信数据包：

```
virtual void registInter(const DEV::InterfaceInfo * , IDataPluginEx * ) = 0;
```

（7）取消订阅原始数据：

```
virtual void unRegistInter(const DEV::InterfaceInfo * , IDataPluginEx * ) = 0;
```

第二部分是主动获取实时数据相关接口。

（1）读取最新数据包数据：

```
virtual void ReadStmPack(const DEV::InterfaceInfo* , const DEV::MStream*,ATS::SrTimeTriple&, std::map
```

```
<DEV::ParamInfo*,DEV::ParamValue>&) = 0;
```

（2）读取参数最新值：

```
virtual void ReadParamValue(const DEV::InterfaceInfo* , const DEV::MStream* ,  const DEV::ParamInfo* , ATS::SrTimeTriple & , DEV::ParamValue & ) = 0;
```

（3）获取总线的状态：

```
virtual DRIVE::IOStateStu GetInterfaceState(const DEV::InterfaceInfo * ) = 0;
```

2. 指令数据包订阅接口类——IInsBlkRegist

IInsBlkRegist 是指令数据包订阅接口类。指令数据包订阅接口类提供指令数据包的订阅服务，用于获知框架中指令执行的情况。可订阅的内容：指令执行日志、控制流执行日志、数据包。

（1）订阅所有指令数据、取消订阅指令：

```
virtual void regist(int iInsId,IDataPluginEx * ) = 0;
virtual void unRegist(IDataPluginEx * ) = 0;
```

（2）订阅和取消指定指令，包括指令发送结果、指令返回结果：

```
virtual void registIns(int iInsId,IInsPlugin * ) = 0;
virtual void UnRegistIns(int iInsId,IInsPlugin * ) = 0;
```

（3）订阅所有指令，在接口类 IInsPlugin 和 IDataPluginEx 中调用：

```
virtual void registAll(IInsPlugin * ) = 0;
virtual void registAll(IDataPluginEx*plugin) = 0;
```

（4）取消订阅指令，在接口类 IInsPlugin 和 IDataPluginEx 中调用：

```
virtual void unAll(IInsPlugin * ) = 0;virtual void unAll(IDataPluginEx * ) = 0;
```

3. 框架接口类——IFrame

IFrame 是框架接口类。对测试执行框架的资源服务功能进行抽象，定义出接口类中的接口方法。

定义框架能够支持的命令如下。

```
typedef enum {
    SYSTEM_CMD_TEST_START,          // 测试开始
    SYSTEM_CMD_TEST_STOP,           // 测试停止
    SYSTEM_CMD_UI_CONFIG,           // UI 配置
    SYSTEM_CMD_TEST_REPLAY,         // 测试回放
    SYSTEM_CMD_FULL,                // 全屏
    SYSTEM_CMD_OPEN_PROJECT,        // 打开工程
    SYSTEM_CMD_SAVE_UI_CONFIG,      // 保存界面配置
    SYSTEM_CMD_MAIN_CLOSE,          // 程序退出
    end
}SYSTEM_CMD;
```

主要接口方法如下。

（1）执行框架的命令：

```
virtual void SystemCMD(SYSTEM_CMD cmd) = 0;
```

（2）显示通信接口的属性窗口：

```
virtual bool OpenInterProper(DEV::InterfaceInfo *) = 0;
```

（3）控件注册接口：

```
virtual void RegistUIPlug() = 0; virtual void UnRegistUIPlug(IUIWindow *) = 0;
```

（4）获取系统信息：

```
virtual const ATS::SrStateInfo * GetSysInfo() = 0;
```

4．服务器控制接口类——ISerControler

ISerControler 是服务器控制接口类。抽象出的服务器控制接口类，能够用于服务器的通信、控制等，所以插件中也能实现控制服务器的功能。

功能如下。

（1）执行指令，插件向总线通信模块发送指令包、指令数据。

（2）插件向服务端发送控制命令。

主要接口代码如下。

```
// 发送一个指令
virtual int send_ins(INS::TestIns * pIns,INS::TCase * pCase,INS::TFlow * pFlow) = 0;

// 发送数据。控件通过此方法发送数据
virtual void send_insPack(const DEV::InterfaceInfo * pInter, const DEV::MStream *dst, const char *data, size_t length) = 0;

// 发送命令。控件通过此方法发送命令给服务器
virtual int send_cmd(ATS::SR_CMD_ID cmd, const char *data = NULL, size_t length = 0) = 0;

// 日志输出接口
virtual void output_msg(const char * cLog) = 0;

// 获取系统信息
virtual const ATS::SrStateInfo * GetSysInfo() = 0;

// 控制接口启动或停止
virtual int ControlInterface(bool bStart,const DEV::InterfaceInfo *inter)= 0;

// 修改接口地址，修改接口配置
virtual int InterfaceSetAddress(const DEV::InterfaceInfo * inter, const char * addr1, const char * addr2, const char * addr3, const char* addr4, const char* addr5, const char * ioType, const char* cfg) = 0;
```

```
// 接口自检
virtual string CheckSelf(const DEV::InterfaceInfo * inter) = 0;
```

10.2.5　测试服务框架的接口

将测试服务框架向插件提供的功能抽象出来，定义为抽象接口类。

测试服务框架的服务接口如表 10-4 所示。

表 10-4　测试服务框架的服务接口

名称	基类	描述
IDeviceMan	无	设备管理者接口类。提供访问其他总线接口的方法，如获取总线接口对象、测试模型对象。提供控制启动、停止、重置等方法
IResource	无	框架资源接口类。获取主界面资源方法、界面日志输出方法等

1. IDeviceMan

IDeviceMan 是设备管理者接口类。总线通信的抽象已经定义到插件接口 IDrive 中，这里要考虑框架服务功能的抽象：①获取当前测试信息；②获取当前加载的测试模型；③时间同步等。

具体实现 IDeviceMan 时还需要考虑变量的互斥访问，对于对象指针的访问，要用 const 约定只读等。

主要接口方法如下。

```
// 获取工程信息
virtual const ATS::SrProjectInfo & GetProjectInfo() = 0;
// 获取设备接口库
virtual const DEV::DEVModel * GetDevModel() = 0;
// 获取指令库
virtual const INS::TSource * GetTSource() = 0;
// 获取资源接口
virtual IResource * GetResource()= 0;
// 时间戳
virtual void SystemTimeTriple(ATS::SrTimeTriple & ttt) =0;
// 同步星上时间
virtual void SyncShipTime(ATS::SrTime shipTime) =0;
```

2. IResource

IResource 是框架资源接口类。其主要内容是输出日志、写日志。日志是非常重要的内容，可排查问题、调试软件等。接口方法如下。

（1）输出日志：

```
virtual void OutLogMsg(const char * strLogMsg) = 0;
```

（2）写日志：

```
virtual void WriteLog(const string &strLog) = 0;
```

10.3　序列图

软件系统是服务器和客户端模式的软件，客户端和服务器之间有网络通信，应该使用序列图描述客户端、服务器的交互。

测试服务框架和测试执行框架间的交互，是整个测试业务流程的交互，包括登录、打开工程、开始测试、测试过程中的数据交互、停止测试。

测试服务框架与测试执行框架间的序列图如图 10-3 所示。

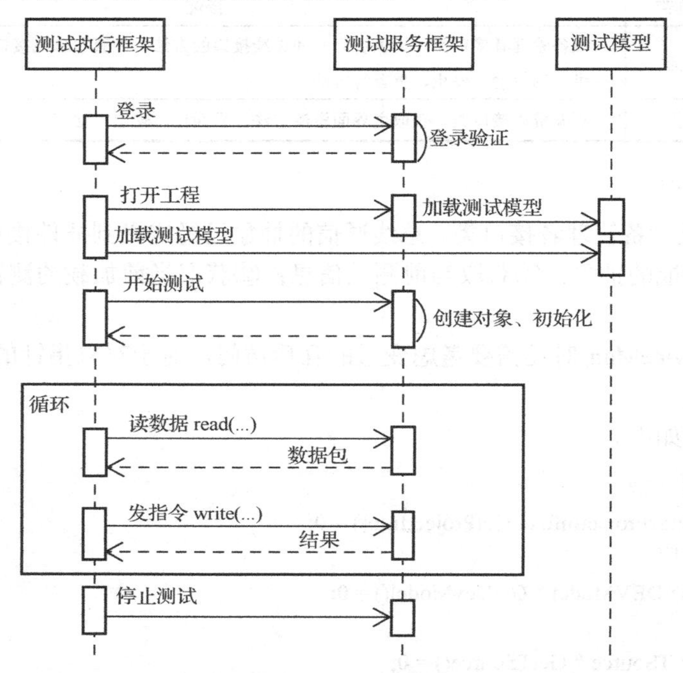

图 10-3　测试服务框架与测试执行框架间的序列图

10.4　其他设计

在一套复杂系统的软件设计中，要包括软件模块、模块间的关系、数据项、数据结构；要包括关键的接口类定义；要定义主要的流程，用序列图表达主要流程。另外，还需要描述内部接口、外部接口、性能设计、可靠性设计等。

本节描述软件模块、模块关系之外的一些设计，包括外部接口、存储结构、时间同步和心跳包等。

10.4.1　外部接口

外部接口是软件设计中的重要内容，因为软件是应用场景中的一个系统，所以会与应用场景中的其他系统产生交互，需要考虑外部接口。

1．全局 XML 配置文件

在可执行程序目录中，需要有一个全局的配置文件，配置一些基本的运行参数。该配置可以指定一些基本参数，如服务器通信的几个网络地址、几个通信端口，如数据库连接地址、账号、密码、连接字符串等。全局 XML 配置文件如图 10-4 所示。

```
<db>
 <Other Name="ConnectString" Value="QOCI" desc="QSQLITE/QMYSQL/QOCI"></Other>
 <Other Name="dataBaseName" Value="orcl"/>
 <Other Name="userName" Value=""></Other>
 <Other Name="passWord" Value=""></Other>
 <Other Name="hostName" Value=""></Other>
 <Other Name="port" Value=""></Other>
 <Other Name="options" Value=""></Other>
 <Other Name="dbDll" Value="" desc=""></Other>
 <Other Name="dbDllUI_className" Value="" desc=""></Other>
</db>
<channel>
 <Other Name="server_ip" Value="127.0.0.1"/>
 <Other Name="webSer_ip" Value="127.0.0.1"/>
 <Other Name="dataChannel" Value=""></Other>
 <Other Name="insDataChannel" Value=""></Other>
 <Other Name="cmdChannel" Value=""></Other>
 <Other Name="insChannel" Value=""></Other>
 <Other Name="fileSer_port" Value=""></Other>
 <Other Name="webSer_port" Value=""></Other>
</channel>
```

图 10-4 全局 XML 配置文件

具体设计如下。

（1）文件位置在可执行程序目录中的 ini/SATS.XML，该文件用于指定软件运行的基本参数，例如一些开关选项：文件存储/数据库存储、数据库地址、数据库账号、服务器 IP 端口等。

（2）基于简便化、易用性，提供系统配置工具软件 SysConfig.exe。通过该软件可以修改全局 XML 配置文件，不需要手动打开编辑该文件。

2. 网络通信接口

在测试执行框架和测试服务框架之间，有四个 TCP 数据传输通道，需要定义网络通信协议。原则是简单、易懂、好升级。

（1）命令通道。测试服务框架的 TCP 服务器，负责各客户端的连接、登录、心跳包、打开工程、开始测试、停止测试、控制接口启动/停止、登录状态维护等工作。

（2）实时数据通道。测试服务框架的 TCP 服务器，负责给各个已经连接、登录的客户端发送采集的实时数据、发送原始数据包，在客户端（测试执行框架）的框架功能中会解析出有效数据。

（3）指令通道。测试服务框架的 TCP 服务器，接收客户端（测试执行框架）发送的指令数据包，将指令数据包通过对应的通信模块发送出去。各个工作者都是独立的线程，保证效率、实时性。

（4）指令数据通道。测试服务框架的 TCP 服务器，指令通道中收到的指令包由指令线程处理完毕后，会生成一个指令数据包，通过指令数据通道发送给各个客户端，使各个客户端能够知道系统中发送的指令，以及指令的数据内容、执行结果、时刻等信息。

10.4.2 存储结构

在总线仿真测试平台中有很多的数据项、数据格式，它们都涉及存储，需要存储到数据库或者文件系统中。此时就需要设计数据库结构、文件结构。

1．测试模型 JSON

测试模型的文件结构涉及 JSON 的组成。本节列出一些 JSON 的 key 值，要点是关键字要简短，以少占用存储空间。

字符串的 key 值，使用静态修饰符的 const 变量统一定义到 json_key.h 文件中。

下面是 json_key.h 文件中一些关键字的定义：

```
static const char * dev_name="name";
static const char * dev_id="id";
static const char * dev_num="num";
static const char * dev_interArray="inter";
```

2．UI 文件的文件接口

测试执行框架加载的 UI 文件是 XML 格式文件，由 Qt 设计师生成，在第 6 章中已描述。

3．绑定关系文件

在测试执行框架中的保存界面功能，可统一保存各控件中订阅的测试模型，包括订阅的流、参数等，此外还需要保存其他属性信息，由框架提供统一的服务接口实现保存，保存在单独的文件中称为绑定关系文件。

该文件格式是 ini 文件，使用 Qt 的 QSettings 可以很方便地读写。key 值是控件的 QObjectName，value 对应字符串格式由控件自己定义并解析。

4．测试数据文件

使用文件存储时，需要存储测试数据文件，涉及目录结构、文件格式。

目录结构如下。

（1）存储目录/工程名称/时间戳/测试模型名称/设备名称/接口名称/。每次开始测试时，在工程名称目录中用时间戳生成一个子文件夹。

（2）在接口名称目录中，存储该接口接收到的原始数据，包括两个文件：一个是原始数据文件，另一个是原始数据的日志文件。

文件格式如下。

（1）日志文件是文本文件，每次存储都在日志文件中插入一行，行内用\t 分隔，包括序号、时间戳、数据长度、相对时间。

（2）原始数据文件，是一包一包地连续存储的二进制文件。存储时，日志文件、原始数据文件都被记录，在解析原始数据文件时，根据日志文件来解析。

5．测试日志文件

测试日志文件是在发送指令后存储的记录，包括指令包的原始数据、发送指令的账号、执行的结果、存储的时间戳等。

测试日志文件与测试数据文件相同，也有两个文件，即原始二进制数据文件、文本日志文件，存储格式也相同。

6. 数据库表

根据系统架构设计，需要支持数据库存储，还需要设计数据库表结构。数据库使用关系型数据库，表结构根据前述各章节介绍内容建立，限于篇幅，这里不再罗列数据库表结构。

10.4.3 时间同步和心跳包等

在软件设计中，需要根据系统的特点有一些设计、一些机制。在总线仿真测试平台中，还包括时间同步机制、心跳包机制等。

（1）时间同步机制。在一个复杂的实时性软件系统中，有服务器、多客户端。如果客户端、服务器时间戳不同，就会导致整个系统混乱。因此，需要设计时间同步机制，以服务器时间为基准，各个客户端的时间按照服务器的时间同步。具体在心跳包中实现，服务器的时间在心跳包中，客户端收到心跳包后，会同步自己的本地时间。

（2）时间戳设计。时间是测试系统中非常重要的内容，有计算机的本地时间、相对时间、被测设备上的时间。因此，在总线仿真测试平台中，专门定义了时间三元组，即每个实时数据的时间戳包含三个部分：服务器采集时的本地北京时间、服务器采集时相对开始时间的测试时间、被测设备上的星上时间。

（3）心跳包机制。在服务器的命令通道中，会定时给客户端发送心跳包，其中包括服务器当前的各种状态信息、时间信息，客户端以此与服务器同步。当客户端的状态信息与服务器不符合时，需要有对应的处理流程。

（4）多线程在各个软件项中定义。多线程是各种复杂软件的基本设计，总线仿真测试平台中设计了大量的线程。因具体的线程不是本章的重点，所以不做过多的描述。

（5）服务器与客户端的通信协议，由具体软件项定义。

10.5 公共库

将各个软件项都会用到的一些公共代码统一到一个公共库源码目录中，根据功能再拆分出多个程序库。为方便使用，将每个程序库编译为静态库，将接口 h 文件与 lib 文件统一放到一个目录中，使用时只需要引用头文件目录、链接相应的 lib 文件，无关的库可以不链接。

具体实现上，一些基础代码的调用优先调用标准库的内容，之后再考虑用 Qt 中的库，然后找其他库，最后是自己实现。

基于弱依赖的原则，在各个代码类之间应减少不必要的引用、调用。

10.5.1 测试模型

测试模型是整个系统的基础，是最重要的一个公共库，作为重要的基础库需要考虑性能、稳定性、可靠性，同时对外的调用接口代码应尽可能简洁、直观，对使用者来说这个基础库要好用。另外，还要考虑以后的升级、维护等情况。

对于测试模型的具体组成、设计，已在 9.4 节中详细描述过，这里罗列具体的类。

1．设备接口库的类图

测试模型中的设备接口库编译为静态库，提供 lib 文件和 h 文件。测试模型类图如图 10-5 所示，该类图基于 Visual Studio 2008 生成得到。

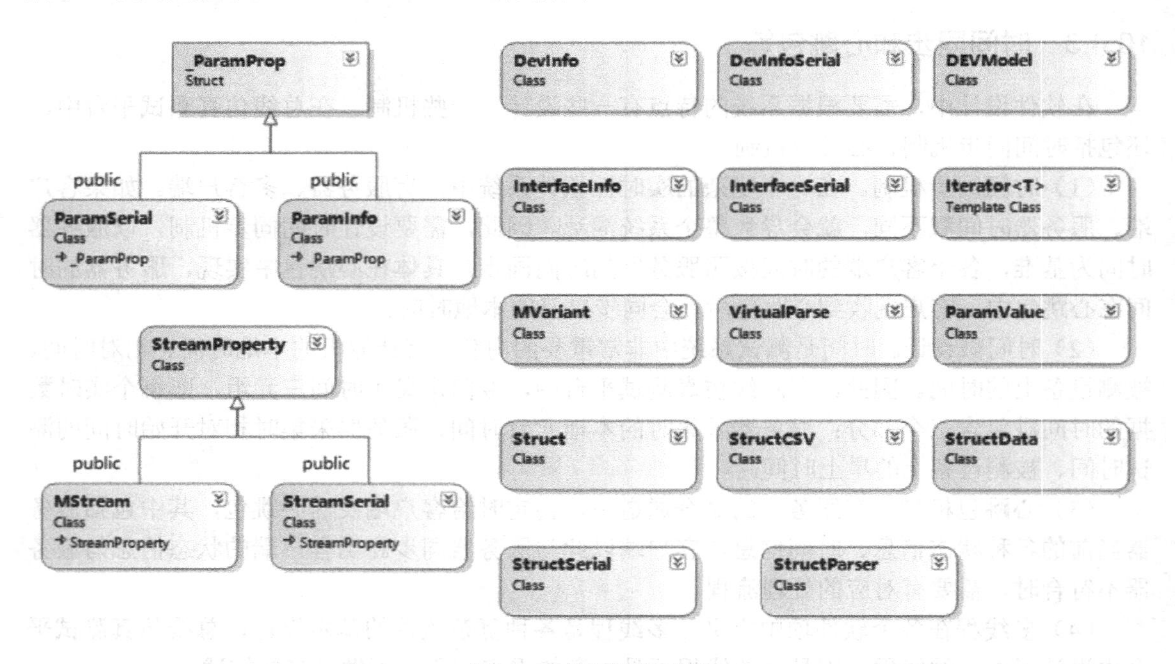

图 10-5　测试模型类图

2．设备接口库的类清单

设备接口库的类清单如表 10-5 所示。

表 10-5　设备接口库的类清单

名称	基类	描述
DEVModel	无	设备接口模块。 测试模型中设备接口部分，设备接口模块类的统一对外接口。提供添加、修改、删除子节点、序列化、导出、导入等操作
DevInfo	无	设备信息。 设备接口模块类的下一级类，包括各种属性，导出、导入、序列化、子节点访问、查找等的方法
DevInfoSerial	无	设备信息的序列化类，执行保存、加载设备信息等工作
InterfaceInfo	无	接口信息。 设备节点的下一级类，包括各种属性，导出、导入、序列化、子节点访问、查找等方法
InterfaceSerial	无	接口信息的序列化类，执行保存、加载接口信息等工作
MStream	StreamProperty	流信息。 接口信息节点的下一级类，包括导出、导入、序列化、子节点访问、查找等方法

续表

名称	基类	描述
StreamProperty	无	流的属性。 包括流的各种属性，无接口方法
StreamSerial	无	流序列化。 流导出、导入、序列化的具体实现，非对外公共接口类。模块内部实现序列化时调用
Iterator	无	定义的迭代器
ParamInfo	ParamProp	参数信息。 数据结构节点的下一级类，包括导出、导入、序列化的方法
_ParamProp	无	参数属性。 包括参数的各种属性，无接口方法
ParamSerial	无	参数序列化。 参数导出、导入、序列化的具体实现，非对外公共接口类。模块内部实现序列化时调用
Struct	无	数据结构信息。 设备接口模块的下一级类，包括各种属性，导出、导入、序列化、子节点访问、查找等方法
StructSerial	无	数据结构序列化。 数据结构导出、导入、序列化的具体实现，非公共接口类。模块内部实现序列化时调用
StructParser	无	数据包解析。 根据数据结构的定义、顺序从数据包中解析出各个参数值。各种原始数据包解析参数有效值时，都可以调用
StructCSV	无	数据结构 CSV。 数据结构导入、导出表格 CSV 文件
StructData	无	原始数据组包。 根据参数值、数据结构定义，将有意义的数值转为二进制数据
MVariant	无	变体类。 用于描述值的多种组成，例如整数、浮点数、字符串等，类似于 QVariant
ParamValue	无	参数值类。 用于描述参数值，参数值有多个属性：原始值、运算值、含义值等，抽象成类时，方便在代码中使用
VirtualParse	无	虚拟参数解析。 用于解析出虚拟参数的值

3. 指令库的类图

测试模型中的指令库部分，编译为静态库，提供 lib 文件和 h 文件。指令库类图如图 10-6 所示，该类图基于 Visual Studio 2008 生成得到。

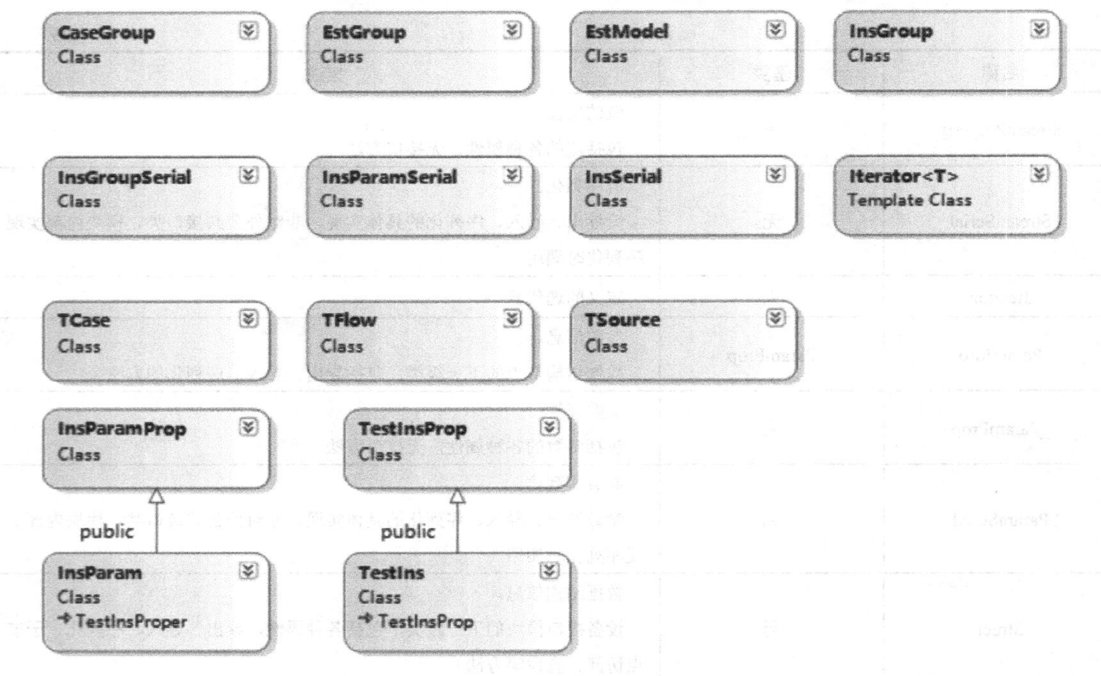

图 10-6　指令库类图

4．指令库的类清单

指令库的类清单如表 10-6 所示。

表 10-6　指令库的类清单

名称	基类	描述
TSource	无	指令库。 测试模型中的测试指令部分，是指令库的统一对外接口。提供添加、修改、删除子节点等操作，包括序列化、导出、导入、提供查找指令等方法
CaseGroup	无	测试用例分组。 测试用例分组的名称、包括的多个测试用例
EstGroup	无	判读分组
EstModel	无	判读模型。 表示执行判读的一段脚本
Iterator	无	迭代器
InsGroup	无	指令分组。 只有组的名称、包括的多个指令，提供查找指令等方法
InsGroupSerial	无	指令分组序列化，导出、导入、加载等
TestInsProp	无	测试指令属性。 测试指令的属性内容，无公共方法
TestIns	TestInsProp	测试指令。 指令属性包括依赖的控制流、原始数据包，方法包括数据初始化、序列化、数据重构等

续表

名称	基类	描述
InsSeral	无	测试指令序列化。 序列化的具体实现，包括导出、导入等。指令库内部类，不作为对外的接口
InsParamProp	无	指令判读参数的属性
InsParam	InsParamProp	指令判读参数。 指令关联的参数值，包括参数的判读值
InsParamSeral	无	指令参数序列化。 序列化的具体实现，包括导出、导入等。指令库内部类，不作为对外的接口
TCase	无	测试用例。 测试用例包括多个指令、判读参数、间隔时间等
TFlow	无	测试流程。 （1）测试流程的内容是文本 JavaScript 脚本，具体的编辑方式可以是文本编辑、图形化编辑、表格化等。 （2）流程执行在 ATML 模块中，这里只定义组成结构，不定义执行功能

10.5.2　动态创建模块

在第 5 章中描述了动态创建机制，已经对原理做过详细描述。这里的动态创建模块应用了动态创建技术，总线仿真测试平台中已经抽象出接口类，软件在运行过程中动态创建这些接口类的对象，这些接口类包括框架接口类中的各个抽象接口类。

1. 类图

动态创建模块的类图如图 10-7 所示。

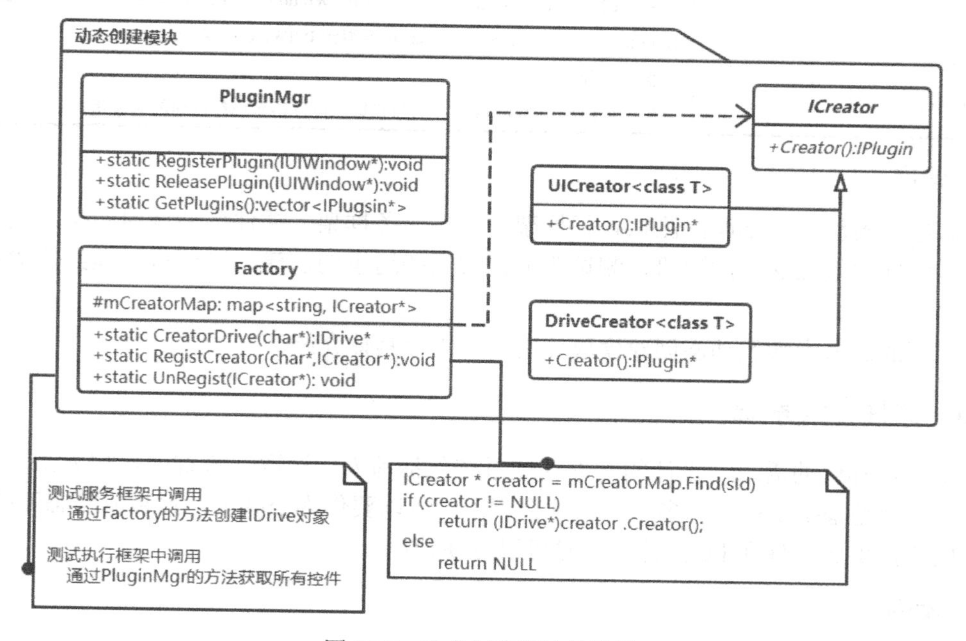

图 10-7　动态创建模块的类图

2. 作用

对以下内容需要说明。

（1）在测试服务框架中，会创建通信模块的抽象接口类 IDrive 对象，具体是为测试模型中每个接口节点创建一个 IDrive*对象。

（2）在测试执行框架中，用于获取已经创建的 IUIWindow 对象。由于创建是基于 Qt 的动态 UI 机制，所以 Factory 中创建 IUIWindow 的接口未被使用。此时的一个重要工作是获取已经创建的 IUIWindow 对象。

（3）在测试执行框架中，调用 Qt 动态 UI 创建对象后，调用 PluginMgr 获取到已经创建的 IUIWindow 对象，调用 IUIWindow 的接口执行初始化等工作。

3. 清单

动态创建模块的接口类清单如表 10-7 所示。在动态创建模块的实现中，还有一些实现细节的类，因这些类和其他模块交互不多，故没有在这里描述。

表 10-7 动态创建模块的接口类清单

名称	基类	描述
ICreator	无	插件创建接口类。 主要的方法是 Creator 返回 IPlugin 对象指针
UICreator	ICreator	IUIWindow 对象创建者类。 由于控件是通过 Qt 的动态 UI 来创建的，所以该创建者类未实际使用
DriveCreator	ICreator	通信插件 IDrive 的创建者类。 具体创建 IDrive 对象
Factory	无	工厂类。 维护插件 sId 到 ICreator 的对应关系，提供注册创建者接口方法。 主要的方法是根据 sId 创建对应的 IUIWindow、IDrive，根据 sId 得到 ICreator 创建 IPlugin，然后调用 dynamic_cast 转换得到 IUIWindow 或 IDrive
PluginMgr	无	插件管理类。 维护已经创建的 IPlugin 各对象指针，可以得到已经创建的对象指针

4. 使用

动态创建模块是基础库，测试执行框架、测试服务框架、插件都会调用动态创建模块的方法，其中插件依赖这里的注册、测试服务框架依赖这里的创建、测试执行框架依赖这里的插件管理。

在后面的章节中涉及动态创建模块使用时，进行具体介绍。

10.5.3 文件存储系统

基于文件存储的需求，设计的文件存储系统包括写入、读取、查询的接口方法。因为数据存储、查询是基础功能，有多个软件项会调用，所以要作为公共库，封装成静态库的形式，向其他模块提供 h 文件和 lib 文件，同时可以方便使用。

1. 类图

文件存储系统的类图如图 10-8 所示。该类图基于 Visual Studio 2008 生成得到。

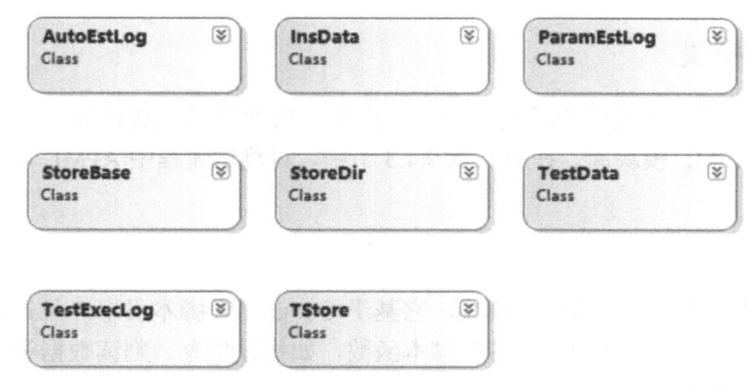

图 10-8　文件存储系统的类图

2. 清单

文件存储系统的类清单如表 10-8 所示。

表 10-8　文件存储系统的类清单

名称	基类	描述
TStore	无	文件存储主程序类。 提供对外接口，创建存储对象、日志对象、查询对象，维护对象生命周期，是对外接口类
StoreBase	无	存储基础类。 根据测试业务流程封装存储操作，存储测试数据
StoreDir	无	存储目录类。 测试存储目录功能，新建测试存储目录，存储数据存储位置等
TestData	无	测试数据类。 查询测试数据，提供时间段查询、数据流查询、参数查询等，多种条件的筛选。 实现上，用数据结构定义查询结果
TestExecLog	无	测试执行日志类。 查询测试执行日志，提供时间段查询、用户名查询、操作类型查询等，多种条件的筛选。 实现上，用数据结构定义查询结果
AutoEstLog	无	存储、查询数据判读产生的日志
ParamEstLog	无	存储、查询参数判读产生的日志
InsData	无	指令数据类。 用于描述指令的数据格式

10.5.4　JsV8 模块

JsV8 模块（脚本执行模块）是平台的基础模块，它在整个系统中有以下两类执行脚本的功能。

（1）执行测试流程的功能，执行 JavaScript 脚本，需要实现 JavaScript 与内置的 C++的函数互相访问、调用，具体在 ATML 模块中实现，将在 10.5.5 节中介绍 ATML 模块。

（2）原始数据包解析参数数据时，有脚本运算的功能，基于 Google V8 封装实现了一个 JavaScript 脚本执行模块，得到运算值，参见第 7 章。

10.5.5　ATML 模块

ATML 模块内置了测试相关函数，如执行指令、判读数据、延时等。在总线仿真测试平台中建立独立的 ATML 模块库。在第 9 章 9.4.3 节中，对测试流程中 ATML 做了描述，这里描述具体实现。

1．说明

ATML 模块是一个测试脚本执行模块，它基于 Google V8 脚本引擎，又封装了测试业务相关的函数，实现了供脚本语言调用的各个脚本函数，如执行指令、判读数据等。很多自动化测试功能都依赖于 ATML 模块。

ATML 模块是整个总线仿真测试平台中基础、重要的模块。

ATML 模块的调用者包括测试流程执行控件、图形编程控件、测试流程表格控件等。

2．类图

ATML 模块的类图如图 10-9 所示，该类图基于 Visual Studio 2008 生成得到。

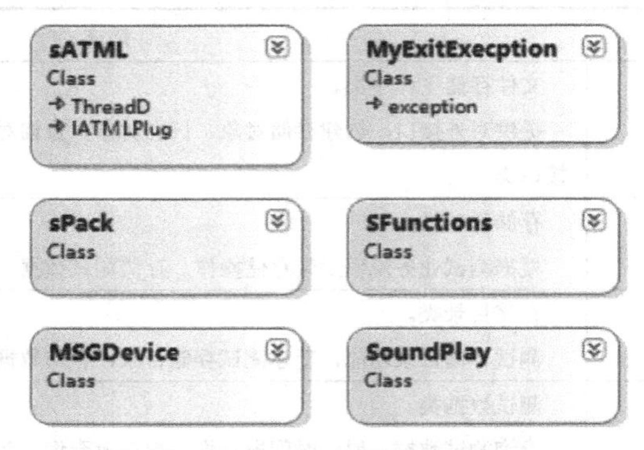

图 10-9　ATML 模块的类图

3．清单

ATML 模块的类清单如表 10-9 所示。

表 10-9　ATML 模块的类清单

名称	基类	描述
sATML	ThreadD IATMLPlugin	ATML 主程序。 实现 IATMLPlugin 接口，执行 ATML 脚本、验证脚本、反馈执行结果、反馈中间过程、多线程等
sPack	无	数据包类。 提供给 JavaScript 脚本的 C++类，主要内容是获取实时数据包、组数据包等
SFunctions	无	函数类。 C++提供给 JavaScript 的各种函数由 C++实现，在 JavaScript 脚本中调用
SoundPlay	无	语音模块。 封装类，调用语音组件播放声音，播放自定义的声音
MyExitExecption	std::exception	异常类。 脚本执行中有异常情况时，抛出这个异常，然后执行结束

续表

名称	基类	描述
MSGDevice	无	短信模块。 实际项目中用于发送手机短信的模块

4．扩展机制

在某些应用场景中，用户会提供一些算法代码，希望加入测试流程中，在执行过程中调用算法计算。这是一类需求，即需要对 ATML 中的函数进行扩展，能够将其他语言实现的函数加入 ATML 的函数库中。

在目前的设计中，ATML 中的函数在 SFunctions 中定义，在编译时定义好。实现扩展需要在 SFunctions 中添加代码，然后重新编译生成、发布程序。

可行的方法是改为配置文件格式，在编译时展开配置文件，生成 SFunctions 代码，这样可以降低复杂度。

10.5.6 公共界面

对于一些界面显示的功能，各模块有类似的操作需求，都有类似的界面，把这些功能收集起来，放到公共界面模块中，作为公共库。其他模块可以直接调用，不需要重复实现。

实现这些功能的主要思路是子类化，例如测试模型树，子类化 QTreeWidget、添加接口方法，显示测试模型树结构。在第 3 章 3.3.3 节中描述过使用 Qt 的一个思路：子类化。本节的各个界面库就是充分基于子类化方法设计、实现而得到的。

1．测试模型树

测试模型是系统的基础，层级结构用树状结构显示，很多功能中都需要显示、操作这个测试模型树。例如，在测试建模工具软件中的编辑等功能，在测试执行框架中拖曳节点、绑定参数等，都需要显示测试模型树界面，所以需要作为公共库。

层级结构显示测试模型中的各类节点，测试模型树结构显示如图 10-10 所示。

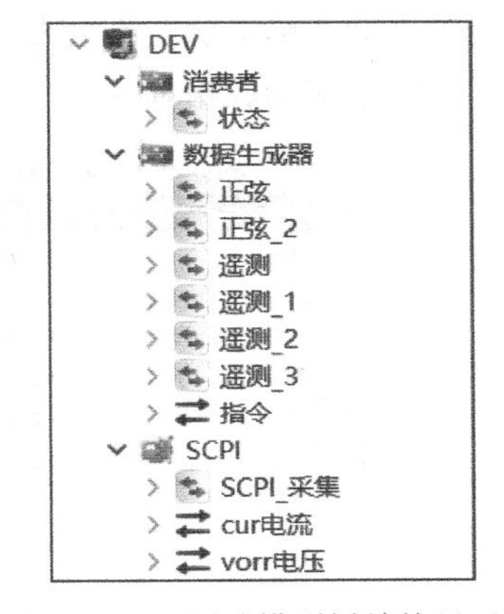

图 10-10 测试模型树结构显示

子类化 QTreeWidget，定义初始化方法，在初始化方法中遍历测试模型，对树中每层的节点添加子节点，设置图标、设置文字，实现测试模型树显示功能。实现上基于 Qt 的信号槽机制，定义自己的信号、槽函数。

提供和测试模型相关的方法、信号。

（1）获取当前选中节点，设置当前显示的节点，获取当前的显示内容等。

（2）定义公共信号，包括单击某节点的信号、双击某节点的信号，调用者可以用信号绑定到自己代码的方法中，达到执行一些功能的目的。

2．指令编辑界面

控件系统中的大量功能会用到发送指令，包括弹出指令编辑框、修改指令值、单击发送指令等，所以指令信息显示、编辑窗口也是公共库。并且，指令值显示、编辑窗口是基础功能，也是用户常用的功能，需要多做一些设计让这些功能好用。

在指令编辑界面中，表格形式的行与列显示指令包中的各个参数的值、源码值，双击单元格可以执行编辑功能，可以填充时间、文件路径、校验值等。

能够直接编辑含义值，也能够编辑原始值（HEX）。单击“填充”会弹出填充窗口，在填充窗口中包括时间、文件路径、各种校验码等。

指令编辑界面如图 10-11 所示。

	参数	含义	单位	原始值(HEX)	填充
1	帧头	256		01 00	>>
2	温度	1		00 01	>>
3	电压	1		00 01	>>
4	电流	1		00 01	>>
5	速度	1		00 01	>>
6	高度	1		00 01	>>
7	时间	0		00 00	>>

图 10-11 指令编辑界面

可以使用 Qt 的 MVC 模式来实现这些功能，具体包括子类化 Qt 的表格视图 QTableView、子类化 Qt 的表格数据模型 QAbstractTableModel，然后在 QTableView 子类中实例化 QAbstractTableModel 对象即可。

对外接口方法：根据指令初始化界面、返回编辑后的指令原始值、返回编辑后的指令显示值等。基本接口方法有两个：显示指令值、获取编辑后的指令数据包。

3. 参数表格

在测试建模软件中，需要表格化显示参数，显示数据结构中各个参数的属性值。这个功能是比较通用的数据结构表格化显示、编辑功能，需要作为公共库。

在参数表格界面中，表格形式的行与列显示数据结构中的所有参数，列标题头是属性名称、行标题头是计数，每行一个参数，单元格是参数的属性值，双击单元格可以修改属性值。使用右键菜单能够实现复制、粘贴、保存、导出、导入等。

数据结构表格显示、编辑窗口如图 10-12 所示。

	名称	单位	数据类型	大小端	小数位	bit长度	系数	代号	解析公式(脚本)	编码公式	值(运算值,原始
1	电压	V	64位浮点	小端	3	64	1	p11			
2	电流	A	64位浮点	小端	3	64	1	p12			
3	温度	℃	64位浮点	小端	3	64	1	p13			
4	速度	km/h	64位浮点	小端	3	64	1	p14			
5	高度	m	64位浮点	小端	3	64	1	p15			
6	电压2	V	64位浮点	小端	3	64	1	p16			
7	电流2	A	64位浮点	小端	3	64	1	p17			
8	温度2	℃	64位浮点	小端	3	64	1	p18			
9	速度2	km/h	64位浮点	小端	3	64	1	p19			
10	高度2	m	64位浮点	小端	3	64	1	p20			
11	虚拟1		32位整数	小端	3	32	1		Param('电压')....		

图 10-12 数据结构表格显示、编辑窗口

使用 Qt 的 MVC 模式，子类化 Qt 的表格视图 QTableView，子类化 Qt 的表格数据模型 QAbstractTableModel，子类化并实现代理接口 QAbstractItemDelegate，这是一个经典的 Qt 的 MVC 应用场景。

在子类化的代理类中实现了具体的编辑方式，例如在执行编辑操作、双击单元格时，代理会根据当前编辑内容执行对应的操作。若双击“数据类型”，则弹出下拉框供选择数据类型；若双击“大小端”，则会弹出下拉框供选择大端或小端。

对外的接口方法：根据测试模型的数据结构初始化界面、返回编辑后的数据结构、返回编辑后的参数信息。

10.5.7　编写单元测试

积极编写、执行单元测试可以提高开发效率、提高代码质量。在公共库中，除公共界面外，都有可以直接验证的输入、输出，可很容易地编写测试代码。建立单元测试的编译工程，在其中加入测试代码，为各个模块代码编写单元测试。

单元测试的优点如下。

（1）软件代码的维护、开发，用单元测试可以容易地验证修改情况、一键执行验证。

（2）在开发过程中用单元测试调试代码，而不是把软件系统整体运行起来，可以大大提升开发效率。

（3）修正 bug 时，可以用单元测试复现问题，并且保留到单元测试代码中，以后也可以执行这个测试。

编写单元测试包括如下内容。

（1）对于用纯 C++编写的公共库，基于弱依赖的原则，使用 gTest 编写单元测试。gTest 是 Google 的 C++单元测试工具，其功能很多，易于使用。

（2）调用 Qt 库的界面相关代码，使用 Qt 的单元测试 QtTest，其中可以模拟 GUI 事件等，非常利于界面相关代码的单元测试编写。QtTest 的使用可以参考 Qt 手册中的文章，讲解得非常细致。

（3）手动执行测试也是需要的，针对界面显示的几个库需要编写一个测试程序，在代码中构建一个测试模型，用 QTabWidget 分别嵌入各个公共窗口界面，将测试模型传递给各窗口，例如树结构显示、指令编辑窗口等。在实际界面中执行操作、验证代码，也是很有必要的。

（4）测试模型是测试的重要输入，而测试模型组成非常复杂，需要构造不同的测试模型来执行测试、验证。在编写的测试代码中构造测试模型时，针对测试模型中各种类型、上限、下限都要构造一遍，分别执行测试验证。

（5）基于上面这些单元测试来执行验证，才能保证整个公共库代码的稳定、可靠，才能放心地提供给其他模块使用。

10.6　Qt 项视图技术——MVC

公共库中的很多功能用到 MVC 机制，包括树结构展示、复杂的表格功能。在 Qt 中，MVC 也称为项视图技术，下面加以介绍。

很多软件都有大量数据的展示、编辑功能，实现起来往往很复杂。MVC 是解决这类问题的一种程序设计方法。M 代表 Model 即模型，V 代表 View 即视图，C 代表 Controller 即控制器。MVC 可用来将软件中复杂的数据表示、编辑、展示隔离开，分为这三层，每层有自己的工作：模型层定义需要展示的数据内容，视图层定义具体的数据显示形式，控制层定义数据如何编辑、修改。三层分别独立工作，是充分的模块化、抽象化的设计结果，既互相独立又协同工作。

在不同的程序库中，有很多MVC的具体实现方法。Qt中主要在项视图中实现了MVC，项视图是在Qt中提供的大量数据展示、编辑的一种方式，由很多类组成。项视图设计了多个接口类，为MVC每层分别设计接口类，协同工作。

掌握Qt项视图的自定义树结构、自定义复杂表格，就可以理解和掌握MVC。

1．模型类

对应MVC中的模型层，Qt的项视图中定义了QAbstractItemModel类，QAbstractItemModel类是所有模型类的基类。常见的一些视图显示效果，如表格的QAbstractTableModel、列表的QAbstractListModel，都基于QAbstractItemModel子类化实现。

2．视图类

对应MVC中的视图层，Qt的项视图中定义了QAbstractItemView类，QAbstractItemView类是所有视图类的基类。常见的一些视图显示效果，如树显示QTreeView、表格显示QTableView、列表显示QListView，都基于QAbstractItemView子类化实现。

3．代理类

对应MVC中的控制层，Qt的项视图中定义了QAbstractItemDelegate类，实现自定义的编辑功能，可以子类化QAbstractItemDelegate，编写代码实现自己想要的编辑方式、弹出自定义对话框，等等。

4．实现复杂的表格展示、编辑功能

下面以总线仿真测试平台中参数表格编辑功能为例。参数表格用于在测试模型中对数据结构的参数执行批量编辑的功能。一个数据结构会有很多参数，在一个二维的表格中显示、编辑，每行描述一个参数，每列描述参数的属性。数据表格化编辑功能如图10-13所示。

	名称	单位	数据类型	大小端	小数位	bit长度	系数	代号	解析公式(脚本)
1	包计数		BYTE	大端	2	8	1	P15	
2	本次运行时长		32位无符号整数	大端	2	32	1	P16	var runtime = Param....
3	工作模式		自定义长度	大端	2	4	1	P17	
4	状态		自定义长度	大端	2	4	1	P18	
5	系统电压	mV	16位无符号整数	大端	2	16	1	P19	
6	输入电流	mA	16位无符号整数	大端	2	66	1	P20	
7	输出电流	mA	16位无符号整数	大端	2	16	1	P21	
8	阶段		自定义长度	大端	2	4	1	P22	
9	阶段		自定义长度	大端	2	4	1	P23	
10	电压	mV	16位整数	大端	2	16	1	P24	
11	输入电流	mA	16位无符号整数	大端	2	16	1	P25	

图10-13　数据表格化编辑功能

单元格除显示参数属性外，在编辑时双击“数据类型”列的单元格，会弹出下拉框供选择类型。修改单元格后，颜色变为红色表示被修改。

在实现基本的显示、编辑单元格功能时，重要的类有QAbstractItemModel和QModelIndex。QModelIndex表示数据模型中每个数据索引，通过QModelIndex可以定位到每个数据，具体数据可以自己定义，而不是依赖于项视图中的已有类。

参数表格子类化QTableWidget，根据测试模型的数据结构节点，初始化显示行列表格。

对于 QTableWidget 的使用不再复述。

要实现双击单元格显示下拉框，需要自定义编辑操作，并子类化代理类，然后实现功能。

子类化代理类需要重写两个方法：createEditor、setEditorData。当修改单元格时会触发 createEditor 方法，该方法返回一个 QWidget 对象指针。当编辑完成后，会触发 setEditorData 方法，将用户录入的数据传递到这里。

子类化代理类，主要代码如下。

```
class QStructDataDelegate : public QAbstractItemDelegate
{
    Q_OBJECT
public:
    QStructDataDelegate(QWidget *parent = 0);
    QWidget *createEditor(QWidget *parent,const QStyleOptionViewItem &option, const QModelIndex
&index) const;
    void setEditorData(QWidget *editor, const QModelIndex &index) const;
protected slots:
    void editedEnum(const QString& enumStr);
};
```

在执行双击等编辑操作时，项视图要知道当前以何种方式编辑，所以调用 createEditor 函数得到 QWidget，将 QWidget 显示到单元格位置。在我们的参数属性表格中，参数的值类型需要用下拉框编辑，所以判断当前的单元格是否需要下拉框，判断是否为 ValueTypeItem（QModelIndex 的子类，描述需要下拉框的数据项）对象；若是，则将 index 转为 ValueTypeItem 对象，然后传递给下拉框 EnumComboxBox（QComboBox 的子类，用于自定义下拉框），并反馈给调用者。之后，在软件界面中的这个单元格位置上有一个下拉框，供用户编辑录入。双击单元格会出现如图 10-14 所示的下拉框。

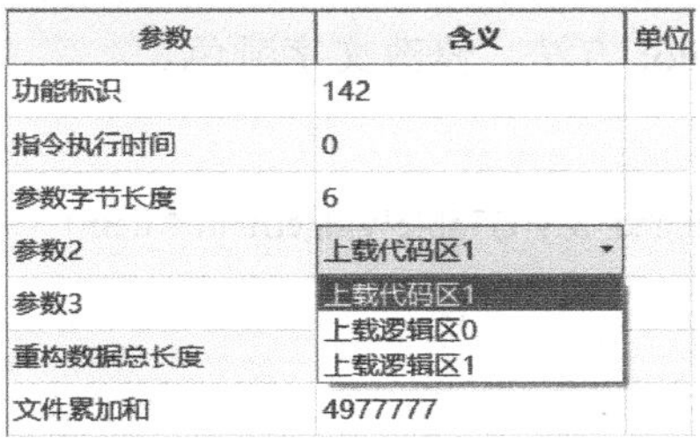

参数	含义	单位
功能标识	142	
指令执行时间	0	
参数字节长度	6	
参数2	上载代码区1	
参数3	上载代码区1	
重构数据总长度	上载逻辑区0	
文件累加和	4977777	

上载逻辑区1

图 10-14　双击单元格出现的下拉框

createEditor 方法的主要代码如下。

```
QWidget *QStructDataDelegate::createEditor(QWidget *parent,
                                           const QStyleOptionViewItem &option,
                                           const QModelIndex &index) const
{
    if (index.data(Qt::UserRole).canConvert<ValueTypeItem>()) {
            ValueTypeItem a =
            qvariant_cast<ValueTypeItem>(index.data(Qt::UserRole));
            EnumComboxBox *editor = new
```

```
        EnumComboxBox(a.m_pParam,a.valTxt,parent);
        connect(editor, SIGNAL(currentIndexChanged(const QString&)),
                this,SLOT(editedEnum(const QString&)));
        return editor;
    }
    else {
        return QStyledItemDelegate::createEditor(parent, option, index);
    }
}
```

当用户在界面的下拉框中选中一个选项时，编辑操作完成，执行 setEditorData 方法。在这里需要主动将用户选中的数据传递到单元格对应的 ValueTypeItem 中。

完整的 setEditorData 方法代码如下。

```
void QStructDataDelegate::setEditorData(QWidget *editor, const QModelIndex &index) const
{
    if (index.data(Qt::UserRole).canConvert<ValueTypeItem>()) {
        ValueTypeItem item =
    variant_cast<ValueTypeItem>(index.data(Qt::UserRole));
        EnumComboxBox *starEditor = qobject_cast<EnumComboxBox *>(editor);
        item.valTxt = starEditor->currentText();
    } else {
        QStyledItemDelegate::setEditorData(editor, index);
    }
}
```

被修改的单元格需要文字标红显示。在初始化单元格式时，建立槽函数 itemChanged，当单元格有修改时，可以进入这个槽函数方法中，修改单元格的文字颜色，可调用 QTableWidgetItem 的 setTextColor 方法，修改文字颜色。

完整的代码：

```
void QStructEditTable::itemChanged_My(QTableWidgetItem * item)
{
    int col = item->column();
    int row = item->row();

    // 设置修改状态
    this->setWindowModified(true);
    item->setTextColor(Qt::red);
}
```

在总线仿真测试平台中，有大量功能用到了 Qt 项视图。一些复杂的数据展示、复杂的表格化功能都基于项视图实现。

同时，在 Qt 的示例中还有很多项视图的例子，有各种复杂的功能展示，可以作为参考。

第 11 章 测试执行框架

测试执行框架是呈现给用户执行测试的最终软件，是在日常的测试工作中使用最多的软件，所以要使测试执行框架好用、易用。

在实现方面，基于组态软件技术、Qt 动态 UI（用户界面）技术、Qt 自定义控件等来实现。

测试执行框架的两个主要内容如下。

（1）实现和测试服务框架的交互，实现客户端功能和各类数据的交互。

（2）实现一个基础框架，加载 UI 文件、创建界面、创建并管理各类插件、与插件交互。

对于这两个内容，可以认为一个是后台通信、处理，另一个是前台的显示、控制。直观的设计方法是设计成两个软件模块，即后台和前台。通信服务模块对应后台，前台界面模块对应前台，定义抽象接口类完成前台与后台的交互。

11.1 类图及组成

基于前、后台分离的原则，将通信服务、数据交互等非界面功能作为一个模块，将基础框架、控件管理等界面相关功能作为另一个模块。基于面向接口编程的思想，两个模块间定义抽象接口类，以抽象接口类的方式交互。测试执行框架的类图如图 11-1 所示。

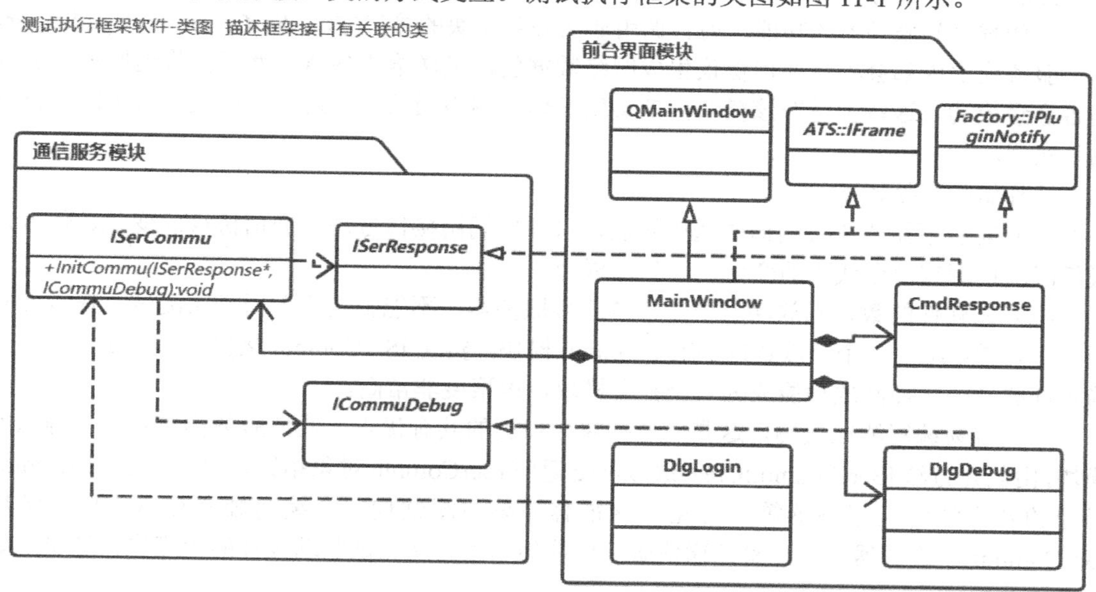

图 11-1 测试执行框架的类图

1. 通信服务模块

在通信服务模块中定义了三个抽象接口类：ISerCommu、ISerResponse、ICommuDebug。这三个抽象接口类用于通信服务模块与前台界面模块的交互、传递数据、控制调用等。

通信服务模块最重要的工作是：将测试数据、指令日志传递给控件，将控件发送的指令发往服务器。通信服务模块实际上完成与插件的数据交互，在通信服务模块中实现了测试执行的几个服务接口（IAllDataRegist、IInsBlkRegist 等），前台的主框架通过 ISerCommu 得到 IAllDataRegist、IInsBlkRegist 等对象指针，将这几个服务接口传递给插件。

2．前台界面模块

在前台界面模块中的类会调用通信服务模块接口类，包括主框架类 MainWindow、命令响应类 CmdResponse、登录窗口类 DlgLogin、通信调试窗口类 DlgDebug，这几个类分别实现了面向用户的一些功能。

主框架类 MainWindow 实现组态功能，实现了整个平台的 IFrame 接口、Factory::IPluginNotify 接口，主要有三个成员变量，即 ISerCommu、CmdResponse、DlgDebug 的类对象。

命令响应类 CmdResponse 实现了通信服务模块中的 ISerResponse 接口类，用于响应处理通信服务模块的各类命令。

通信调试窗口类 DlgDebug 实现了通信服务模块中的通信调试接口类，用于显示当前网络通信相关信息、各类调试信息、计数、速率等。

11.2　通信服务模块

通信服务模块的作用、工作内容，包括完成与服务框架的交互，将具体的通信转为接口类的方法。通信服务模块通过接口类方法与前台界面交互。

例如登录到服务器的功能，前台调用通信服务模块的接口方法 ISerCommu::LoginServer，通信服务模块内部会根据通信协议生成网络数据包，发送给服务器，然后接收返回值，验证是否登录成功。这些都是在该模块内部实现具体的网络通信，调用者不用关心具体的协议、具体实现。

这样做的好处如下。

（1）前台不需要关心具体的通信协议，只需要调用接口方法。通信协议的变化、修改，最低限度地影响前台代码的变化，达到低耦合。

（2）在软件的数据回放功能中，不能连接服务器、不能影响服务器真实测试，在设计实现上，只需要编写一个回放数据的 SerCommu 模块，实现 ISerCommu 接口即可，在保证系统稳定性的同时，使回放功能成为一个独立模块，内聚度非常高。

（3）容易编写测试代码，这是所有抽象接口类的共有优点。通信服务模块是一个静态库模块，由创建方法 ISerCommu::CreaterCommu 返回 ISerCommu 对象指针，之后通过 ISerCommu 对象的各方法访问服务器等。可见，这很容易编写测试代码，编写独立测试程序，调用 ISerCommu 和服务器通信，验证通信服务模块的功能。从测试驱动设计的角度看，这也是好的设计结果。

应用各种复杂设计的最终追求都是：高内聚、低耦合，进而实现降低开发成本、维护成本，产生更高的经济效益。

11.2.1　类图

通信服务模块的类图如图 11-2 所示。该类图基于 Visual Studio 2008 生成得到。

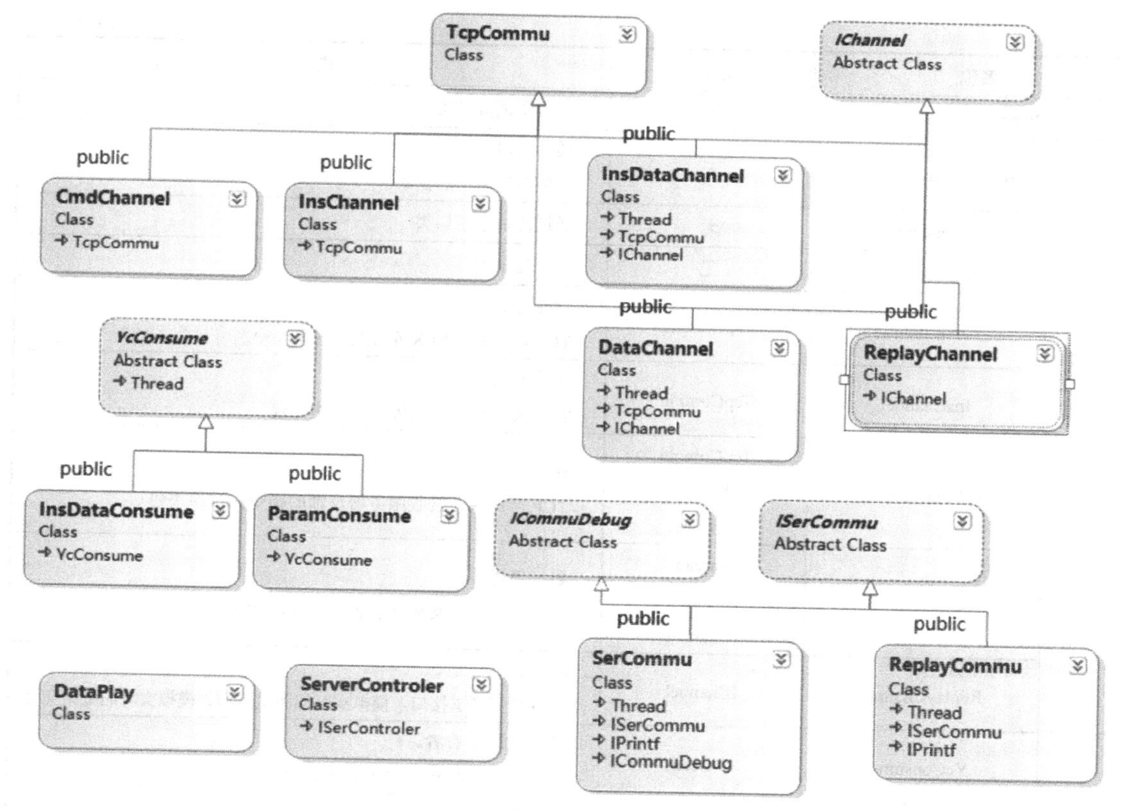

图 11-2　通信服务模块的类图

11.2.2　实现框架服务接口

通信服务模块的名称为 SerCommu，编译为静态库。由 SerCommu 对外提供且实现了测试执行框架的几个服务接口：IAllDataRegist、IInsBlkRegist、ISerControler。这几个测试执行框架的服务接口在 SerCommu 中实现。同时，这几个服务接口用于数据相关、通信相关的功能，也必须在通信服务模块中实现。

11.2.3　清单

测试执行框架的类清单如表 11-1 所示。基类中的 Thread 是公共的线程库。

表 11-1　测试执行框架的类清单

名称	基类	描述
SerCommu	Thread ISerCommu ICommuDebug	通信服务模块主程序。 实例化其他对象，维护生命周期，调度各个对象交互工作。实现通信服务模块各个功能
ReplayCommu	Thread ISerCommu	回放时的通信服务模块。 此时没有和真正的服务器交互，为实现接口提供假的通信机制

续表

名称		基类	描述
ICommuDebug		无	通信调试接口类
ISerCommu		无	通信接口类。 服务器端通信的抽象
通道模块	IChannel	无	通道的抽象接口类
	TcpCommu	无	TCP 通信类
	CmdChannel	TcpCommu	命令通道。 TCP 客户端，向服务器发送各种命令
	InsChannel	TcpCommu	指令通道。 TCP 客户端，向服务器发送指令包
	InsDataChannel	TcpCommu Thread IChannel	指令数据通道。 TCP 客户端，接收服务器反馈的指令执行结果包
	DataChannel	Thread TcpCommu IChannel	数据通道。 TCP 客户端，接收服务器发送实时数据
	ReplayChannel	IChannel	数据回放通道。 实现数据通道接口，模拟实时的测试过程、模拟实时的数据交互
数据处理模块	YcConsume	Thread	实时数据消费者。 接收实时数据包，加入数据队列
	InsDataConsume	IInsBlkRegist YcConsume	指令数据消费者。 子类化实时数据消费者，处理指令执行结果数据包。将指令执行结果数据包交付给指令类插件
	ParamConsume	IAllDataRegist YcConsume	参数数据消费者。 子类化实时数据消费者，解析实时数据包，解析原始数据。调用 IUIWindow 各个插件的接口方法，将数据交付给各个插件
DataPlay			数据回放类。 读取数据文件、按时间戳解析数据，交付给回放模块，按时间轴模拟测试过程
ServerControler		ISerControler	服务控制类。 实现框架的服务控制接口，组网络数据帧并在命令通道发送出去

11.2.4 接口类

通信服务模块中有多个接口类，这些接口类用于与前台界面模块的交互。

1. 通信接口类 ISerCommu

通信接口类 ISerCommu 是对服务器端通信的抽象，包括如下内容。

（1）服务器端通信的抽象、测试业务层的抽象接口类，具体的实现有多个，包括在线通信 SerCommu、离线回放 ReplayCommu，这两个类对应两个用于创建它们的接口方法：ISerCommu::CreaterCommu、ISerCommu::CreaterReplay。在测试执行框架中，在线连接服务器时调用在线通信创建方法，回放离线数据时调用离线回放创建方法，这样把整个在线/离线的复杂度都隔离到 SerCommu 中。

（2）ISerCommu 是一个单例模式，在框架中只允许创建一个实例。ISerCommu 提供静态方法创建、销毁实例，调用 ISerCommu::CreaterCommu 创建对象，调用 ISerCommu::ReleaseCommu 销毁对象。

```
    // 创建
public:
    static ISerCommu * CreaterCommu(string user,string pwd,int right);
    static void ReleaseCommu(ISerCommu * pObj);
    static ISerCommu * CreaterReplay(string user,string pwd,int right);
    // 单例
protected:
    ISerCommu(string userName,string passWord,int iPri);
    virtual ~ISerCommu();
```

（3）通信相关的几个接口方法，包括设置服务器的 IP 和端口、建立连接、断开连接、重新建立连接等。

```
// 设置服务器 IP 和端口等
virtual void InitChannel(string ip, int dataPort, int insDataPort, int cmdPort, int insPort)=0;
// 连接服务器
virtual bool connect()=0;
// 断开连接
virtual bool disconnect()=0;
// 登录到服务器
virtual bool LoginServer(string & errorMessage) = 0;
```

（4）加载工程、控制测试停止/开始等流程相关的接口方法如下。

```
virtual bool OpenProject(const char * prjName,int prjId, int) =0;
virtual bool CloseProject() = 0;
virtual bool SendStartTest() = 0;
virtual bool SendStopTest() = 0;
```

（5）ISerCommu 需要和框架交互，其中几个接口对象需要外界传递进去，外界调用的交互接口方法如下。

```
virtual void SetResponse(ISerResponse * cmdUI);
```

（6）查询服务接口方法如下。

```
virtual void QuestServer(IAllDataRegist* & ,IInsBlkRegist* & ,ISerControler * & );
```

2. 响应接口类 ISerResponse

通信服务模块需要与主框架交互，定义用户响应接口 ISerResponse，主框架的调用者实现这个接口，具体是前台界面模块的 CmdResponse 类实现 ISerResponse。用户响应接口主要内容包括服务器的各类命令响应、状态包信息、登录成功反馈等。主框架收到这些信息后，实现对应的处理工作。

主要的接口函数如下。

（1）登录服务器成功：virtual void on_LoginSuccess()。

（2）服务器已加载工程：virtual void on_LoadProject(int, string)。

（3）服务器已启动测试：virtual void on_TestStarted(char *)。

（4）服务器已停止测试：virtual void on_TestStop(char *)。

（5）服务器心跳包：virtual void on_StateInfo(SrStateInfo*)。

（6）日志输出：virtual void on_printLog(const char *)。

3．通信调试接口类 ICommuDebug

通信调试接口类由主框架的调用者实现。

在编写、调试网络通信的程序时，非常需要各种网络错误码、数据包信息、是否丢数据、解析数据是否有误等，方便后期排查问题。因此，定义通信调试接口类，将这些信息反馈出来，在用于网络通信调试时，反馈当前的网络速率、错误码、状态码等。

具体由框架的调试窗口 DlgDebug 实现，主框架 MainWindow 初始化时将 ICommuDebug 传递给 ISerCommu 对象，在 ISerCommu 中周期调用 ICommuDebug 的接口方法，将网络通信的调试信息传递到框架中，然后框架界面显示、记录日志文件等。

11.3 前台界面模块

前台界面模块用于实现主框架、加载 UI 文件、构建界面等一系列功能。此外，还提供测试模型参数到控件绑定的操作，并提供保存绑定关系的功能。

下面选择几个实现接口类的具体类，分别加以描述。

11.3.1 主框架类 MainWindow

主框架类 MainWindow 继承自 Qt 的 QMainWindow，同时实现框架接口类 IFrame、动态创建插件的通知接口类 PluginNotify。

因为 IFrame 的接口方法是界面控制的一些命令、访问，所以在主框架类中实现，插件通过 IFrame 的接口可以直接和主框架交互。

类的声明代码如下。

```
class MainWindow : public QMainWindow, public IFrame, public FACTORY::PluginNotify
```

1．成员变量和方法

主框架包括一个基础的用户界面（UI）、网络通信对象、命令响应对象、通信调试窗口对象等。方法包括界面初始化、加载 UI 文件、初始化插件、加载资源等。

2．UI

在 MainWindow 中显示的界面是加载 UI 文件动态创建的，但有些内置功能也需要有界面且在编译时已经实现好。为此，在 MainWindow 中设计了一个隐藏的浮动面板，在动态加载 UI 文件后，将动态创建的 QWidget 显示到中心位置，将其他浮动面板隐藏。也提供可把浮动面板调出来的方法，供用户使用。浮动面板中的功能包括测试模型树、保存界面、导出界面、导入界面等，可显示当前工程的测试模型，可以拖曳参数到控件等功能。

保存界面、UI 导出、UI 导入等具体实现，已在第 7 章 7.5 节中做过描述。

测试执行框架内置的 UI 界面如图 11-3 所示。

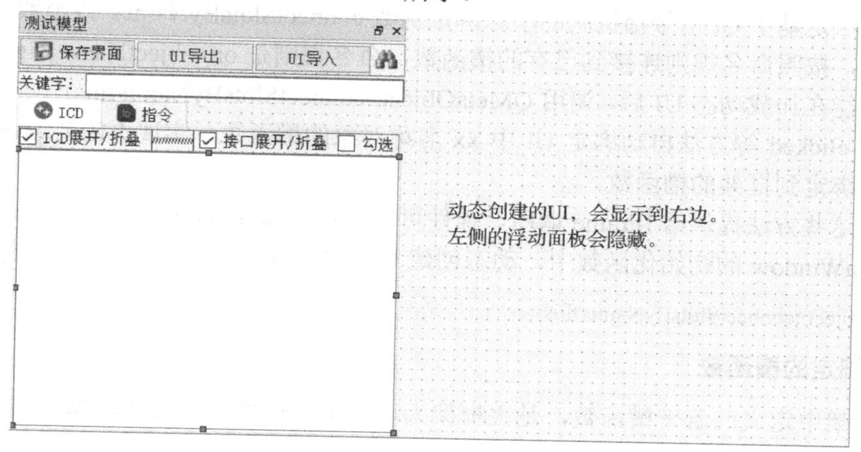

图 11-3　测试执行框架内置的 UI

3. 界面初始化

界面初始化是重要的接口方法。在主程序入口函数 main 中，创建主框架 MainWindow 对象实例，然后调用界面初始化方法，主框架会根据账号和 UI 文件动态创建 UI、初始化插件、启动若干定时器、加载样式表、特例化操作、加载测试模型、初始化网络等。之后，需要将默认 UI 中的浮动面板隐藏，隐藏这几个默认功能，在需要时再显示出来。

方法定义：

```
void MainInit(QSplashScreenMy& ,SrStateInfo *,SrUserInfo*,ProjectInfo*)
```

4. 创建 UI

动态创建 UI 是界面初始化的一项重要工作，调用 LoadFrameUI 方法，传入 UI 文件的完整路径名称。方法内部调用 Qt 的动态 UI 功能，执行创建 QWidget，然后调用基类 QMainWindow 的方法：setCentralWidget，使默认 UI 的中心窗口显示为动态创建的界面，并且不影响基础界面的几个浮动面板，使浮动面板中的几个功能仍然可用。

方法定义：

```
QWidget* MainWindow::LoadFrameUI(QString uiFile)
```

11.3.2 主框架——公共槽函数

功能中与测试流程有关的启动服务、开始测试、停止测试、加载测试模型等功能，用户会手动点击操作，所以应该在主界面的按钮上点击执行。由于主界面是动态加载的，所以需要动态加载界面中的按钮也能执行这些功能。实现单击按钮执行功能的常规方式是在编译时将按钮动作和代码绑定，而这里的动态创建 UI 显然不会执行编译，所以使用动态绑定。

将动态创建界面中控件的信号绑定到已经编译好的程序函数中，使用了 Qt 的动态绑定机制。

1. 动态绑定

具体方法是基于 Qt 信号槽机制的动态绑定函数 connectSlotsByName。该函数会根据对象名称、信号，按照命名规则连接到已有的槽函数，命名规则是 on_objectName_signal。

这样就能在加载动态 UI 后，调用 QMetaObject::connectSlotsByName(this)，将公共槽函数中的 on_xx_clicked 等方法自动绑定 UI 中 xx 名称对象的槽函数，实现不需要编译就可将 UI 中控件信号绑定到框架的槽函数。

同时，这些方法提供给 IFrame 调用，插件可以通过 IFrame 调用这几个方法。

在 MainWindow 的初始化函数中，动态创建 UI 界面后，调用下面的函数完成动态绑定：

```
QMetaObject::connectSlotsByName(this);
```

2. 可绑定的槽函数

在主框架中定义的若干槽函数，是主框架为动态绑定提供的槽函数，每个槽函数分别对应一个功能。

公共槽函数清单如表 11-2 所示。

使用方法：以“退出”按钮为例，使用 Qt 设计师编辑 UI 文件，拖曳加入按钮（QPushButton），在属性窗口中修改 ObjectName 为 btn_exit，保存 UI 文件。在测试执行框架加载这个 UI 文件后，会自动根据名称 btn_exit 将 on_btn_exit_clicked 连接到按钮的单击信号中，即单击按钮后会执行这个退出软件槽函数。

这样可使 UI 非常灵活，只要界面控件的 ObjectName 能与表 11-2 中的槽函数对应的 ObjectName 匹配，就会自动将控件的信号绑定到这些槽函数。

表 11-2 中的控件有按钮 QPushButton、行为 QAction，对应的 clicked 信号的槽函数、triggered 信号的槽函数。同时，这些函数也是 MainWindow 向动态 UI 提供的接口方法。

表 11-2　公共槽函数清单

<table>
<tr><th>槽函数</th><th>框架的命令</th><th>描述</th></tr>
<tr><td>void on_btn_exit_clicked();</td><td>退出软件</td><td rowspan="12">按钮的 clicked 信号可以绑定的槽函数。
或各种支持 clicked 信号的类对象</td></tr>
<tr><td>void on_btn_openProject_clicked();</td><td>打开工程</td></tr>
<tr><td>void on_btn_testStart_clicked();</td><td>开始测试</td></tr>
<tr><td>void on_btn_testStop_clicked();</td><td>停止测试</td></tr>
<tr><td>void on_btn_fullWindow_clicked();</td><td>全屏显示</td></tr>
<tr><td>void on_btn_Reconnect_clicked();</td><td>重写连接服务器</td></tr>
<tr><td>void on_btn_EditInter_clicked();</td><td>打开接口属性窗口</td></tr>
<tr><td>void on_btn_UI_import_clicked();</td><td>导入 UI 文件</td></tr>
<tr><td>void on_btn_uiConfig_clicked();</td><td>打开 UI 配置
（显示 MainWindow 界面中的浮动面板窗口）</td></tr>
<tr><td>void on_btn_testReplay_clicked();</td><td>打开测试回放窗口</td></tr>
<tr><td>void on_btn_UI_export_clicked();</td><td>导出 UI 文件</td></tr>
<tr><td>void on_btn_saveUIConfigs_clicked();</td><td>执行保存 UI 命令</td></tr>
</table>

续表

槽函数	框架的命令	描述
void on_btn_exit_triggered();	退出软件	菜单或按钮的 triggered 信号可以绑定的槽函数。或各种支持 triggered 信号的类对象
void on_action_quit_triggered();	退出软件	
void on_btn_openProject_triggered();	打开工程	
void on_btn_testStart_triggered();	开始测试	
void on_btn_testStop_triggered();	停止测试	
void on_btn_fullWindow_triggered();	全屏显示	
void on_btn_Reconnect_triggered();	重写连接服务器	
void on_action_EditInter_triggered();	打开接口属性窗口	
void on_btn_UI_import_triggered();	导入 UI 文件	
void on_btn_uiConfig_triggered();	打开 UI 配置	
void on_btn_testReplay_triggered();	打开测试回放窗口	
void on_btn_UI_export_triggered();	导出 UI 文件	
void on_btn_saveUIConfigs_triggered();	执行保存 UI 命令	
void on_action_tool_DAnalyse_triggered();	打开数据查询分析软件	菜单和工具栏的几个槽函数
void on_action_tool_QDesigner_triggered();	打开 Qt 设计师软件	
void on_action_tool_UserMgr_triggered();	打开用户管理软件	
void on_action_tool_SysConfig_triggered();	打开系统配置工具软件	
void on_action_other_manual_triggered();	打开用户手册	
void on_action_other_help_triggered();	显示帮助信息	
void on_action_other_about_triggered();	显示“关于”对话框	

11.3.3　命令响应类

命令响应类 CmdResponse，用来实现通信服务模块的 ISerResponse 接口。

主界面功能的 ManinWindow 中有命令响应类（CmdResponse）的实例，当在主界面的初始化方法中创建 ISerCommu 后，调用 ISerCommu 的 SetResponse 方法，将命令响应类的实例传递给 ISerCommu，之后通信服务模块可以通过 ISerResponse 接口和 MainWindow 交互。

在 MainWindow 的初始化方法中，创建通信服务模块：

```
m_Commu = ISerCommu::CreaterCommu(userName, projectName, right);
```

创建通信服务模块后，需要调用 SetResponse 将命令响应类（CmdResponse）传递过去（m_cmdUI 是 CmdResponse 的实例）：

```
m_Commu->SetResponse(&m_cmdUi);
```

11.3.4　通信调试窗口

通信调试窗口 DlgDebug 实现了通信服务模块的 ICommuDebug 接口。

在 DlgDebug 界面中，可以显示网络通信信息，用于调试网络通信。

在 DlgDebug 的定时器方法中读取调试信息，显示各个通信通道的调试信息，包括速率、数据包解析情况、数据队列大小等。

11.3.5　接口属性窗口

测试模型是平台运行的基础，其中每个接口对应一个真实的通信、解析、交互。接口有很多属性，例如通信参数等。在测试执行过程中，会根据情况进行实时调整，特别是在调试测试的应用场景中。

1．通信调试日志

总线仿真测试平台的核心内容是各种通信，使用通信板卡执行总线通信，测试模型中的每个接口对应一个通信模块，在测试过程中进行实时通信、实时传输数据。每个通信接口有状态统计信息，包括接收速率、发送速率、数据包解析计数、通信错误码、错误信息、是否超时等。这些信息很重要，特别是在调试测试场景中需要用这些信息分析通信情况、排查问题。

2．接口属性窗口

为完成上述功能，需要有一个接口属性窗口。前台界面的接口属性窗口就用来实现上述功能，类名称为 DlgEditInter，界面中显示测试模型的接口节点、每个接口的属性、通信统计信息，可以控制接口启动、停止，可实时修改接口的属性。接口属性窗口如图 11-4 所示。

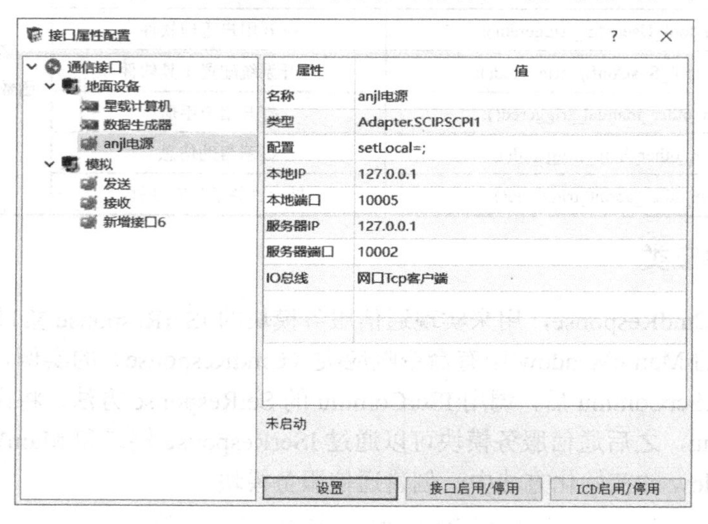

图 11-4　接口属性窗口

3．实现

MainWindow 实例化 DlgEditInter 时，传入 ISerControler 接口对象，测试执行框架中的 ISerControler 接口对象，可用于实时控制、修改接口属性、启用、停用等。传入 CmdResponse 对象，通过 CmdResponse 获取测试服务框架的心跳包，心跳包中有系统的各种实时状态信息、统计信息。

由于主框架的界面是动态 UI 创建的，不能直接打开接口属性窗口，所以基于主框架的公共槽函数机制，使用内置槽函数"打开接口属性窗口"，可以打开接口属性窗口。

11.4　序列图

测试执行框架相关的序列图主要有以下两个。

（1）测试执行框架与测试服务框架的交互，参见第 10 章的图 10-3 测试服务框架与测试执行框架间的序列图。

（2）测试执行框架与插件的交互，参见第 13 章的图 13-2 控件在执行过程中的序列图。

11.5　Qt 拖曳技术

很多软件都有拖曳功能。拖曳功能可以灵活、便捷地将数据从一个地方传递到另一个地方，非常好用，可以提升软件的易用性。在测试执行框架中，用到了拖曳功能，例如将测试模型树中的各节点拖曳到控件中。本节介绍在 Qt 中如何实现拖曳。

测试执行框架中的拖曳，是将测试模型树的树节点拖曳到控件中。Qt 中 QTreeWidget 默认的拖曳效果往往不满足需求，需要自定义实现拖曳效果、设置鼠标图标、传递自定义数据等。在 Qt 中实现拖曳的方法：在鼠标点击事件、鼠标移动事件中，写入代码，主动执行拖曳、完成数据传递。

1．子类化 QMimeData

在拖曳过程中，我们需要的是传递数据。传递的数据往往很复杂，如对象指针、自定义类型等。Qt 的拖曳技术中有描述数据的类 QMimeData，但对于复杂的需求，这个 QMimeData 还不够用，可以子类化 QMimeData，加入成员变量，用成员变量表示要传递的对象指针等。

Qt 的 QMimeData 有很多方法、属性可供使用，也可以存储很多数据，如图像数据、二进制数据、文本数据等。

2．实现拖曳

总线仿真测试平台中的 DEVTree 类可以实现测试模型树结构，可以拖曳节点到自定义控件中。在 DEVTree 中需要实现拖曳节点功能，DEVTree 继承自 QTreeWidget，重写几个鼠标的事件函数。

首先，重写鼠标点击事件，判断是否可以拖动，然后记录起始位置供后续使用。

```
void DEVTree::mousePressEvent(QMouseEvent *event)
{
    QTreeView::mousePressEvent(event);
    if (event->button() == Qt::LeftButton)
        startPos = event->pos();
}
```

在鼠标移动事件中，判断是否按下鼠标左键、判断移动的距离是否可以拖动，在当可以拖动时，调用 performDrag 函数，主动执行拖曳功能。

```
void DEVTree::mouseMoveEvent(QMouseEvent *event)
{
```

```
        QTreeView::mouseMoveEvent(event);
        if (event->buttons() & Qt::LeftButton)
        {
            int distance = (event->pos()-startPos).manhattanLength();
            if (distance >= QApplication::startDragDistance())
                performDrag();
        }
}
```

这里有很多代码，首先定义 QDevMimeData（子类化 QMimeData）对象 mimeData，mimeData 用于表示数据，其中有很多对象指针，都赋值完毕。然后定义 QDrag 对象 drag，drag 可以执行具体的拖拽效果，调用 setMimeData 设置数据、调用 setPixmap 设置图标、调用 exec 执行拖动，之后软件界面就会进入拖动效果，等到释放鼠标左键后，才会执行 delete drag、delete mimeData，函数执行完毕。

完整的 performDrag 函数如下。

```
QDevMimeData * mimeData=new QDevMimeData;
mimeData->SetDevMimeType();
mimeData->setText(item->text());
mimeData->pInter = pInter;
mimeData->pStu = pStruct;
mimeData->pDev = dev->GetDev_ById(pInter->GetParentId());

QDrag * drag = new QDrag(this);
drag->setMimeData(mimeData);
drag->setPixmap(item->icon().pixmap(QSize(16,16)));
drag->exec(Qt::MoveAction);
delete drag;
delete mimeData;
```

3. 接受放下的数据

下面以自定义控件接受拖曳为例，描述如何获取拖曳过来的数据。首先在构造函数中调用 setAcceptDrops(true)，设置为允许接受拖曳。

然后重写三个拖曳相关事件函数：void dragEnterEvent(QDragEnterEvent *event)、void dragMoveEvent(QDragMoveEvent *event)、void dropEvent(QDropEvent *event)。

在 dragEnterEvent 函数中，调用 accept 接受这个拖曳。

```
event->setDropAction(Qt::MoveAction);
event->accept();
```

在 dragMoveEvent 函数中，要判断是否为有效的 QDevMimeData，非有效的 QDevMimeData 说明不是自己的拖曳数据，调用 ignore 主动拒绝接受这个拖曳数据。

```
if (!QDevMimeData::IfDevMimeType(event->mimeData()))
{
    event->setDropAction(Qt::IgnoreAction);
```

```
        event->ignore();
        return ;
    }
    event->setDropAction(Qt::MoveAction);
    event->accept();
```

在 dropEvent(QDropEvent*event)函数中，对拖曳事件 event 中的 mimeData 对象，调用 Qt 的动态类型转换函数 qobject_cast，将 QMimeData 类型转为自定义的 QDevMimeData 类型。如果转换成功，则说明是我们想要的 mimeData 对象，可以继续向下执行。

```
    const QDevMimeData * mimeData =
    qobject_cast<const QDevMimeData*>(event->mimeData());
    if (NULL == mimeData)
        return ;
```

转换之后得到的 QDevMimeData 对象是 QMimeData 的子类对象。在我们自定义的这个类对象中，有我们主动传递的各种数据。至此，数据已经传递过来，可以写代码实现想要的功能。

到这里已经得到传递的数据，可以看到代码很少，只重写三个事件，在每个事件函数中也只有几行代码，可见在 Qt 中实现拖曳比较容易。

第 12 章　测试服务框架

测试服务框架是整个软件平台中的服务程序，负责多客户端连接、长时间运行等，非常重要。服务程序的设计要考虑很多内容：功能上支撑多客户端的登录、状态维护、数据交互、插件加载管理等，还需要稳定、长时间运行，对稳定性、可靠性、安全性也有要求。

测试服务框架基于插件扩展的方式，各种功能分布在不同的插件中，加载各种通信模块后，能够完成与被测试设备的调用、数据交互。

测试系统中最重要的测试数据、测试日志，都由测试服务程序采集、获取、解析、存储、管理，核心的数据处理都在测试服务框架中。同时，客户端是数据的最终显示、处理端，测试服务需要将这些数据、测试日志实时分发给各个客户端。服务程序必须高效、可靠，实时将测试数据、测试日志分发给各个客户端，存储至数据库。

在一些应用场景中，会有长时间运行测试的需求，需要测试服务程序能够长时间稳定运行。因此，稳定性非常重要，测试服务程序要考虑长时间稳定运行的设计。

测试服务的具体功能如下。

（1）维护客户端登录、连接、断开、心跳包。

（2）接收各客户端发送的控制指令、系统命令。

（3）将总线采集的数据转发给各个客户端。

（4）存储数据、日志等。

（5）加载、维护、管理通信模块。

12.1　设计

测试服务框架是一个服务程序，能够与客户端进行稳定通信，能够长时间稳定运行。测试服务框架也是一个框架软件，可以加载多种插件、多种配置。因此，测试服务框架是复杂的，其设计实现也必然复杂。

要综合考虑测试服务框架的设计要求，要考虑长时间稳定运行、考虑客户端的通信稳定，对于服务程序还要考虑日志、考虑方便排查问题。

12.1.1　性能设计

对于一个服务器程序的最重要考量是性能：需要支持多少个客户端、如何保证实时性。在实时性方面，与设备的实时交互有很高的实时性要求，必须能够实时高效采集数据、能够及时将数据转发出去。为此，将几类通信分别加以处理，分别建立 TCP 通道。之后是用多线程提高执行的性能，对于线程间的交互，在设计、编码时需要小心处理，防止多线程互锁等异常情况。

1. 数据队列

对于服务程序需要设计数据队列，用于缓存数据、并行处理。测试服务框架包括以下队列。

（1）测试数据队列。数据采集线程从各个通信模块获取的数据，需要放入测试数据队列。之后，数据处理线程会从测试数据队列获取数据，处理、存储、分发等。

（2）指令队列。指令通道收到的指令包，需要放入指令队列。之后，执行指令线程会从队列中获取指令包，执行完毕后，将结果插入指令执行结果队列。

（3）指令执行结果队列。执行指令线程执行指令后，会向本队列中插入指令执行结果，指令通道从这个队列获取执行结果且分发给各客户端。

2．TCP 服务

在测试服务程序中设计的 TCP 服务各自独立，分别高效地工作。

在性能方面，测试服务框架不会有高并发的连接，最多支持几十个客户端，不需要使用高性能的服务器模型。例如，异步完成端口模型，使用普通的单线程处理连接即可。

（1）数据服务通道。将测试数据转发给连接的各个客户端。

（2）指令服务通道。接收各个客户端发送的指令包，将指令包加入指令队列。从指令执行结果队列获取执行结果，发送给每个客户端。

（3）命令通道。负责与测试执行客户端建立连接，验证是否符合登录条件。对于验证成功的客户端，允许建立连接、分配标识符，周期发送服务器的心跳包，接收客户端的各类控制命令。

3．线程

多线程是充分利用硬件多核 CPU、提高软件性能的有效方法，是服务程序的重要设计内容。在测试服务框架中，规划了如下线程。

（1）各个 TCP 服务的线程。各个通道都是 TCP 服务器，有独立的线程接收连接。

（2）命令处理线程。处理命令通道中的各类命令。

（3）执行指令线程。执行指令队列中的各个指令包。

（4）数据采集的线程。为每个通信模块建立的线程，用于交互、采集数据，可以进行高效、高速处理。

这些线程在测试中会一直运行，不存在随机为一个复杂任务启动线程的情况，所以不需要使用线程池技术。

12.1.2　界面设计

通常的服务程序，不需要人机交互的图形界面。但是这里的软件平台有多个应用场景。在单机调试测试时，考虑提高软件的易用性，将测试服务做成系统托盘程序，启动后自动隐藏到后台，可以在操作系统的系统托盘中双击打开软件界面，查看一些日志。

另一个问题是，对于单机测试场景，先启动一个服务程序，然后启动测试执行框架，启动这两个软件才能执行测试，有点烦琐了，降低了用户体验。考虑到测试平台需要支持多种场景，必须有服务程序，为此将服务程序作为一个入口程序，在界面上加入几个执行链接，用来启动其他软件模块，这样可改进用户体验。

应基于易用性、单机测试的使用特点，设计一个简单的图形界面。测试服务框架的界面如图 12-1 所示。

（1）主界面包括日志显示区、测试模型显示区、几个导航按钮。这个界面不放置很多功能，也没有很多显示、交互的界面功能。

（2）其他程序的快捷启动方式，可以快速启动其他软件项，使测试服务框架作为总的入口。

（3）单击“关闭”按钮，程序进入后台工作。双击 Windows 桌面右下角的系统托盘区的软件图标，可再显示主界面。系统托盘右键菜单中有“退出”菜单项，执行退出功能。

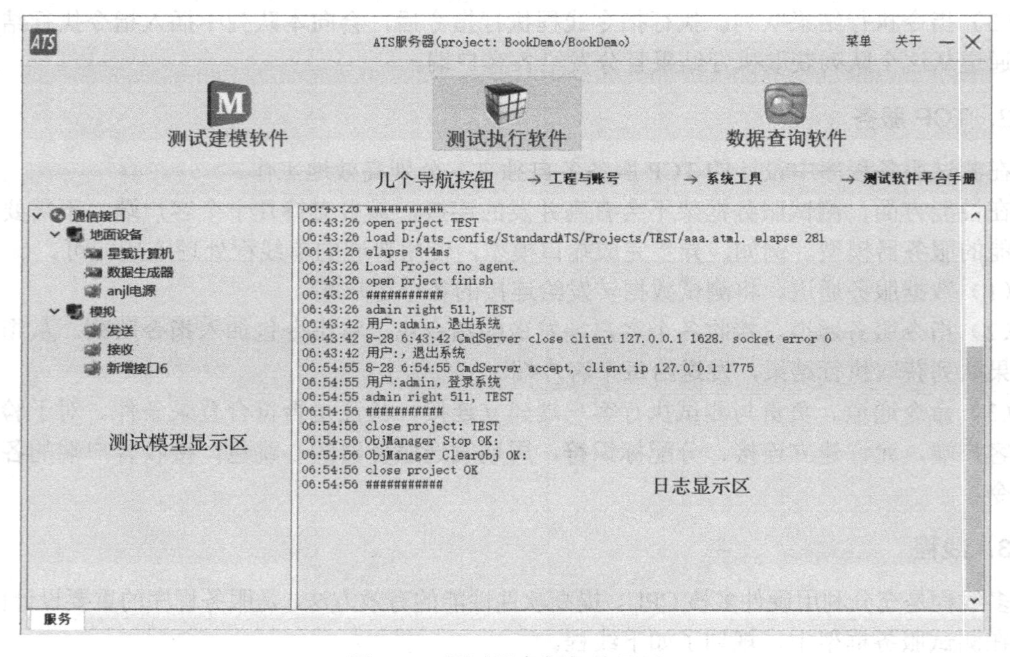

图 12-1　测试服务框架的界面

12.1.3　插件机制

为实现测试服务框架中的插件机制，在测试服务框架内部设计了两个模块：对象管理器模块和采集模块。在测试服务框架中实例化对象管理器模块，由对象管理器模块再去实例化若干采集模块。一层一层地隔离复杂度，每层只向上一层提供接口。

测试服务框架的对象管理器模块维护各个采集模块的生命周期。采集模块包括三层接口，即总线 IO、硬件驱动、协议处理，分别对应三类接口对象。三类接口对象有各自的分工，其间协同调用传递数据内容，可定义数据结构用于传递数据。

各接口调用原理图如图 12-2 所示。

测试服务框架软件 插件调用
服务框架 对象管理器
DEV
消费者
数据生成器
SCPI
测试模型中每个接口构建一个对象管理器
对象管理器 DevReader<T>
DEV::InterfaceInfo * inter;
ATS::IIO * m_io;
ATS::I Drive * dirve;
硬件平台

图 12-2　各接口调用原理图

12.1.4 类清单

可以看出，测试服务框架具有很多的类，这都是充分模块化设计的结果，是按照设计的一些准则尽量拆分得到的。

服务程序需要有入口的主程序类，执行启动、停止等工作。设计出主程序类，类中成员变量主要是其他类的对象，类中各个方法将这些对象调动、使用起来，完成整个测试服务框架的工作。

测试服务框架的类清单如表 12-1 所示。

表 12-1 测试服务框架的类清单

名称		基类	描述
ServerMan		Thread ICmd ILoginMgr	测试服务框架主程序。实例化各个对象，调度、执行，完成整个测试服务框架功能
ObjManager			对象管理器。维护创建的各个插件对象，执行插件的交互
ModelService		ICmd_Model	测试模型服务类。在测试服务框架中，提供测试模型的加载、访问等操作，按照业务流程执行工作
SerDevMan		IDeviceMan IYcYk	设备模型业务管理类。实现设备控制、调度、数据处理传递等业务相关流程
TCP 服务器	InsServer	ITcpServer	指令通道类。TCP 服务器，接收客户端的连接。维护客户端的连接，接收客户端发来的数据，加入指令队列
	InsDataServer	Thread	指令数据服务类。TCP 服务器，接收客户端的连接。指令通道类中执行指令的结果，组包后在本通道发送给客户端
	CmdServer	ITcpServer Thread	命令通道类。TCP 服务器，接收客户端的各类命令，包括登录、加载工程、加载测试、停止测试等命令
	CInsChannel	TcpClientA Thread	指令通道客户端。TCP 客户端，独立的线程，线程函数会从指令队列取指令包，然后执行指令包
	DataServer	Thread	数据服务类。TCP 服务器，接收客户端的连接，维护连接。在对象管理器中采集到的数据，通过接口方法发送给各个客户端
	NetException	Execption	网络异常类。基于 C++标准库 STL 的异常类，定义了 ATS 中网络的异常类
ATClient		ATClient TcpClientA	TCP 客户端类。封装了业务相关的操作，TCP 读写等操作
存储模块	DataStore		数据存储类。完成原始数据的解析、缓存等功能，写文件等操作
	DataStoreMan		存储模块管理。维护多个数据存储类的创建、销毁等
	DbStore	Thread	数据库存储类。在数据库存储模式中，将原始数据、解析数据等存储到指定的数据库中

12.1.5 序列图

测试服务框架相关的序列图有以下两个。

（1）测试执行框架与测试服务框架的交互，参见第 10 章的图 10-3 中的序列图。

（2）测试服务框架中主程序、各对象的序列图。测试服务框架完成了很多工作，如测试流程、硬件交互等，这些工作都很复杂，执行过程涉及多个对象的调用，可以绘制序列图详细描述，在此从略。

12.2 内部接口类

在测试服务框架内部也需要定义几个抽象接口类，用于内部模块间的交互。

1. IYcYk 接口类

IYcYk 接口类是遥测遥控数据处理接口类。在测试服务框架内会有多个数据处理模块（类），例如文件存储、网络转发、数据库存储、日志输出等，抽象出接口类，提供统一的调用入口。

（1）处理实时数据接口，包括时间戳、来源、数据内容、长度等。服务器框架处理实时数据时，需要执行存储、转发客户端、日志等功能。代码如下。

```
virtual void OnDataReceive(int dev, ATS::SrTimeTriple &time,int iDevId,stmHead & head,char * dataBuff,int iBuffLen) = 0;
```

（2）处理指令数据包，通信接口 IDrive 执行一个指令后，会执行本接口，框架会将执行结果转发给各个客户端、记录日志等。代码如下。

```
virtual void OnDataReceiveOrig(int dev, ATS::SrTimeTriple &time,int iDevId,int interId,char * dataBuff,int iBuffLen) = 0;
```

（3）在同时有多个指令数据包的情况下，接口 IDrive 发送了多个指令包，框架需要将这些执行结果转发给客户端。代码如下。

```
virtual void OnInsData(const ExecRes & res,const char * dataBuff,int iBuffLen) = 0;
```

2. 泛型模板类 DevReader<class T>

DevReader 定义为泛型模板类，这里虽然没有定义为抽象接口类，但却是测试服务框架内的公共类、重要的模块。

（1）使用泛型模板类的目的是简化调用者的复杂度，调用者不用定义新的类型，只要有 DevReader 中泛型类要求的方法，即可使用 DevReader。

（2）DevReader 提供线程函数 do_job，在线程 do_job 函数中调用 IDrive 对象的 read 方法读取数据并保证实时性。

（3）线程中同时执行了多种读取操作，包括读取一个数据包、读取多个数据包、读取原始数据包。读取成功后，调用 m_fun 对象的接口方法，将数据传递到数据处理接口。

（4）类型 T 中的方法包括读取一个数据包、读取多个数据、读取原始数据包等。

```
// 每个总线的读取数据功能，独立线程
template<class T>
class DevReader : public Thread
{
protected:
    T m_fun;
    DRIVE::IDrive * m_pDrive;
    DRIVE::IDriveOrig * m_pDriveV2;
    DEV::InterfaceInfo * m_pInter;
```

```
public:
    DevReader(T fun,DRIVE::IDrive * pDrive,DEV::InterfaceInfo * pInter):{
        ... // 略
    }
    ~DevReader(){
        ... // 略
    }
    bool IsRun(){
        ... // 略
    }
    // Thread 的接口
protected:
    // 读数据，线程函数
    void do_job(){
        ... // 略
    }
};
```

12.3　框架接口类

测试服务框架向插件提供的服务接口，包括设备管理接口类 IDeviceMan 和资源接口类 IResource。本节描述在测试服务框架中实现这两个接口的类。

12.3.1　设备管理接口

设备模型业务管理类 SerDevMan，实现 IDeviceMan 抽象接口类，实现内部接口类 IYcYk；完成设备控制、数据处理等流程。

设备模型业务管理类非常巨大、复杂，实现了两个接口类，还要向调用者提供很多复杂的公共方法。该巨大、复杂的类显然违背了设计的原则，但考虑到设备模型业务类在整个测试服务框架中是重要且不多的几个业务类，还是可以接受的。

（1）业务流程相关的几个接口方法。代码定义如下。

```
// 加载工程的测试模型
void LoadTModel(const ATS::SrProjectInfo & pr);
// 启动测试
void StartTModel(TStore*obj,string testName);
// 停止测试
void StopTModel();
```

（2）遥测遥控接口类 IYcYk。处理实时数据、发送指令等会调用该类的几个接口方法。这几个方法内部的处理流程会将这些数据转到处理模块、存储模块、转发模块，这些模块是实际的数据处理模块。方法代码定义如下。

```
    // IYcYk 接口
public:
```

```
virtual void OnDataReceive(int dev,ATS::SrTimeTriple &time,int iDevId,stmHead & head,char * dataBuff,int iBuffLen);
virtual void OnDataReceiveOrig(int dev, ATS::SrTimeTriple &time,int iDevId,int interId,char * dataBuff,int iBuffLen);
virtual void OnInsData(const ExecRes & res,const char * dataBuff,int iBuffLen);
```

（3）主要的成员变量。这些变量负责不同的工作。代码定义如下。

```
// Web 接口
WebData2 *m_Web;
// 数据服务
DataServer &m_datachannel;
// 指令数据服务
InsDataServer &m_insDataSer;
// 数据存储
DataStore m_devData;
// 指令库
INS::TSource * m_TSource;
// 对象管理器
ObjManager m_obj;
// 设备模型，设备数据采集基于这个模型
DEV::DEVModel * m_devModel;
```

（4）实现 IDeviceMan 接口。使用这个接口可以获取当前各种信息、资源，例如获取当前的工程信息 ProjectInfo，获取测试模型、指令库，获取当前时间戳、测试信息等。SerDevMan 创建其他对象时，将 this 指针（IDeviceMan 接口对象）传递过去，之后在其他各模块中就可以用 IDeviceMan 获取 SerDevMan 提供的各类资源、信息。

代码定义如下。

```
// 获取当前的工程信息
virtual const ATS::SrProjectInfo & GetProjectInfo();
// 获取资源接口
virtual IResource * GetResource();
// 获取设备模型
virtual DEV::DEVModel * GetDevModel();
// 获取指令库
virtual INS::TSource * GetTSource();
// 时间戳
virtual void SystemTimeTriple(ATS::SrTimeTriple & ttt);
// 同步星上时间
virtual void SyncShipTime(ATS::SrTime shipTime);
```

12.3.2 资源接口

主界面类 MainWindow 实现了界面的功能，参见 12.1.2 节。MainWindow 继承自 QMainWindow、IResource，实现资源接口 IResource 抽象接口类，参见 10.2.5 节中对 IResource 的定义。

具体的网络服务器在 ServerMan 中实现，在主界面类（MainWindow）中定义 ServerMan 变量，主界面维护 ServerMan 对象的生命周期。

实现界面的几个按钮功能：启动服务、停止服务，只需要单击按钮后调用 ServerMan 的接口方法即可。

12.4　其他类

在测试服务框架中有很多类，这些类有负责网络服务器的模块、有数据处理模块、有数据分发模块等，比较复杂的有对象管理器和主程序。对象管理器能够用于各个插件对象的创建、维护、销毁等。主程序是整个测试服务框架的入口，负责整个软件的运行等工作。

12.4.1　对象管理器

对象管理器类 ObjManager，负责创建、删除、维护各个 IDrive 对象。对象管理器要完成的工作很多，还要和测试整个流程做关联，并响应主程序的调用。对象管理器也是一个非常复杂的类，有大量的公共方法、成员变量。

1．动态创建

在 ObjManager 中调用动态创建模块的接口方法，可动态创建 IDrive 接口对象，为每个创建的对象建立一个 DevReader 变量，每个 DevReader 中有一个线程，达到在独立的线程中收发数据、完成交互。

2．主要成员方法

主要的接口方法包括创建接口对象、采集数据、发送数据等。采集数据后还要做进一步处理，包括存储数据、转发数据等。在采集部分，为每个接口建立一个线程，尽可能高速地处理数据。在发送部分，单线程执行，使多个写操作顺序执行。

（1）构造方法需要传递 DEVModel、IDeviceMan 接口、IYcYk 接口，读取数据后、执行指令后调用 IYcYk 接口将结果传递出去。构造函数定义如下。

```
ObjManager(DEV::DEVModel & ,DRIVE::IDeviceMan*,IYcYk * );
```

（2）业务流程相关的几个接口，包括创建接口、初始化、自检、启动各接口、开始采集、停止接口、清理对象。

```
// 创建接口
void CreateObj();
// 初始化
void InitInterface();
// 自检
void CheckInterface();
// 启动各接口
void StartInterface(int interId[]);
// 停止接口
void StopInterface();
```

```
// 清理对象
void ClearObj();
```

（3）在线程函数中执行读写后，需要调用下面几个方法。这些方法会执行后续的业务流程。例如处理数据时调用的 OnReadOK，要传入 DRIVE::stmHead、数据指针、数据长度。在 DevReader 线程函数中成功读取到数据后，对应有四个调用：读到一包数据时调用 OnReadOK、读到多包数据时调用 OnReadOK_Ex、读到原始数据包时调用 OnReadOK_orig、读到状态数据包时调用 OnReadOK_state。主要代码如下。

```
// 采集一包数据完毕
void OnReadOK(int devid,DRIVE::stmHead & head,char * dataBuff,int iBuffLen);
// 处理多包数据
void OnReadOK_Ex(int devId,int interId,char * dataBuff,int iBuffLen);
// 处理原始数据包
void OnReadOK_orig(int devId,int interId,char * dataBuff,int iBuffLen);
// 处理状态数据
void OnReadOK_state(int devId, int interId, const IOStateStu &stu);
// 在测试过程中执行接口的写操作
void OnInsCMD(const YcDataHeader*ycHead,const char * user,const DRIVE::stmHead & stmhead,const char * dataBuff,int iBuffLen);
// 读取到的自发送指令
void OnReadSelfInsOK(const ExecRes & res, char * dataBuff,int iBuffLen);
```

3．成员变量

对象管理器的成员变量如下。

（1）每个数据采集对象 vector<DevReader<ObjManager*>*> m_Reader。

（2）遥测遥控数据处理接口对象 IYcYk * m_YcYk。

（3）主框架的设备管理接口 DRIVE::IDeviceMan* m_man。

（4）系统资源接口 IResource * m_pResource。

（5）插件接口 std::map<DEV::InterfaceInfo*,DRIVE::IDrive *> m_vecAdapter。

（6）每个插件的自检结果 std::map<DEV::InterfaceInfo*,string> m_checkSelfResult。

（7）测试模型 DEV::DEVModel & m_model。

12.4.2 主程序

测试服务框架的主程序类是 ServerMan。主程序是服务器程序的入口，包括启动服务器、停止服务器、启动测试、停止测试等方法。这些方法是测试业务流程中的主要流程。

基类包括 Thread、ICmd、ILoginMgr。

ServerMan 实现了两个抽象接口：ICmd 和 ILoginMgr（命令接口和登录管理接口）。

接口方法与成员变量如下。

（1）供界面框架类调用的启动服务、停止服务、获取当前信息接口方法。

（2）定义日志输出方法，在日志输出中调用 IResource 接口的 OutLogMsg 接口方法，主界面类 MainWindow 实现了 IResource，在界面的日志窗口中显示日志。

```
// 设置资源接口
void SetResource(IResource * pResource);
// 启动服务
void LoadService();
// 停止服务
void StopService();
// 日志输出
void OutLogMsg(const string &strLogMsg);
```

（3）实现 ICmd 接口。ICmd 接口是在测试服务框架中执行各种命令的接口，包括载入工程、关闭工程、加载测试、停止测试等。为其他各个子模块提供服务的方法，例如获取工程信息、获取测试信息等。

```
// ICmd 的接口
public:
    // 载入工程
    bool LoadProject(const ATS::SrProjectInfo & prj,string & ret);
    // 关闭工程
    bool CloseProject(string & ret);
    // 加载测试
    bool LoadTest();
    // 停止测试
    bool StopTest();
    // 获取工程信息
    ATS::SrProjectInfo * GetProjectInfo();
    // 获取测试信息
    ATS::SrTestInfo * GetTestInfo();
    // 获取时间信息
    ATS::SrTimeTriple * GetTime();
```

（4）在成员变量中实例化了其他各个类的对象，包括各个网络通信的服务通道类，包括数据服务模块、Web 服务模块等。在 ServerMan 中协调调用这些对象、协同工作、维护对象的生命周期。

（5）成员变量包括系统资源接口 IResource * m_pResource、设备模型服务对象 ModelService m_dev。

（6）系统服务相关成员变量包括数据存储 DataStoreMan m_dataStore、命令服务 CmdServer m_cmdSer、指令服务 InsServer m_insSer、数据服务 DataServer m_datachannel、指令数据服务 InsDataServer m_insDataSer、文件服务 FileServer m_files、Web 接口 WebServer * m_Web。

第 13 章　控 件 系 统

测试执行框架是用户执行测试的最终软件，测试执行框架本身只提供少量功能，具体功能由加载的各种控件完成。这些控件涵盖了界面上的菜单、按钮、图标、显示框，有各种数据显示、指令控制、执行测试等功能，所有这些可见、可用的功能都是控件，即万物皆控件。

这些控件中既包括 Qt 的各种基本控件，也包括总线仿真测试平台的各种插件。测试执行框架的插件统一称为控件系统，是一类有交互界面的插件，其实现方式主要基于 Qt 自定义控件机制，也可以称为控件。对测试执行框架的插件，需要进一步细化分类，即根据测试业务需求进一步分类，例如只显示数据的监显控件、执行指令的指令控件、执行系统功能的系统控件等。这些分类通过 Qt 自定义控件的分组名称来区分，同时为每类控件分别抽象出抽象接口类。

复用了 Qt 的自定义控件的分组机制，对界面插件也进行了分组，包括监显、测试、系统、判读、总线中心、通信调试工具，这些都是平台中内置的各种插件。

为区分内置插件与具体测试需求的插件，以避免和内置插件在一个分组内，可用具体需求名称作为分组的名称，也方便后续定位插件代码。

13.1　设计实现

这些控件首先基于 Qt 的自定义控件机制，Qt 的动态 UI 才能够识别。然而这样还不够，框架需要的是抽象接口类、调用业务流程接口，例如 IUIWindow 对象，通过 IUIWindow 调用打开工程接口 OpenProject，然而 Qt 不认识我们自己定义的抽象接口类，基于 Qt 动态 UI 无法获得我们的接口类对象。因此，我们需要解决的问题是：框架执行 Qt 动态 UI 后，框架软件能够知道创建了哪些接口类对象（IUIWindow）。

只有在框架软件中获取了 IUIWindow 对象，才能按测试业务流程调用 IUIWindow 的接口，实现测试业务流程。

1. 几个解决方法

一个可行的方法是：通过 Qt 的元对象系统、动态属性、父对象与子对象的关系，调用 findChild 一步一步地查找，用动态属性获取是否有 IUIWindow 指针。这有一个显著的缺点：每个 Qt 对象可能有大量的子对象，一层一层地查找下去，显然是指数级的查找，不适合这样做。

另一个方法是：自己设计一套注册管理机制，使用公共库的动态创建模块，复用插件注册管理机制，在动态创建模块中维护创建的 IUIWindow 对象指针，通过动态创建模块的访问接口方法来获取已经创建的各个 IUIWindow 对象。

2. 注册业务接口

具体的实现是在控件的构造函数中调用 PluginMgr::RegistPlugin(this)，向动态创建模块注册自己，析构时调用 PluginMgr::ReleasePlugin(this)注销自己。PluginMgr 会管理所有插件，在 PluginMgr 中不实际创建对象、销毁对象，但能知道有新创建的插件、有销毁的插件。因此，通过 PluginMgr 就可以获知已经创建的控件，在测试执行框架中调用 PluginMgr 的方法获取 IUIWindow 对象。

之后，测试执行框架，就会调用控件对象的接口方法，调用初始化、传递资源、交互数据等接口方法。在第 10 章 10.5.2 节“动态创建模块”中有详细的描述。

13.1.1　注册机制

以类图的形式说明自定义控件的注册机制。控件的动态注册机制如图 13-1 所示。

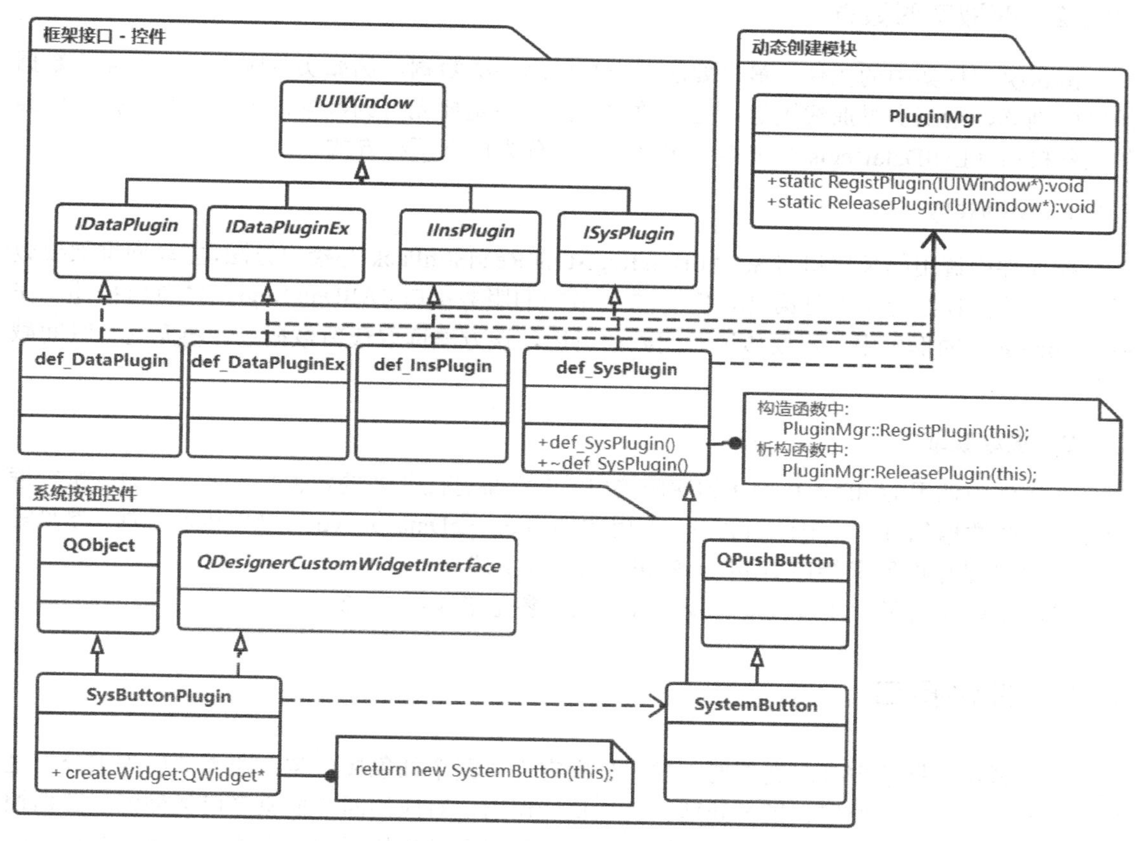

图 13-1　控件的动态注册机制

其中，def_DataPlugin、def_DataPluginEx、def_InsPlugin、def_SysPlugin 的构造函数、析构函数，都需要调用注册、注销函数。为方便起见，在图 13-1 中只描述了 def_SysPlugin 的注册和注销。

1. 说明

这个类图是系统按钮控件实现时的类图，对于其他控件的具体实现，只需要将系统按钮控件中的各类替换为其他控件的类。

2. 隔离复杂度

从类图可以看出，控件和框架间只有若干抽象接口类，无论是多么复杂的控件，在框架软件中只是几个抽象接口。同样，对于控件来说，无论框架软件实现了多么复杂的功能，对于控件只有若干个服务接口。这样，控件的复杂度和整个框架的复杂度是隔离开的。同时，控件的实现和框架的实现互不影响。

举一个例子：系统按钮控件功能单一，按下按钮时执行开始测试、停止测试等动作，实现时，只是在按下按钮时调用框架接口 IFrame 的接口函数，所以只需要子类化 Qt 的 QPushButton，响应 OnClicked 信号即可。

对于有很多功能的控件，需要设计多个类协同工作，编写丰富的代码实现。

13.1.2　获取实时数据

测试执行框架中的控件，最重要的工作是处理各类数据，例如实时刷新显示界面、数据的区间判读、绘制实时曲线图等。处理数据的第一步是要先得到数据，可通过测试执行框架的服务接口（IAllDataRegist）来得到实时数据，分为以下两种方式。

1．主动获取

在控件中调用框架接口对象 IAllDataRegist 的 ReadStmPack 等接口方法，主动向框架要数据。该方法的详细定义参见第 10 章 10.2.4 节中的服务接口 IAllDataRegist 的具体描述。在 ReadStmPack 的形参中，需要传递时间戳的引用，该方法读取最新数据包并填充这个时间戳变量。

2．被动获取

在控件中调用 IAllDataRegist 的注册接口，向框架订阅想要的数据包。之后，测试执行框架处理实时数据包时，根据订阅关系，调用控件的 on_ycData_arrive 等接口传递数据，参见第 10 章 10.2.4 节中的服务接口 IAllDataRegist 的具体描述。

被动获取使用了设计模式中的观察者模式，参见第 4 章 4.4.2 节。

13.2　控件接口

在测试执行框架中有四类扩展需求，分别定义了四个抽象接口类。四类扩展需求分别是数据处理、原始数据处理、指令处理、系统功能调用，对应的四个抽象接口类分别是数据控件、原始数据控件、指令控件、系统控件。这些接口有各自的区别、重点，能获取的框架资源不同、接口函数不同，当我们要实现控件时，可以根据需求继承、实现这些接口。

在第 10 章 10.2.3 节中，描述了如下四个控件相关接口。

（1）数据控件——IDataPlugin。

（2）原始数据控件——IDataPluginEx。

（3）指令控件——IInsPlugin。

（4）系统控件——ISysPlugin。

对这四个抽象接口类，分别定义默认的实现，根据需要也可以继承这些默认实现类。

13.2.1　默认实现

由于定义的都是抽象接口类，实现者必须在类中实现每个抽象接口方法，而实现者不一定用到所有抽象接口方法，此时为每个抽象接口写一遍实现代码，显然很麻烦，也没必要。为简便起见，定义四个具体类实现这四个抽象接口类，抽象接口方法可以定义成空的函数体。

之后，在自定义控件中直接继承这些默认实现类，根据需要重写对应方法。

接口类的默认实现类如表 13-1 所示。

表 13-1 接口类的默认实现类

类	基类	说明
def_DataPlugin	IDataPlugin	实现各个抽象方法，各方法可以是空定义
def_DataPluginEx	IDataPluginEx	实现各个抽象方法，各方法可以是空定义
def_InsPlugin	IInsPlugin	实现各个抽象方法，各方法可以是空定义
def_SysPlugin	ISysPlugin	实现各个抽象方法，各方法可以是空定义

13.2.2 泛型模板类

这里的设计应用了一个技巧：使用 C++的泛型模板类编译时展开机制，生成具体的函数体。使用泛型编程的目的是降低使用者的复杂度，同时可以避免出现多重继承的问题。自定义控件通常先继承 Qt 的图形界面类，然后再继承默认实现类，这样就会双重继承。使用泛型编程可以避免出现该问题。例如，数据表格控件同时继承 QTableWidget 和默认实现 def_DataPlugin，可以有如下写法。

```
class ParamTable : public def_DataPlugin, public QTableWidget
```

这里同时继承了两个实际类，为此将 def_DataPlugin 改写为泛型，代码如下。

```
Template<class T>
class def_DataPlugin : public T, public IDataPlugin
```

此时，def_DataPlugin 继承 T 类型，并实现抽象接口类 IDataPlugin。对应的数据表格控件代码就可以写为：

```
class ParamTable: public def_DataPlugin<QTableWidget>
```

这是一个非常适合使用泛型编程的场景，这个风格有点像 ATL（ActiveX Template Library，活动模板库）编写 COM（Component Object Model，组件对象模型）程序。不管是哪个风格，只要是简便、易用的，又不增加复杂度，就是好的设计。

def_DataPlugin 的代码参见 13.4.1 节。def_SysPlugin 的代码参见 13.4.4 节。

13.3 序列图

本节描述测试执行框架与控件间的交互。因为 IDataPlugin 接口与 IDataPluginEx 接口比较类似，所以在图 13-2 中只体现了一个。因为对象的创建基于 Qt 动态 UI，不是在框架中写代码主动创建，所以图 13-2 中没有体现创建。重要的内容是在测试中，框架会将各类数据传递给控件，而指令控件也会调用框架服务接口发送指令、发送命令。

控件在执行过程中的序列图如图 13-2 所示。

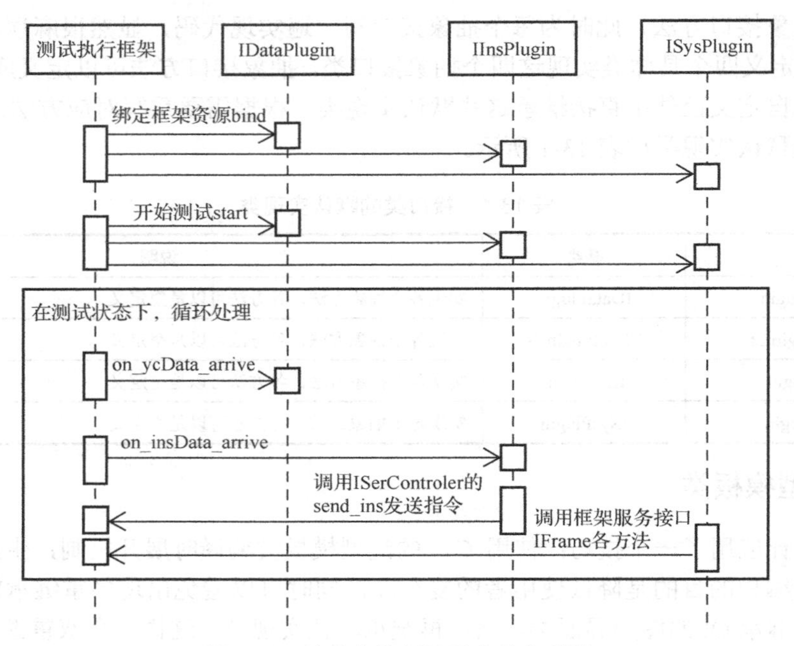

图 13-2　控件在执行过程中的序列图

下面对各个活动进行说明。

（1）打开工程创建界面后，在 CmdResponse 中会对各个控件调用绑定框架资源方法 bind，CmdResponse 负责具体的打开工程、关闭工程、开始测试、停止测试这几个主要的业务流程。

（2）在服务器反馈的状态包中有开始测试状态时，说明已经进入测试状态，CmdResponse 会对各个控件调用 start 接口方法，各个控件负责自己的状态维护，进入测试状态。

（3）在测试状态下，测试执行框架接收服务框架的各类数据包、各类日志，将这些数据包、日志转发给控件，调用控件接口 on_ycData_arrive 和 on_insData_arrive，之后控件根据自己的功能显示或处理。例如，显示控件显示数据值，日志窗口显示日志，测试控件对判读数据显示执行结果。

（4）最后的活动是停止测试，通知各个控件停止测试。

13.4　控件举例

在测试系统中，需要有很多数值显示功能和多种显示方式，例如标签、表格、曲线、图标等。在总线仿真测试平台的控件系统中，有一个分组叫作监显控件。监显控件中的各个控件都是用于数值显示。

监显控件能支持多种显示方式，可显示多种数据。

（1）显示总线的原始数据包，实现类似串口调试助手功能。在调试测试阶段，会用来排查错误。而自动化测试时一般不会关心原始数据包，在自动化测试时，这个原始数据就没有意义。

（2）显示数据包解析后的值，基于测试模型中定义的数据结构，解析出参数数据有效值，这是通信中最重要的解析值，需要显示、判读、绘制曲线等。

（3）以多种形式显示数据，目的是方便观察数据，包括当前值、变化情况、趋势等。因此，有曲线、表格、图标等显示方式。

13.4.1　数值显示框控件

数值显示框控件是监显控件组中最简单的一个控件，可以在界面上实时更新、显示一个参数的当前值；并提供几个属性，设置显示的格式、是否显示单位、是否显示参数名称、更新的频率等。

1．清单

数值显示框控件的类清单如表 13-2 所示。

表 13-2　数值显示框控件的类清单

名称	基类	描述
def_DataPlugin	IDataPlugin	数据控件接口类的默认实现。实现抽象接口类 IDataPlugin，各个抽象方法提供默认定义。为避免多重继承，设计为模板类。参见具体实现的代码
ParamShowPlugin	QDesignerCustomWidgetInterface	Qt 设计师识别的自定义控件接口类。主要方法是 createWidget，返回 new ParamLabel
ParamLabel	def_DataPlugin QLabel	参数显示类。实现具体功能，定时刷新界面，显示实时值。支持拖曳测试模型的参数

具体功能由类 ParamLabel 实现。

ParamLabel 类，首先继承 Qt 的 QLabel 控件，实现基本的界面显示，然后实现 IDataPlugin 抽象接口，获取框架的 IAllDataRegist 接口对象。

（1）重写 dropEvent 事件，接受主框架拖曳过来的测试模型参数。

（2）重写定时器函数 QObject::timerEvent 方法，在 timerEvent 中调用 IAllDataRegist 的接口方法，主动获取参数的实时数值，界面刷新显示。

2．代码

1）def_DataPlugin

实现 IDataPlugin 的各个接口，因为这些接口不是全部都会用到，所以写一个默认实现，作为各个控件的公共调用库。控件类继承 def_DataPlugin，需要用到哪个接口方法再重新实现就可以了。

为了演示 IDataPlugin 的基本使用，本处的 def_DataPlugin 没有继承类型 T。

调用动态创建模块的注册接口 FACTORY::RequestPluginMgr()->RegistPlugin。

调用动态创建模块的注销接口 FACTORY::RequestPluginMgr()->ReleasePlugin。

参见如下代码。

```
template<class T>
class def_DataPlugin : public IDataPlugin
{
private:
    T * parent;
```

```
protected:
    IAllDataRegist m_regist;    // 框架服务接口
public:
    def_DataPlugin(T*obj):
        m_regist(NULL), m_sys(NULL), m_dev(NULL), parent(obj), m_testId(0), m_iPri(-1)    {
        static int num = 1;
        QString name = QString("dataPlugin_%1").arg(num++);
        FACTORY::RequestPluginMgr()->RegistPlugin(name.toStdString(),this);
    }
    virtual ~def_DataPlugin(){
        if (m_regist != NULL) {
            m_regist->unAll(this);
        }
        FACTORY::RequestPluginMgr()->ReleasePlugin("",this);
}
    // IDataPlugin 的接口
public:
    ... // 抽象接口函数的默认实现，函数体为空
}
```

2）ParamShowPlugin

自定义控件类，实现 Qt 设计师的自定义控件接口。主要的代码是实现 createWidget 接口方法，在其中返回创建的对象，代码如下。

```
QWidget *ParamShowPlugin::createWidget(QWidget *parent){
    return new ParamLabel(parent);
}
```

类的声明参见如下代码。

```
class ParamShowPlugin : public QObject, public QDesignerCustomWidgetInterface
```

3）ParamLabel

实现显示单一参数值，继承自 Qt 的标签控件 QLabel。QLabel 已经实现了文本显示、图标显示等基本功能，直接继承 QLabel 可以复用 QLabel 的这些功能、复用 QLabel 的样式表、复用字体颜色等。

（1）继承泛型模板类 def_DataPlugin，重新实现 IDataPlugin 的几个接口。

（2）需要支持测试模型节点的拖曳功能、启动定时器等，重载实现这几个事件方法。

（3）需要重写 IUIWindow 的几个接口方法，复用框架的属性、配置，实现保存配置、加载配置等功能。

在头文件中类声明的代码如下。

```
class ParamLabel : public QLabel,def_DataPlugin<ParamLabel>
{
    Q_OBJECT
    Q_PROPERTY(QString param READ getDevStructParam WRITE param)
```

```
protected:
    DEV::ParamInfo * m_pParam;        // 当前显示的参数
    QDateTime m_uptime;               // 最后更新时间
public:
    ParamLabel(QWidget *parent=0, Qt::WindowFlags f=0);
    ~ParamLabel();
    virtual void timerEvent(QTimerEvent *);
    void dragEnterEvent(QDragEnterEvent *event);
    void dragMoveEvent(QDragMoveEvent *event);
    void dropEvent(QDropEvent *event);

    // IUIWindow 的接口
public:
    // 控件的配置内容
    void SetPropertyString(const std::string &cfg);
    // 控件的配置内容由框架保存
    std::string GetPropertyString ();
    // 开始测试
    virtual void start(const char * a,long iId, bool b);
    // 停止测试
    virtual void stop();
};
```

重写 QObject 定时器事件，第一行一定要调用基类的定时器事件 timerEvent，否则定时会不准确，导致一直执行定时器事件，进入死循环。之后，判断是否有参数、是否已经开始测试，如果是，则调用框架接口对象 IAllDataRegist 的 ReadParamValue 接口方法，获取实时值，然后调用基类 QLabel 的方法 setText 更新到界面显示。完整代码如下。

```
void ParamLabel::timerEvent(QTimerEvent * event)
{
    QLabel::timerEvent(event);
    if (bFlush && m_pParam!=NULL && m_testId>0)
    {
        ATS::SrTimeTriple packTime;
        DEV::ParamValue curValue;
        // 读取参数最新值
        m_regist->ReadParamValue(m_inter, m_stream, m_param, packTime, curValue);
        // 显示刷新
        this->setText(QString::fromStdString(curValue.desc));
    }
}
```

13.4.2 实时数据表格

在数据展示功能中，最常用的是数据表格功能，以表格化的行、列显示数据。在测试系统中，可以用实时数据表格来展示数据，还可以实时统计最大值、最小值，并与参考区间进行比较，判断出是否超出理论区间，若超出，则在界面标红显示等。

在总线仿真测试平台中，实时数据表格控件完成这个功能。实时数据表格能够显示指定的数据流、数据结构中的实时数据，包括解析前的原始值、解析后的含义值、公式计算的公式值；可统计最大值、最小值；可完成实时区间判读等。

实时数据统计表格如图 13-3 所示。

数据生成器/遥测　18:14:49

参数	含义	原始值	公式值	最大值	最小值	参考值
电压	64.000 V	64		64	2	
电流	66.200 A	66.2		66.2	4.2	
温度	67.300 ℃	67.3		67.3	5.3	
速度	68.400 km/h	68.4		68.4	6.4	
高度	69.500 m	69.5		69.5	7.5	
电压2	64.000 V	64		64	2	
电流2	66.200 A	66.2		66.2	4.2	
温度2	67.300 ℃	67.3		67.3	5.3	
速度2	68.400 km/h	68.4		68.4	6.4	

图 13-3　实时数据统计表格

1. 实现方法

实现方法如下。

（1）实现实时数据表格功能，使用 Qt 的项视图技术、Qt 的 MVC 技术。

（2）建立自定义控件工程，子类化 QTableWidget，实现表格功能。

（3）实现拖曳功能，能够设置界面显示的数据流、数据结构、参数。

（4）调用动态注册接口，使框架能够识别到本控件，能够进行数据订阅、接收。

（5）实现 IDataPlugin 接口，实现数据被动接收，实时统计数值、界面刷新显示。

2. 清单

实时数据表格的类清单如表 13-3 所示。

表 13-3　实时数据表格的类清单

名称	基类	描述
UI_def	QObject QDesignerCustomWidgetCollectionInterface	自定义控件接口集合类
SortListPlugin	QObject QDesignerCustomWidgetInterface	Qt 设计师识别的自定义控件接口类。主要方法为 createWidget
SortList2	QTableWidget def_DataPlugin	数据列表，每行一个参数，列显示参数的不同解析值，包括含义、物理值、公式值、源码等
def_DataPlugin	IDataPlugin	泛型模板类。默认实现 IDataPlugin 的各个接口

3. 获取实时数据

用户可以从框架的测试模型树结构中拖曳数据流、参数到实时数据表格中，在数据表格中需要重写拖曳事件，接受拖曳过来的数据流、参数，然后在界面更新显示。

此外，因为实时数据表格控件基于被动获取数据的方式，所以需要主动向框架订阅数据，在拖曳后，调用框架接口类 IAllDataRegist 的 regist 接口方法，订阅指定参数数据。

对于 Qt 的拖曳功能具体实现，在第 11 章 11.5 节中已经介绍过。

接受拖曳事件的主要代码如下。

```
const QMimeData * mime = event->mimeData();
const QDevMimeData * mimeData = qobject_cast<const QDevMimeData*>(mime);
if (mimeData != NULL)
{
    DEV::InterfaceInfo * pInter = mimeData->pInter;
    DEV::MStream* stream = mimeData->pStream;
    DEV::ParamInfo* param= mimeData->param;
    m_regist->regist(stream , stream , pParam, this);
}
```

因为需要实时统计最大值、最小值等，所以不能使用定时器更新的方法，需要使用被动接收的方式，重写 IDataPlugin 的 on_ycData_arrive 接口，接收数据、缓存数据。

然后在定时器中处理缓存数据，自己统计最大值、最小值，界面更新显示。

13.4.3　实时曲线图

在各类处理实时数据的系统中，常用实时曲线图展示数据。利用曲线图可以方便地观察数值变化情况、趋势。在总线仿真测试平台中，实时曲线图控件实现了实时曲线展示功能。

主要功能如下。

（1）实时曲线图控件，可指定显示测试模型中的参数，可同时绘制多个参数的实时曲线。

（2）支持曲线的放大、缩小、平移、坐标自适应等。

（3）有属性窗口，可以设置整个背景，可设置曲线的各种属性，包括颜色、线型等。

（4）有横、纵的标线显示，鼠标移动实时显示当前位置的值。

实时曲线图如图 13-4 所示。

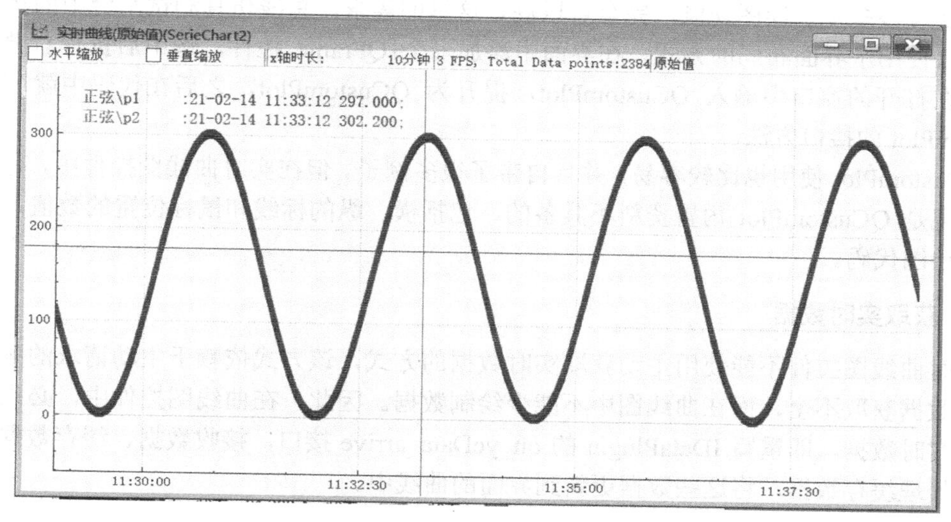

图 13-4　实时曲线图

1．实现方法

实现方法如下。

（1）实现曲线绘制功能，使用了流行的曲线库 QCustomPlot，基于 QCustomPlot 的各种接口方法实现绘图各功能。

（2）建立自定义控件工程，添加有界面的 QWidget，在界面中加入 QFrame 控件，将 QFrame 提升为 QCustomPlot，实现内嵌 QCustomPlot 等。

（3）实现拖曳功能，能够设置界面显示的数据流、参数。

（4）调用动态注册接口，使框架能够识别到本对象，能够进行数据订阅、接收。

（5）实现 IDataPlugin 接口，实现数据被动接收，缓存数据。

（6）在界面定时器中，将缓存数据值插入曲线图中，更新曲线图。

2. 清单

实时曲线图的类清单如表 13-4 所示。

表 13-4 实时曲线图的类清单

名称	基类	描述
UI_def	QObject QDesignerCustomWidgetCollectionInterface	自定义控件接口集合类
SerieChartPlugin	QObject QDesignerCustomWidgetInterface	Qt 设计师识别的自定义控件接口类
def_DataPlugin	IDataPlugin	泛型模板类。默认实现 IDataPlugin 的各个接口
SerieChart2	QWidget def_DataPlugin<QWidget>	实现曲线功能的主界面

3. 曲线库 QCustomPlot

绘制曲线使用了曲线库 QCustomPlot。QCustomPlot 是 Qt 中常用的曲线库，其功能很丰富，能实现很多复杂绘图功能，完全可以满足这里的需求。总线仿真测试平台中的实时曲线图控件，使用了界面布局的方式，在界面中添加一个 QFrame 控件，选中后执行右键提升为菜单，在打开的窗口中输入 QCustomPlot，提升为 QCustomPlot，之后在代码中就可以调用 QCustomPlot 的接口方法。

QCustomPlot 使用也比较容易，并且自带了很多例子。但在实时曲线图控件中，有几个功能的实现是 QCustomPlot 内置资料不具备的，包括横、纵的标线和鼠标位置的数值，需要自己重写绘图代码。

4. 获取实时数据

实时曲线图控件不能使用主动获取实时数据的方式，该方式依赖于主动请求的频率，可能导致数据获取不全，而在曲线图中不能少绘制数据。因此，在曲线图控件中，必须通过被动接收实时数据，即重写 IDataPlugin 的 on_ycData_arrive 接口，接收数据、缓存数据。在定时器中处理缓存数据，将这些数据更新到界面的曲线中。

13.4.4 命令按钮控件

命令按钮控件是系统控件中的一个，单击按钮后可以执行系统的控制命令，例如退出软件、开始测试、停止测试、全屏等。控制命令参见第 11 章 11.3.2 节。

以命令按钮控件的实现为例，来说明系统控件的具体设计、实现。

1. 具体功能和原理

单击命令按钮后可以执行测试系统的功能，包括开始测试、停止测试、全屏、退出、配置窗口、打开工程、打开回放窗口等。在第 11 章 11.3.2 节的公共槽函数中，可以通过修改按钮控件 ObjectName 的方法，动态绑定到框架中已有的槽函数中来实现这个功能。

这里用另一种方法实现：自定义按钮控件，在按钮的点击信号槽函数中，调用测试执行框架的 IFrame 接口方法，执行系统命令。具体实现原理：调用框架服务接口 IFrame 的接口方法 SystemCMD，传递对应的命令，控制测试执行框架完成相应动作。

在 Qt 设计师中使用命令按钮控件如图 13-5 所示。

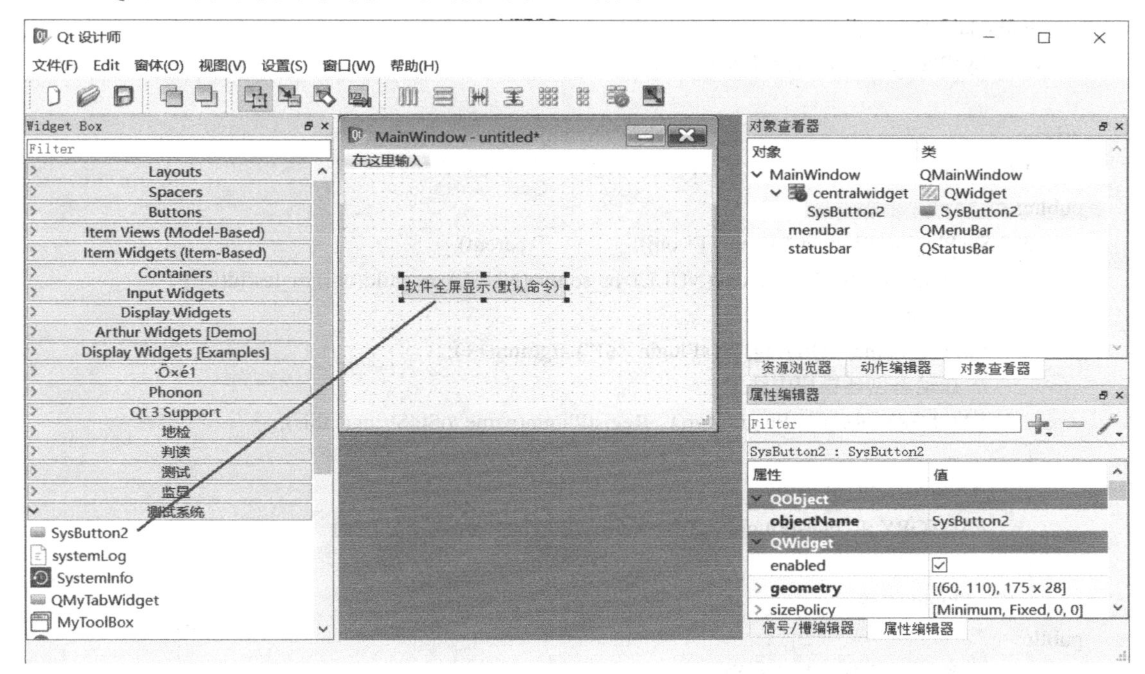

图 13-5　在 Qt 设计师中使用命令按钮控件

2. 清单

命令按钮控件的类清单如表 13-5 所示。

表 13-5　命令按钮控件的类清单

名称	基类	描述
def_SysPlugin	ISystemPlugin	系统控件抽象接口类的默认实现类。实现了系统功能控件的抽象方法。设计为泛型模板类
SysButtonPlugin	QDesignerCustomWidgetInterface	Qt 设计师识别的自定义控件接口类。主要方法是 createWidget，返回 new SystemButton
SystemButton	def_SysPlugin<QPushButton>	系统命令按钮类。实现具体功能，自定义属性枚举值，对应 IFrame 的各个框架控制接口，根据属性值调用 IFrame 的接口。例如，最大化、全屏、退出、停止测试、开始测试等

3. 代码

1）def_SysPlugin

def_SysPlugin 是系统功能抽象接口类 ISysPlugin 的默认实现。在 def_SysPlugin 代码中没做太多工作，只有基本的构造、析构，构造函数中调用动态创建模块的注册接口，在析构时调用动态创建模块的注销接口。

这里基于泛型模板实现并继承了类型 T。

调用动态创建模块的注册接口：FACTORY::RequestPluginMgr()->RegistPlugin。

调用动态创建模块的注销接口：FACTORY::RequestPluginMgr()->ReleasePlugin。

参见如下代码。

```
template<class T>
class def_SysPlugin : public T, public ISysPlugin
{
private:
    T * m_child;
public:
    def_SysPlugin(QWidget *parent, T* obj):          T(parent),
        m_frameObj(NULL),m_dev(NULL), m_source(NULL),m_child(obj),m_testId(0) {
        static int num = 1;
        QString name = QString("SysPlugin_%1").arg(num++);
        // 在动态创建模块中注册
        FACTORY::RequestPluginMgr()->RegistPlugin(name.toStdString(),this);
    }
    virtual ~def_SysPlugin(){
        FACTORY::RequestPluginMgr()->ReleasePlugin("",this);   // 注销
    }
    // ISysPlugin 的接口
public:
    ... // 抽象接口函数的默认实现，函数体为空
}
```

2）SysButtonPlugin

SysButtonPlugin 是自定义控件类，实现 Qt 设计师的自定义控件接口。主要代码是实现 createWidget 接口方法，在其中返回创建的对象。

```
QWidget *SysButtonPlugin::createWidget(QWidget *parent){
    return new SysButton(parent);
}
```

类的声明参见如下代码。

```
class SysButtonPlugin : public QObject, public QDesignerCustomWidgetInterface
```

3）SystemButton

SystemButton 是系统控件类，完成实际功能。

SystemButton 基于 Qt 的动态属性 Q_PROPERTY，定义了枚举属性 MyEnum，这几个枚

举值对应 IFrame 中的几种控制命令。之后，在 Qt 设计师的属性窗口中，可以在下拉框中编辑、赋值这个属性，这对使用者来说比较直观。

SystemButton 继承了泛型模板类 def_SysPlugin<QPushButton>，在编译时展开代码，实际上会继承 IDataPlugin 和 QPushButton。

```
class SysButton : public def_SysPlugin<QPushButton>
{
    Q_OBJECT
    Q_ENUMS(MyEnum)
    Q_PROPERTY(MyEnum btnType READ getMyEnum WRITE setMyEnum)     // 动态属性
public:
    explicit SysButton(QWidget *parent = 0);
    ~SysButton();
    // 框架的几种功能，定义枚举类型。Qt 设计师可以识别
    enum MyEnum {test_start = IFrame::SYSTEM_CMD_TEST_START,
                 test_stop = IFrame::SYSTEM_CMD_TEST_STOP,
                 UI_config = IFrame::SYSTEM_CMD_UI_CONFIG,
                 test_repllay = IFrame::SYSTEM_CMD_TEST_REPLAY,
                 UI_full = IFrame::SYSTEM_CMD_FULL,
                 open_prj = IFrame::SYSTEM_CMD_OPEN_PROJECT};
    MyEnum buttonType;
    MyEnum getMyEnum() const   {
        return buttonType;
    }
public slots:
    void on_clicked();
    void setMyEnum(MyEnum m_myEnum)   {
        buttonType = m_myEnum;
    }
};
```

调用 connect 连接按钮的 onClicked 信号到 on_clicked 槽方法，on_clicked 中调用框架服务接口 IFrame 对象的接口方法。

单击按钮后执行 on_clicked，其中调用框架接口对象 m_frameObj 的 SystemCMD 接口方法，执行框架的功能。

```
void SysButton::on_clicked(){
    if (def_SysPlugin::m_frameObj == NULL)
        return ;
    // 根据枚举值执行框架功能
    if (buttonType >=0 && buttonType<IFrame::end)
        def_SysPlugin::m_frameObj->SystemCMD((IFrame::SYSTEM_CMD)buttonType);
    else
        QMessageBox::about(this,"提示", "未知的系统命令");
}
```

13.5　属性窗口插件

测试系统中总是有很多运行参数、总线通信参数，需要做成配置参数。例如，在测试建模的接口节点中有很多属性值，在不同的通信接口测试需求中，这些属性中有的比较简单，有的会很复杂。这类需求会是一个特例化的需求点，可以抽象做成插件。

因为在编辑测试模型的工作中，会使用测试建模软件编辑测试模型，所以通信接口的属性窗口也应该设置在测试建模软件中。

1．功能

因为在测试建模的接口节点中有很多属性，所以编辑界面也会很复杂。在测试建模软件中，编辑接口的属性对应一个独立的属性窗口，根据接口的类型创建一个属性窗口界面。

基于 Qt 自定义控件实现的属性窗口插件界面如图 13-6 所示，界面右侧的各种编辑功能在一个自定义控件中实现，该控件是根据接口节点的类型动态创建得到的。

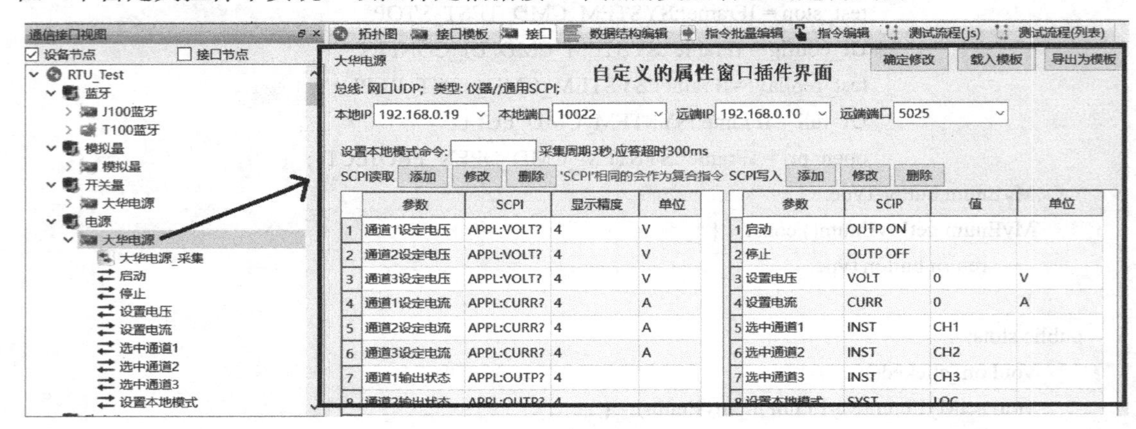

图 13-6　属性窗口插件界面

2．设计实现

在实现方面，首先这个属性窗口插件运行在测试建模软件中，使测试建模软件也具有了扩展接口。该插件的作用是编辑属性，没有实时的测试数据交互，没有复杂的业务流程，所以设计实现相对容易一些。

（1）定义业务接口类，根据需求抽象业务，得到接口类 IInterfaceConfig。

（2）动态创建机制，基于 Qt 自定义控件技术实现动态创建。有界面的插件，都需要使用自定义控件技术，创建并得到 QWidget*，显示到界面上。

（3）根据接口类型 sId 建立映射关系，创建指定的自定义控件，然后将控件对象转换得到业务接口类对象。

3．与控件的交互

动态创建自定义控件后，只得到了 QWidget 对象指针，而不会知道自定义控件的具体类，也不能和控件具体类交互。此时，需要从 QWidget 对象中得到业务类对象指针，通过业务类对象指针来完成交互。这里是一个动态转换，C++有多种方式，例如万能的强制类型转换

(void*)、dynamic_cast、Qt 的 qobject_cast。后两种依赖于继承关系。这里设计了一个查询机制：询问 QWidget 是否有某个接口，具体方法是定义一个动态属性 QuestionInterface，传入一个字符串的 sId，得到 void*指针，若非空则强制类型转换为业务接口类指针。

另一种交互方式是通过 Qt 的动态属性，在测试建模软件中约定几个动态属性，约定好名称、返回值，之后，在属性窗口插件中定义这几个动态属性。这也是一个简单可行的方法。与抽象业务接口相比，动态属性不够直观，需要记忆几个字符串属性名，容易出错，所以使用抽象业务接口的方法是合理的选择。

13.5.1 接口类

根据测试建模软件中通信接口的作用，首先抽象业务接口类，定义为 IInterfaceConfig 接口，抽象出各种属性、各种编辑、保存操作等接口方法。

在属性窗口插件中实现 IInterfaceConfig，在测试建模软件中，基于 Qt 插件机制创建属性窗口插件，基于动态属性获取 IInterfaceConfig 对象指针。

1. 接口方法

参考 Qt 的属性方法 setProperty 和 property，可以抽象两个方法：设置属性、获取属性。由于使用测试模型作为交互，定义初始化接口传入测试模型的对象指针。

定义 IInterfaceConfig 的两个主要的接口方法 SetProperty 和 GetProperty，分别设置格式化配置信息、获取格式化配置信息。

2. 动态创建机制

插件实现为 Qt 的自定义控件，定义动态属性 QuestionInterface，向调用者提供 IInterfaceConfig 对象指针。定义常量关键字，用于查询接口的唯一标识。

```
static const char * INTERFACE_CONFIG_PROP_NAME = "IInterfaceConfig_name";
```

3. 接口类定义

属性接口类首先继承自平台的 IPlugin 接口，然后定义了三个接口方法：初始化、获取配置字符串、设置配置字符串。

接口类 IInterfaceConfig 的完整定义如下。

```
class IInterfaceConfig : public IPlugin
{
protected:
        DEV::InterfaceInfo * m_interface;
        DEV::DEVModel * m_dev;
        INS::TSource * m_ts;

public:
        virtual void init(string n,DEV::InterfaceInfo * inter,DEV::DEVModel * ii,INS::TSource * ts){
                m_interface = inter;
                m_dev = ii;
                m_ts = ts;
```

```
    };
    virtual string GetProperty(){
        return "";
    };
    virtual void SetProperty(const char *){
        return ;
    };
};
```

13.5.2　通用的 SCPI 模块

SCPI 是可编程仪器标准命令，在第 1 章 1.4.3 节中已经介绍过。SCPI 用于程控仪器仪表，在测试系统中比较常用，基于配置化、参数化、测试模型，实现一个通用化的 SCPI 模块，能够通过软件界面编辑 SCPI 指令，实现仪器仪表通信控制、界面显示等功能。

在总线仿真测试平台中，实现一个通用的 SCPI 模块，可以基于软件界面配置智能仪器的指令集，SCPI 模块运行时可以根据配置内容自动周期读取值、发送指令。通用的 SCPI 模块包括两个插件：一个是 SCPI 通信模块，另一个是 SCPI 属性窗口插件。在测试服务框架中运行 SCPI 通信模块，在测试建模软件中运行 SCPI 属性窗口插件。

本节描述 SCPI 的属性窗口插件。

1．功能描述

在 SCPI 中，有命令格式字符串、应答格式字符串，它们都可以作为配置项设计、保存到测试模型中。例如，使用接口类型表示 SCPI 通信，用数据流、控制流表示发送的命令包、接收的应答包，用数据结构表示如何解析、如何组帧。

2．属性窗口界面

通用的 SCPI 模块的属性编辑窗口如图 13-7 所示。该窗口基于属性窗口插件，以插件形式，嵌入测试建模软件中。图中为某程控电源的 SCPI 命令，包括三个通道的输入、输出、电压、电流、设定值、测量值、输出状态，还包括设置电压、设置电流、启动、停止等操作。

窗口界面中包括 SCPI 通信的地址信息，包括能够编辑的设置命令、读取命令、写数据命令。可在界面左侧编辑、显示可读取的 SCPI 命令，界面右侧包括可写入的 SCPI 命令。

在界面中编辑完成后，单击“确定”按钮确认修改，界面的这些配置项会存储到测试模型中，测试建模软件的配置项会保存测试模型，完成序列化相关功能。

3．测试模型

编辑完成后，读写的值会自动生成为数据流、数据结构、参数，在之后的测试过程中，通过测试执行的界面可以显示读取到的数值。发送的设置命令会自动生成为指令，在之后的测试过程中，通过测试执行框架的界面可以发送指令、执行流程等。

4．属性窗口的实现

使用 Qt Creator 创建自定义控件工程，修改工程文件，设置输出路径到可执行程序的 designer 子目录中，测试建模软件会加载该目录中的动态库文件。

图 13-7　通用的 SCPI 模块的属性编辑窗口

定义 QWidget 界面类实现上述功能，并继承、实现接口类 IInterfaceConfig。然后，需要定义动态识别的 sId 到控件的映射关系，根据 sId 得到 IInterfaceConfig 接口对象，使测试建模软件识别出 SCPI 模块 sId 对应这个属性窗口。

其他功能包括解析测试模型中的数据流、控制流、数据结构、参数，然后显示到界面的对应位置。在单击“确定”按钮确认修改后，将界面录入的 SCPI 指令转换为测试模型中的数据流、控制流、数据结构、参数，之后，测试建模软件会刷新主界面的对应内容。

5. 交互内容

属性窗口插件是界面类插件，用于测试建模软件与插件属性间的交互。测试建模软件将测试模型对象传递给属性窗口插件，属性窗口插件编辑完后传回测试建模软件。测试模型是交互的载体，也是整个平台的基础。

第 14 章　通 信 模 块

通信模块（也称通信插件）负责与被测对象的交互、数据采集、控制、通信，是实现通信功能的基础模块，是总线仿真测试平台中重要的组成部分。在设计中需要考虑整个测试业务逻辑、框架与通信模块的交互、概念层面的通信模块抽象、实现这些的细节、技术支撑等，这增加了设计的复杂度。

在架构设计中，测试服务框架又分出了三层：协议层、总线层、驱动层。对应的插件接口类包括三个：IConfig、IIO、IDrive。设计这三个接口类应该逐层调用另一层，在实际使用中可以交叉使用。

14.1　实现原理

通信模块有如下几个方面的设计。

1．测试模型的关联

在测试模型的组成部分中，为被测对象的每路通信定义了一个接口，在接口的属性中，IO 总线属性、接口类型属性对应通信模块的两个接口类 IIO 和 IDrive。每个通信模块定义一个唯一标识符 sId。这个 sId 是动态注册、动态创建都会用到的。总线通信需要的各种地址、属性配置都基于测试模型中总线接口的各种属性配置来实现，例如串口通信的串口号、波特率、奇偶位，复用了接口的四个地址属性。

在测试建模工具中，可以修改通信接口的属性。通信模块的属性设置如图 14-1 所示。

总线: 串口; 类型: 仪器//数字万用表-胜利仪器;
串口 COM4　波特率 9600　奇偶校验 PAR_NONE　停止位 STOP_1

属性视图

属性	值
∨ 接口属性	
id(不可修改)	133
名称	数字万用表
编号	
描述	
前端机IP	
plug名称	
启用/停用	☑ True
硬件IO	串口
接口类型	仪器//数字万用表-胜利仪器
配置	
地址1地址	COM4
地址2	9600
地址3	PAR_NONE
地址4	STOP_1

图 14-1　通信模块的属性设置

2．属性对应到代码

通信模块的几个属性包括分组、名称，通过分组和名称可以分类定位平台中的通信模块，以便于使用。每个通信模块都有配置字符串、四个通信地址，与测试模型中的接口属性相同，参见第 9 章 9.4 节中的接口节点，这几个属性可以对应到接口类 IDrive 的接口方法，参见第 10 章 10.2.3 节中对 IDrive 的具体定义。

3．动态创建

通信模块的实现依赖于动态创建，在很多章节中都讨论了动态创建技术。动态创建是通信模块的最重要的依赖部分。使用动态创建后，测试服务框架才能够创建具体的实现类。通信模块调用公共库中的动态创建模块，基于动态创建模块实现动态创建。

4．子类化 ICreator

在每个通信模块中，都需要实现动态创建模块的接口类 ICreator。在动态创建模块中有 ICreator 的子类化泛型模板类 DriveCreator，所以只需要实例化一个 DriveCreator 类对象，具体原理参见第 10 章 10.5.2 节。

14.1.1　模块标识符 sId

在动态创建模块内部，需要记录每个注册者的信息，其中包括动态库名称（dll 的名称）、分组名称、模块名称、唯一标识符 sId，这是维护每个注册者需要的四个信息。在调试时，如果根据唯一标识符未找到创建者对象导致不能创建时，也可以通过这些维护信息提示没有该唯一标识符。

通信接口模块属性信息定义如下。

```
class DriveInfo                        // 通信模块属性信息
{
public:
    std::string dllName;               // 动态库名称
    std::string sGroup;                // 分组名称
    std::string sName;                 // 模块名称
    std::string sDriveId;              // 唯一标识符 sId
};
```

这些只是模块的基本信息，每个模块还可以有更多的信息，例如测试模型的组成、自身的帮助信息、使用手册等。这些信息都可以放到通信模块中，进一步抽象出 IConfig 接口，表述更多的通信模块的信息，以提升易用性。

1．传递 DriveInfo

在调用动态创建模块注册创建者时，需要传递 DriveInfo。因此，为每个通信模块定义了标识符 sId、分组、名称。这几个信息都是字符串，可以参考 Java 中包的命名机制，例如 com.runoob.test。

在 ICreator 中有 DriveInfo 的成员变量，具体在动态创建模块中 DriveCreator 类的构造函数中，构建了 DriveInfo 变量，赋值给 ICreator 的成员变量。

2. 注册创建者

在每个通信模块中，必须子类化 ICreator、定义 DriveInfo，然后调用动态创建模块的静态方法 Factory::RegistCreator，完成注册创建者。具体由 ICreator 的子类 DriveCreator 完成。

14.1.2　注册机制

以一个具体通信模块的类图为例，说明通信模块的注册机制。以应答类通信模块为例的注册机制如图 14-2 所示。

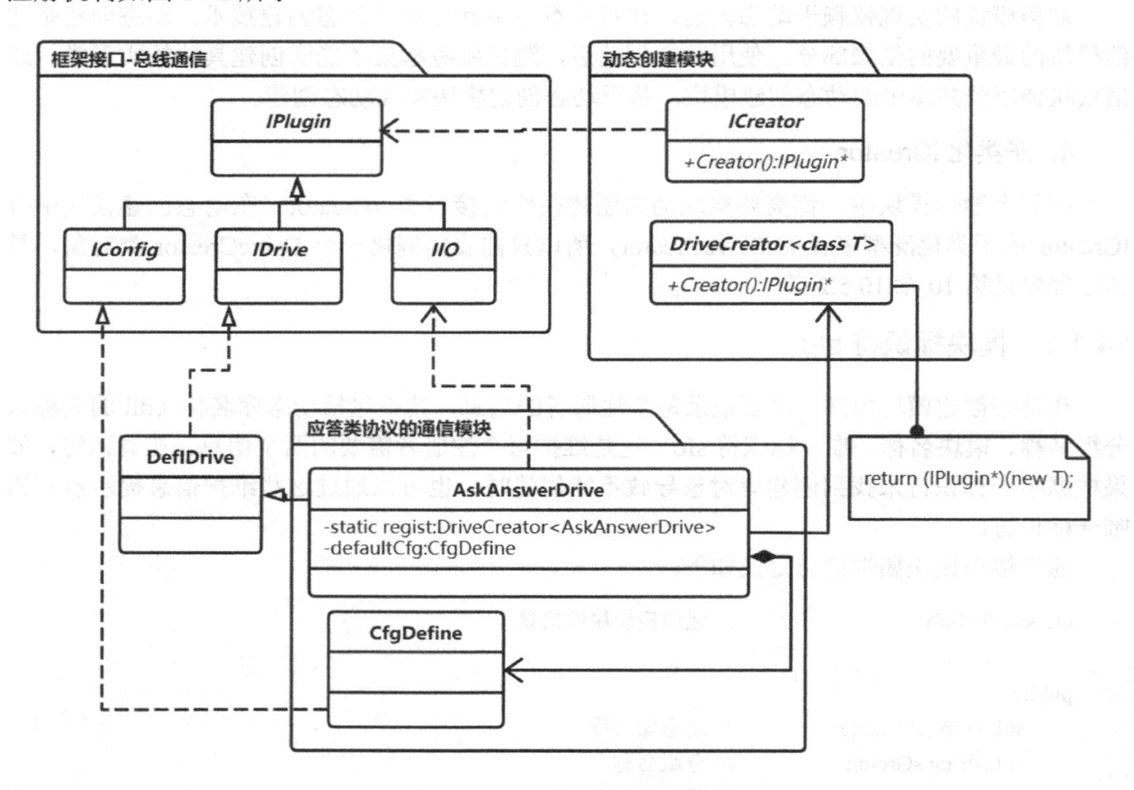

图 14-2　以应答类通信模块为例的注册机制

在 AskAnswerDrive 类中定义静态变量 regist，类型是动态创建模块的泛型模板类 DriveCreator<class T>，定义该类型的静态变量，在变量初始化时执行了 DriveCreator 构造函数，构造函数向 Factory 注册自己（创建者）。

在测试服务框架中，调用 Factory 的创建接口方法 Factory::Creator(const char* sId)，Factory 就会根据名称得到对应创建者 ICreator；调用 ICreator::Creator 得到 IPlugin 对象指针，强制转换为 IDrive 对象指针，返回给调用者，完成了由 sId 创建具体类对象。

14.2　接口类

在整个平台中，与通信插件相关的接口类主要有三个：执行属性配置的接口类 IConfig、用于描述总线读写的接口类 IIO、接口类 IDrive。其中，IDrive 已在第 10 章 10.2.3 节中描述过，这里描述另外两个接口类。

14.2.1 属性配置接口 IConfig

在测试建模软件中调用 IConfig 接口，自动生成通信模块的测试模型，包括数据流、控制流、数据结构、指令等，这些都是调用 IConfig 的接口方法得到的。

（1）设计 IConfig 的目的是为了简化工作，将已经明确的通信内容定义到测试模型的各种配置中，写到模块代码中。这样，IConfig 就可以自动生成基础配置。只要通信模块版本匹配，那么测试模型配置也不会出错。

（2）IConfig 接口在通信模块中实现，sId 与 IDrive 的 sId 相同。

（3）设置属性字符串接口 SetConfigString，有些需求中要传递复杂的配置字符串，为提供一些简便的方式，定义一个字符格式，在建模工具软件中会根据这个字符格式，自动格式化出一个编辑界面，在这个界面中可便捷地录入信息。

支持如下字符串格式。

```
<section>key=bAuto;text=两个周期;value=1;enum=1~1:是&0~0:否&;desc=启动后是否开启两个周期采集;
<section>key=bReadEx;text=启动 ReadEx;value=0;enum=1~1:启动&0~0:不启动&;desc=启动 ReadEx 接口;
```

建模工具软件可以转为界面属性框，该属性框生成的字符串格式：key=value;。

属性配置接口的使用如图 14-3 所示。

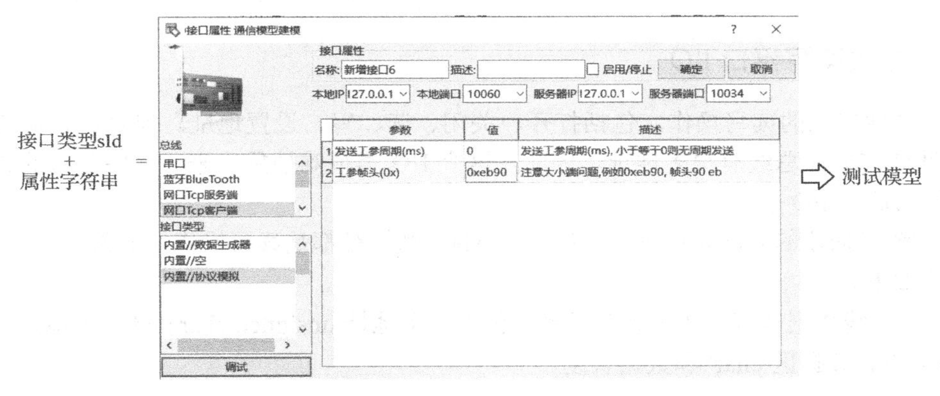

图 14-3 属性配置接口的使用

属性配置接口完成两类工作：①向 IDrive 提供默认配置；②在建模工具软件中调用该接口自动生成相关测试模型。抽象接口类代码如下。

```
class IConfig : public ATS::IPlugin
{
protected:
    string m_strConfig;
    bool m_bSupportIO;
public:
    IConfig();
    virtual ~IConfig();
    static IConfig * QueryInterface(IDrive * pDrive);
    bool bSupportIO();
public:
```

```
        virtual void SetConfigStr(const string & strConfig);
        // 获取属性字符串
        virtual string GetConfigStr();
    virtual string SelfDescription();
        // 接口四个属性的描述
        virtual void GetAttrDesc(string & attr1Desc,string & attr2Desc,string & attr3Desc,string & attr4Desc);
        // 该接口支持的路由
        virtual void GetStmDesc(std::map<string,stmAttr> & stms);
        virtual string GetUIPlugName();
        virtual string GetUIPlugDesc();
        // 获取属性配置界面 PlugName
        virtual string GetPropertyPlugName();
        virtual string GetPropertyPlugDesc();
    public:
        // 设备接口模型自动生成
        virtual void DevAutoUpdata(DEV::DEVModel & ,DEV::InterfaceInfo & );
        // 自动生成指令库
        virtual void TSourceAutoUpdata(DEV::InterfaceInfo & ,INS::TSource & );
    };
```

14.2.2　总线读写接口 IIO

抽象硬件交互的读写操作，包括打开、关闭、读、写、设置地址。但是，各类总线千差万别，例如 1553B 总线有很多地址。因此，这个 IIO 类很难抽象出来，这些复杂的总线通信就不能使用这个 IIO 了。

输入/输出抽象的思路是：串口、I2C、CAN、网络等都是读写操作，抽象出读写等方法。设计如下。

（1）与总线数据读写相关的接口函数：传入一个地址 unsigned char addr、子地址 unsigned char subAddr、数据区 char*和数据长度。

```
/**
* 向指定地址写入数据
* 返回成功写入的字节数
* \param addr 表示通信地址
*/
virtual int write(unsigned char addr,const unsigned char * write_buffer,int len,unsigned char subAddr=0)=0;
/**
* 从指定地址读取数据
* \返回读取到的字节数
* \param addr 表示通信地址
*/
virtual int read(unsigned char addr,unsigned char * read_buffer,int len,unsigned char subAddr=0)=0;
```

（2）为调试测试而设计的两个接口：获取错误信息接口 virtual std::string GetErrorString() 和获取 IO 状态包接口 virtual IOStateStu GetIOState()。

14.2.3　IDrive 的默认实现

DefDrive 是抽象接口类 IDrive 的默认实现类。IDrive 中的抽象接口方法很多，不是所有的具体类都需要实现一遍，每个抽象接口写一遍显然很烦琐，所以定义一个默认实现类 DefDrive。具体使用时，可在继承 DefDrive 后，根据需要重写对应接口方法。

主要设计如下。

（1）为了应对高实时的数据采集，设计了数据缓存队列机制。在具体类中启动线程高速采集数据，然后加入 DefDrive 的数据缓存队列（调用 DefDrive 的 PushData 方法）。框架调用 read 接口方法，read 从缓存队列中获取数据（调用 DefDrive 的 PopData 方法）。

（2）非线程时可以在 read 中直接调用读取 IIO 的方法，write 时直接调用写 IIO 的方法。由于测试服务框架的 read 和 write 实现也基于独立线程，所以 read 和 write 的实时性也是比较高的。

（3）为 IDrive 各个接口定义默认实现类，可以是空函数体。

（4）DefDrive 提供了缓存方法，子类调用这几个缓存方法将数据缓存下来。之后，框架会调用 ReadEx 将缓存数据读出。为方便使用，针对每种常用情况，定义了对应的接口方法，具体如下。

```
void pushDataEx(stmHead & head,const char * buff,int buffLen);
void pushDataEx_Stream(DEV::MStream * pstm,const char * buff,int buffLen);
void pushData_orig(void * externHead, int externLen,const char * buff,int buffLen;
void pushDataInsData(ExecRes &res,const char * buff,int buffLen;
void pushDataInsData_Head(stmHead & head,const char * buff,int buffLen;
void pushDataInsData_Res(stmHead & head, ExecRes & res,const char * buff,int buffLen);
```

14.3　序列图

通信模块的主要交互对象是测试服务框架。重要的内容是在测试中，框架会从插件读取数据，然后将数据送入测试系统中。

通信模块的序列图如图 14-4 所示。

测试服务框架在加载测试模型时，会创建 IDrive 对象、初始化对象。开始测试时，调用开始测试接口。在测试过程中，每个 IDrive 会建立一个线程，循环地调用 read，有指令数据包时调用 write，这其中涉及的几个对象有测试服务框架、配置对象 IConfig、通信接口对象 IDrive、硬件读写对象 IIO。

主要的活动有如下几个。

（1）创建对象：打开工程后，会根据测试模型中的总线接口组成，为每个总线接口创建一个 IDrive 对象指针（动态创建），IDrive 内部根据总线接口的属性创建 IConfig 和 IIO 对象。

（2）初始化：执行开始测试后，会调用每个 IDrive 的初始化相关接口，包括 Init 接口、SetAddress 方法、SetCofing 方法。

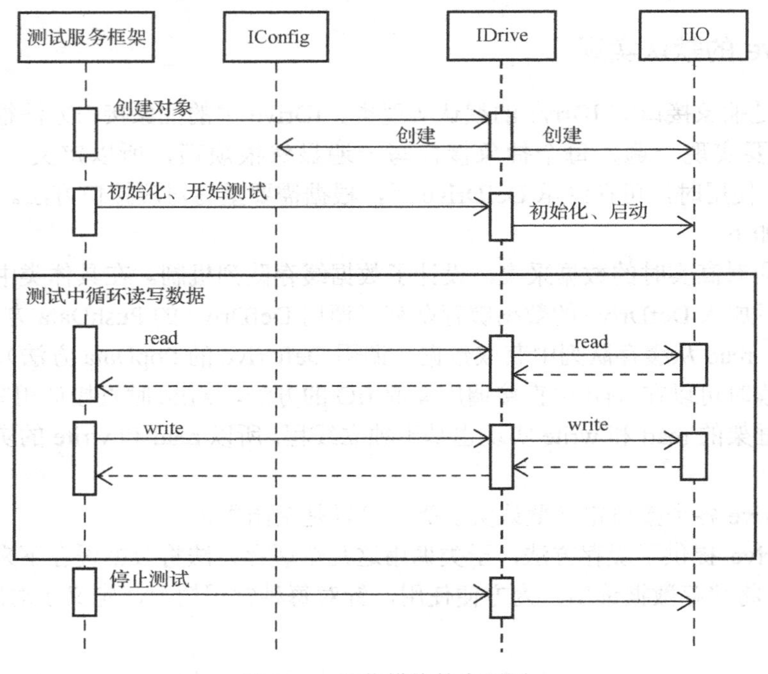

图 14-4　通信模块的序列图

（3）开始测试：开始测试之后，调用每个 IDrive 的 StartWork 接口。通知各个接口进入测试状态。

（4）读取数据、发送指令数据：在测试状态中，测试服务框架为每个 IDrive 建立一个独立的线程，在线程中循环调用 IDrive 的 read 接口、write 接口。执行相关的流程，使数据、日志进入整个软件平台。

（5）停止测试：停止测试时会调用各个 IDrive 的 StopWork 接口，在关闭工程时会销毁 IDrive 对象。

14.4　插件举例

多数通信模块是针对具体测试需求而实现了具体通信协议，在总线仿真测试平台中也内置一些通信模块，实现一些标准化的通信协议。

14.4.1　数据生成器插件

总线仿真测试平台在开发、调试过程中，经常需要有实时数据，为此需要把整个测试系统运行起来，而有时没有具体的总线、被测对象，难以获得实时数据。为此，需要构造一个数据生成器插件，能够生成波形数据、工程参数数据包，使系统像有真实被测对象一样运行，可用于调试框架功能、对外演示等。

数据生成器可以生成波形数据（具体为正弦波数据），可以设置周期、峰值。生成的一个工程参数数据包包括温度、工作状态、湿度、速度等十几个参数值，周期递增变化。

数据生成器的生成数据如图 14-5 所示。

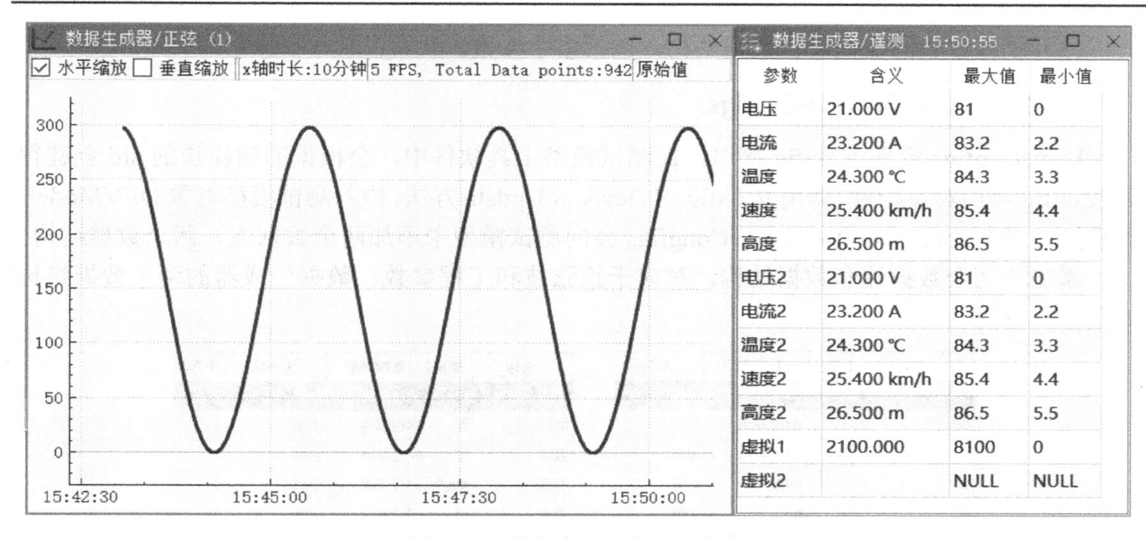

图 14-5　数据生成器的生成数据

1. 接口属性

数据生成器的属性比较少，只有数据生成的周期、峰值这两个属性，这两个属性只影响数据生成的周期和生成的数据值。

2. 模块信息 DriveInfo

名称：数据生成器。

唯一标识符 sId：Drive.Data.Tester。

分组：内置。

3. 清单

参见如表 14-1 所示的数据生成器的类清单。

表 14-1　数据生成器的类清单

名称	基类	描述
DriveConfigs	IConfig	测试模型生成类。生成测试模型的基础配置，包括正弦波的数据结构、数据流，工程参数的数据结构、数据流
DataTester	IDrive	数据生成器的实现类。具体实现生成正弦波的数据包、工程参数的数据包，然后数据上报进入框架中
DriveCreator	ICreator	创建者接口。实现 ICreator 接口，构造时注册到动态创建模块中

4. 测试模型

数据生成器能够生成两类数据包，与其对应，在测试模型中有两个数据流。既可以在测试建模工具中手动添加、编辑、生成这两个数据流，也可以由程序自动生成，以减轻用户使用复杂度。

测试模型配置类 DriveConfigs 用于自动生成测试模型，包括数据结构、参数组成、数据流、控制流、指令。对于数据生成器，可以生成如下内容。

（1）正弦波的数据流、数据结构，包括多个参数。

（2）工程参数的数据流、数据结构，包括多个参数。

5. 生成测试模型 DriveConfigs

DriveConfigs 实现 IConfig 接口，在测试模型工具软件中，会根据通信模块的 sId 创建得到 IConfig 接口对象指针，调用 IConfig 的 DevAutoUpdata 方法，传入测试模型对象 DEVModel、当前接口对象 InterfaceInfo，DriveCongfigs 会向测试模型中添加两个数据流、两个数据结构。

添加的两个数据流和数据结构，对应于正弦波和工程参数。数据生成器的两个数据结构如图 14-6 所示。

名称	单位	数据类型	大小端
p1	V	64位浮点	小端
p2	W	64位浮点	小端
p3	A	64位浮点	小端
p4	A	64位浮点	小端
p5	A	64位浮点	小端
int1	km/h	32位整数	小端
int2	h	32位整数	小端
short1	M	16位整数	小端
BYTE1	M	BYTE	小端
CHAR1	M	有符号8位	小端

正弦波的数据结构

名称	单位	数据类型	大小端	小数位
电压	V	64位浮点	小端	3
电流	A	64位浮点	小端	3
温度	℃	64位浮点	小端	3
速度	km/h	64位浮点	小端	3
高度	m	64位浮点	小端	3
电压2	V	64位浮点	小端	3
电流2	A	64位浮点	小端	3
温度2	℃	64位浮点	小端	3
速度2	km/h	64位浮点	小端	3
高度2	m	64位浮点	小端	3

工程参数的数据结构

图 14-6 数据生成器的两个数据结构

重写的两个接口方法如下。

（1）接口方法 DevAutoUpdata(DEV::DEVModel &,DEV::InterfaceInfo &)，其中，调用 DEVModel 的接口方法添加数据结构，调用 InterfaceInfo 的接口方法添加数据流。

（2）接口方法 TSourceAutoUpdata(DEV::InterfaceInfo &,INS::TSource &)，用于生成指令库，在数据生成器中没有指令相关操作，所以这个接口方法直接返回。

6. 具体类 DataTester

DataTester 是实现数据生成功能的具体类，核心的工作是按周期生成数据，上报数据包进入框架中。数据生成器没有具体的总线通信，不需要 IIO 接口。

继承关系 class DataTester: public DRIVE::IDrive，只继承 IDrive 并实现各接口方法即可。

DataTester 中有两个计时对象，分别计时正弦波、工程参数，read 接口方法中判断计时器是否到时间，到时间就生成一个数据包，返回到框架中。

（1）实现 IDrive 的接口方法 read：在 read 方法中，分别判断两个计时器，哪个到时间就生成一个对应数据包，将数据复制到 read 的缓存中，返回数据包长度。

（2）正弦波数据包生成方法：首先判断计时器到时间，然后从测试模型、总线接口中查找名称为“正弦”的数据流，找到后给数据头的流 ID 赋值，调用正弦函数生成正弦值，赋值、复制到缓存中，返回有效数据长度。源码如下。

```
// 第一种波形数据
if (m_timeSin.IfTimeOut())
{
    DEV::MStream * pStm= m_pInter->GetStream_ByName("正弦");
    if (pStm== NULL) return 0;
```

```
        head.iStreamId= pStm->m_Id;

        m_index++;
        m_index = m_index<0 ? 0 : (m_index>G_MAX?1:m_index);
        // 生成数据
        double x = (double)testSin(m_index);
        double dVal[5] = {x, x+5.2, x+15.3, x+100.5, x+125.5};
        int iVal[3] = {m_index,m_index+1,m_index+2};
        // 复制到缓存中
        memset(buff,0,sizeof(double)*5);
        memcpy(buff,(void*)&dVal,sizeof(double)*5);
        memcpy(buff+sizeof(double)*5,(void*)&iVal,sizeof(int)*3);
        // 返回有效数据长度
        return sizeof(double)*5+sizeof(int)*3;
    }
```

（3）生成工程参数数据包的方法：首先判断计时器到时间，然后从当前测试模型中获取名称为“遥测”的数据流对象，构建数据包对象，对数据包的 ID 赋值，生成数据、赋值、复制到缓存中，返回有效数据长度。源码如下。

```
    if (m_timeYc.IfTimeOut())
    {
        m_doubleVal = m_doubleVal<0 ? 0 : (m_doubleVal>80?0:(m_doubleVal+1));
        DEV::MStream * pStm= m_pInter->GetStream_ByName("遥测");
        if (pStm== NULL) return 0;
        head.iStreamId= pStm->m_Id;

        // 生成各参数的值
        double dVal[5] = {m_doubleVal, m_doubleVal+2.2, m_doubleVal+3.3,
                    m_doubleVal+4.4, m_doubleVal+5.5};
        // 复制到缓存中
        memset(buff, 0, sizeof(double)*10);
        memcpy(buff, (void*)&dVal, sizeof(double)*5);
        memcpy(buff+sizeof(double)*5, (void*)&dVal, sizeof(double)*5);
        // 返回有效数据长度
        return sizeof(double)*10;
    }
```

7．创建者 DriveCreator<class T>

DriveCreator<class T>是创建者接口的具体实现类，其核心内容是构造函数、析构函数中，分别在 Factory 中注册自身、注销自身，实现动态注册、注销。

（1）构造函数需要传入分组的名称、通信接口名称、通信接口的 sId，创建属性信息 DriveInfo 对象，调用动态创建模块的注册接口 Factory::RegistCreator(strId, this)。

（2）析构函数中调用动态创建模块的注销接口 Factory::UnRegist(sId)。

（3）实现最重要的抽象接口方法 Creator，创建 AskAnswerDrive 对象，返回基类指针。

在 DataTester.cpp 文件中，创建一个全局对象，基于全局对象的加载机制，在通信模块 dll 加载时会执行构造函数，进而调用注册接口，在 dll 卸载时调用注销接口。这个原理在第 5 章 5.2 节中已经描述过。

全局变量定义如下。

```
static FACTORY::DriveCreator<DataTester> g_reg("内置总线协议","数据生成器", "Drive.test.DataTest");
```

将这个泛型变量展开，得到如下代码。

```
class DriveCreator : public ICreator
{
public:
    DriveCreator(const char * sGroup,const char * sN,const char * strId){
        char szBuff[1024]={0};
        ATS_GetModelFullName(szBuff);
        prog.dllName = strlen(szBuff)<=0 ? strId : szBuff;
        prog.sProgId = strId;
        prog.sName = sN;
        prog.sGroup = sGroup;
        ICreator::wtype = drive_creator;
        Factory::RegistCreator(strId,this);
    }
    ~DriveCreator(){
        Factory::UnRegist(prog.sProgId.c_str());
    }
    virtual DRIVE::IDrive * Creator(){
        return static_cast<DRIVE::IDrive*>(new DataTester());
    };
};
```

14.4.2 问答通信模块

有一类通信是在接收到指定的数据后，需要反馈指定的数据内容，例如收到“0x11”需要反馈电流值。这种类型的通信有很多且特点显著，可以作为一个通用化的问答通信模块。

最常见的命令应答类通信是程控仪器仪表的 SCPI，即仪器仪表的程序控制通信。例如，很多程控电源支持网线连接后，通过网络命令获取实时测量值、控制输出等，发送命令读取应答。

具体实现是基于测试服务框架的通信模块开发，基于测试模型的配置实现命令包、应答包。总线通信基于 IIO 接口，可以不依赖于具体的总线类型。实现 IDrive 接口，使命令应答等通信结果反馈进入总线仿真测试平台中。

1. 模块信息 DriveInfo

名称：问答。

唯一标识符 sId：Drive.otmk.IO.AskAnswer。

分组：内置。

2. 清单

问答通信模块的类清单如表 14-2 所示。

表 14-2　问答通信模块的类清单

名称	基类	描述
DefDrive	IDrive	通信接口插件的默认实现类。各个抽象接口方法提供的默认实现类，函数体定为空
AskAnswerDrive	DefDrive	命令应答通信的实现类。具体实现命令数据、应答数据、处理机制、自动应答、解析上报等功能
CfgDefine	IConfig	测试模型生成类。用于生成命令应答通道的基础配置
DriveCreator	ICreator	创建者接口。实现 ICreator 接口，构造时注册到动态创建模块中

3. 属性配置类 CfgDefine

CfgDefine 是在命令应答通信模块中支持的属性配置类。在测试建模工具中，可以根据该类自动生成基础配置内容，可以提示支持的配置内容。命令应答通信支持的配置包括以下内容。

（1）命令数据，复用测试模型的指令数据包，命令数据作为数据包内容。

（2）应答数据，复用测试模型的指令数据包，应答数据作为数据包内容。

（3）分别建立应答数据流、命令数据流，建立对应关系。

（4）自动生成一个命令、应答的测试模型示例，供使用者参考。

（5）类的声明：class CfgDefine : public DRIVE::IConfig。

问答通信模块具有属性编辑窗口（参见第 13 章 13.5 节），问答通信模块属性编辑窗口如图 14-7 所示。

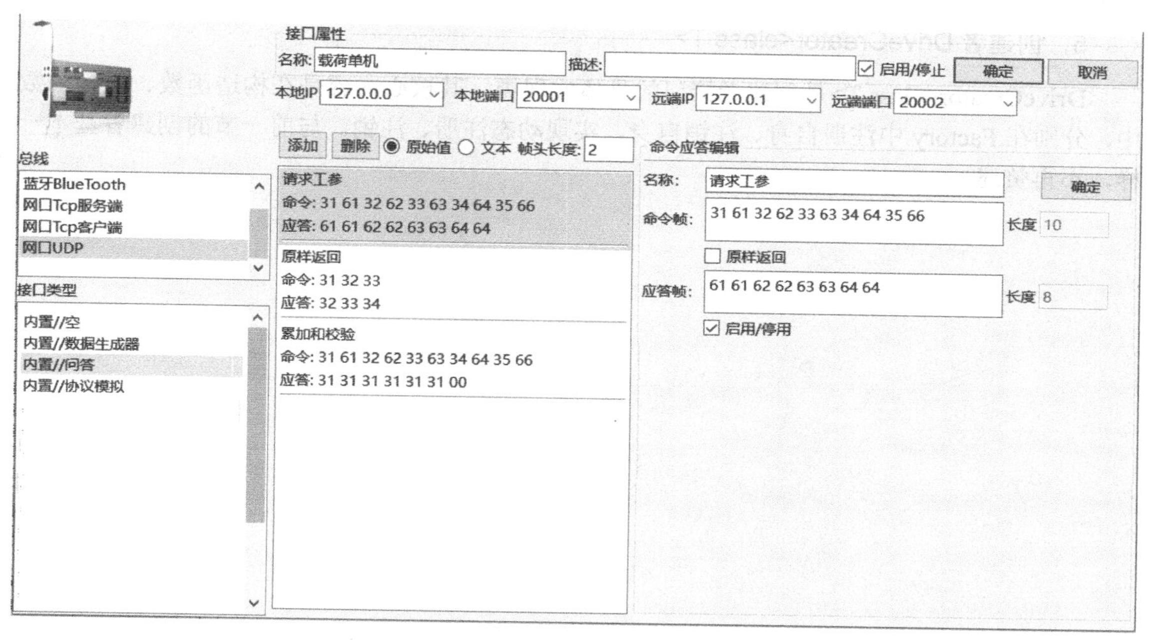

图 14-7　问答通信模块属性编辑窗口

4．具体实现类 AskAnswerDrive

AskAnswerDrive是实现命令应答通信的具体实现类。其核心工作是根据测试模型的命令、应答内容实现如下工作：①自动响应命令、回复对应的应答数据；②发送命令后接收应答数据，然后自动解析出有效值，比对校验是否符合预期值。

总线接口基于IIO接口，可以支持多种IIO接口的模块，如UDP、串口、TCP等。复杂的总线（如CAN这种有通信地址的总线）也可以按实际约定的CAN协议抽象出IIO接口，之后就可以使用。

在继承关系class AskAnswerDrive : public DRIVE::DefDrive中，DefDrive继承IDrive接口，是IDrive的默认实现。

实现查询接口QueryInterface，返回成员变量CfgDefine类的实例指针。CfgDefine类实例用于表示本模块的各种属性信息。

实现周期发送命令、读取应答数据，使应答数据进入框架中，主要包括如下内容。

（1）有工作者线程函数，根据周期属性启动定时器，定时器到时间后，发送各个命令包、接收应答数据包。

（2）收到应答数据包之后，根据对应关系在测试模型中定位到具体的数据流，将数据包、数据流信息缓存到数据包队列中。

（3）在框架调用read接口时，读取数据包队列，使数据包进入框架中。

实现IDrive的初始化、设置地址、读数据、写数据等接口。

（1）写数据接口write的具体实现。对于命令问答类通信，对用户主动发送的数据包，直接调用IIO的write接口方法，将数据从总线发送出去即可，不需要特别操作。

（2）读数据接口read的具体实现。从缓存的数据包队列中提取最前的数据包，复制到read的缓存中，返回给调用者有效数据长度。

5．创建者 DriveCreator<class T>

DriveCreator<class T>是创建者接口的具体实现类，其核心内容是在构造函数、析构函数中，分别在Factory中注册自身、注销自身，实现动态注册、注销。与前一节的创建者基本一样，不再赘述。

第 4 部分　测试信息化

测试系统除了用于执行测试、执行测试用例，还涉及测试工作的数字化、信息化，它们属于测试信息化建设的范畴。本部分主要描述测试信息化建设。

第 15 章“测试信息化建设”，描述测试信息化建设相关的技术，传统的测试系统与信息化系统的关系、如何设计支持信息化建设等。

第 16 章“总结”，对本书的测试系统框架进行总结概括，同时对软件工程和软件作坊做一些比较、探讨。

第 15 章　测试信息化建设

在各种生产、研制型企业内，测试工作是非常重要的，测试会确认产品是否符合要求、是否可靠、是否满足质量要求等。大型企业通常有复杂的组织架构、各种部门的协同工作、各种复杂的业务流程，企业内部会有各种业务系统，测试工作也会有一套业务流程，测试系统也会牵扯到其中，成为其中一个部分或者完成一定的工作。

此时的测试系统除完成基本的执行测试、执行测试用例、自动执行测试用例等工作外，测试系统还要作为一个整体，与组织内部的其他业务系统进行交互。在这种应用场景中，测试系统的更多工作是测试信息化建设，即作为企业的数字化、信息化系统的一部分，由测试系统完成测试相关的数字化、信息化功能，实现测试工作的数字化管理。

测试信息化建设的市场巨大，对这方面的探讨有实际的商业价值。

很多信息化系统的软件企业擅长信息化系统的建设，但它们不熟悉测试系统。同样，测试系统研制企业擅长测试系统业务，但不熟悉信息化建设。因此，对于传统的测试系统研制企业来说，除做好自己本职的测试系统以外，还能够与测试信息化融合，为客户做一些测试信息化的内容，可以极大地提升自身的市场价值、扩展自己的市场、提升竞争力。测试系统与测试信息化融合如图 15-1 所示。

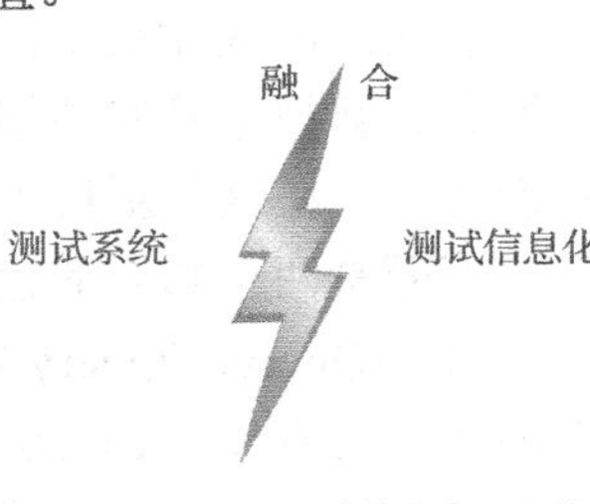

图 15-1　测试系统与测试信息化融合

15.1　Web 技术

信息化建设通常基于 B/S 技术实现。在第 3 章“C++和 Qt”中专门描述了 B/S 应用、C/S 应用。

B/S 应用有很多技术内容。在当前互联网应用火热的情况下，互联网世界中有大量的技术、概念，并且时间相隔不久就会出现新概念、新技术。

互联网世界中的技术很多，但也不是长久不衰，很多概念、程序库在流行一段时间后就会销声匿迹。例如，前些年的 PHP、Node.js，在当时只要浏览技术文章，必然会看到这两种技术，它们大有和 Java 一争高低的架势，非常热门，但现在很少能看到这两种技术，已经很少有人使用它们，并且经常有报道说某平台的基础架构由 PHP 转 Java。

各类 B/S 应用涉及的技术主要分为两类：第一类是基础技术，是构建所有 B/S 应用的基础；第二类是将基础技术封装后得到的程序库、框架、概念。

15.1.1　基础技术

基础技术是构建所有 B/S 应用的基础，是实现各种功能的基础。基础技术包括下列各项（在第 3 章 3.4.1 节中做过一些介绍）。

（1）编写服务端程序的 Java 语言、C#语言等程序设计语言，服务器端开发的 J2EE 技术、PHP 技术、微软的.Net 平台、Asp.Net 技术也称为后端技术。

（2）编写浏览器中网页程序的 HTML5、样式表 CSS，编写浏览器中程序的 JavaScript 语言，浏览器提供的 DOM 编程、Ajax 技术也称为前端技术。

（3）B/S 应用的基础协议 HTTP、HTTPS 等。

（4）常见的关系型数据库、非关系型数据库，SQL 语句等。

上述技术是构建所有 B/S 应用的基础，是编程语言和基础理论知识，是 B/S 软件系统开发人员必须掌握的基础技术。

基础技术的每年变化比较少，至多是版本的升级，新版本会增加很多新特性。但是，不使用新特性也能做好工作，应用高版本后的工作效率并非提高很多，对技术人员而言，需要掌握好基础内容。

15.1.2　库、框架、概念

在基础技术之上，经常会出现很多新概念、框架、程序库，这些经常出现的新内容往往是改进型的，也能够解决很多复杂的问题。

互联网的人才很多，能研究出各种解决问题的方法，经常会推出新概念、新技术。这些新概念、新技术确实能够提高生产力、开发效率，或者是一些颠覆性创造。但是，其基础技术没有变，在这些新技术中仍然应用了 J2EE、JavaScript 等基础技术。

下面是两个知名的程序库。

（1）jQuery：jQuery 融合了 JavaScript 和 DOM 编程、HTML5，使用这个程序库来实现软件功能，比直接写 JavaScript 代码操作 DOM 编程要方便数倍，可大大提高生产力。

（2）Vue：Vue 是非常流行的前端框架，在国内外的流行度都很高，而且 Vue 是我国开发者对世界开源领域的贡献。

几个流行的概念如下。

（1）云平台。现今，云平台已经成为硬件基础设施，开发者在云平台部署具体的应用程序，云平台即实际的服务器。然而，很多云平台已经脱离具体的操作系统，云平台已经成为一个独立的平台并提供一系列的接口函数，例如系统调用、数据库访问等，脱离了操作系统。在云平台部署应用程序涉及容器化的概念。简单的云平台仍然使用原始的操作系统，就像操作本地计算机一样，远程登录、安装数据库、安装 Web 环境、部署 Web 服务器 Tomcat、部署应用程序等。

（2）微服务。这是一种软件开发技术，是面向服务的体系结构架构的一种变体。它提倡将单一应用程序划分成一组小的服务，服务之间互相协调、互相配合，为用户提供最高价值。每个服务运行在其独立的进程中，服务与服务间采用轻量级的通信机制互相沟通（通常基于 HTTP 的 RESTful API）。每个服务都围绕着具体业务进行构建，并且能够独立地部署到生产环境、类生产环境中。另外，应尽量避免统一、集中式服务管理机制，对具体的一个服务而言，应根据上下文，选择合适的语言、工具对其进行构建。

（3）容器化。容器化是将应用程序代码和依赖项捆绑到一个单一的虚拟包中。容器化应用程序通常与其他应用程序并排放置，并通过计算机、服务器或云上的共享操作系统运行。软件容器将代码和必需的依赖项封装到一个可复制的单元中，软件容器允许团队在单个硬件中运行大量的容器应用程序和容器，而不像在虚拟机中那样模拟硬件和软件。对于容器，在进程周围设置了最小的限制，使它们认为它们是隔离的，开销非常低。容器化解决了部署中的一些大问题。容器也提供了超越部署的好处，包括标准化和自动化的巨大能力，同时使跨语言和技术的工作成为可能。

15.2 信息化

信息化是一个很常见的概念，信息化革命是这些年最重要的概念。信息化的基本观点是：世界由信息组成，用字节（Byte）描述整个世界。各种企业、组织的一个重要资产也是信息，生产什么产品、产品特点是什么等用信息化系统描述出来。

信息化指培养、发展以计算机为主的、以智能化工具为代表的新生产力，并使之造福于社会的历史过程。与智能化工具相适应的生产力称为信息化生产力。信息化是以现代通信、网络、数据库技术为基础，将所研究对象的各要素汇总至数据库，供特定人群生活、工作、学习、辅助决策等和人类息息相关的各种行为相结合的一种技术。使用该技术后，可以极大地提高各种行为的效率，并且降低成本，为推动人类社会进步提供极大的技术支持。

1. 国家信息化

国家信息化指在国家统一规划和组织下，在农业、工业、科学技术、国防及社会生活各个方面应用现代信息技术，深入开发、广泛利用信息资源，加速实现国家现代化进程。

实现信息化要构筑和完善 6 个要素（开发利用信息资源、建设国家信息网络、推进信息技术应用、发展信息技术和产业、培育信息化人才、制定和完善信息化政策）的国家信息化体系。

2. 标准定义

信息化代表了一种信息技术被高度应用、信息资源被高度共享，从而使人的智能潜力及社会物质资源潜力被充分发挥，个人行为、组织决策和社会运行趋于合理化的理想状态。同时，信息化也是 IT 产业发展与 IT 在社会经济各部门扩散的基础之上的，不断运用 IT 改造传统经济、社会结构从而通往理想状态的一段持续过程。

随着计算机技术、网络技术、通信技术的发展和应用，企业信息化已成为品牌实现可持续化发展和提高市场竞争力的重要保障。品牌应该采取积极的对策措施，推动企业信息化建设进程。信息化建设是品牌母体树冠部分的支持网络，庞大的品牌识别系统必须有强大的信息化建设体系，如果信息化建设不能满足品牌识别系统的要求，则品牌识别系统也将受到伤害，会自动调低到现有信息化建设体系可以支撑的大小，这是品牌母体的自我调整过程。根据这个原理可以解释一种现象：虽然对有的品牌进行了很好的品牌识别系统设计，使其初看起来是一个极具竞争力和发展前景的品牌，但它却不能持久并马上出现了负品牌效应。

信息化建设已经是各行各业的共识，各种企业、组织都会建立自己的信息化系统，以信息化形式提高管理水平、提高生产力、提高市场竞争能力。

15.3 测试信息化

测试信息化的目的是：对测试相关工作进行信息化管理，使测试工作的计划、展开、执行、数据归档、数据应用等都由计算机软件系统完成，使测试工作拥有信息化的诸多优点。

测试信息化建设和所有的信息化建设一样，一定要与具体的信息化需求绑定，要根据具体组织的实际情况进行建设，要视其组织架构、业务流程、具体需求等而定。

这里介绍一个测试信息化系统应该具备的内容，即一种测试信息化建设的规划。

15.3.1 整体架构

测试信息化系统的基础仍然是测试，在应用层规划了几个业务平台，以总线仿真测试平台作为测试系统，以数据服务层作为交互中心，向几个业务平台提供数据支撑。几个业务平台包括数据分析平台、数据展示平台、资源管理平台、业务管理平台。

在技术层面，数据服务层、应用层的各业务平台采用 B/S 架构，测试执行基于 C/S 架构。测试信息化系统的架构如图 15-2 所示。

1. 测试系统的作用

总线仿真测试平台（简称测试系统）的作用是：实际执行测试，面向具体的被测对象、测量仪器仪表、专用测试设备等，通过中间层的数据服务层向上一层即应用层提供各类数据、屏蔽测试执行的复杂度，使应用层不用关心具体实现、具体硬件、具体仪器仪表。该平台向下进行数据转换、实现与被测对象的交互、执行测试用例、存储数据等。

2. 基础技术

信息化建设的基础架构是浏览器中操作的 B/S 软件，既可使用主流的 Java 技术，也可以使用微软的.Net 平台、知名的 PHP 技术。这些年的发展情况：Java 一直很热门、.Net 一直不温不火、PHP 热度很低，可根据熟悉程度自由选择。

因为总线仿真测试平台采用 C/S 模式，所以在整个测试信息化中，既有 B/S 也有 C/S 的客户端、服务器，编程语言有 Java、C++等，基于混合编程的方式实现。

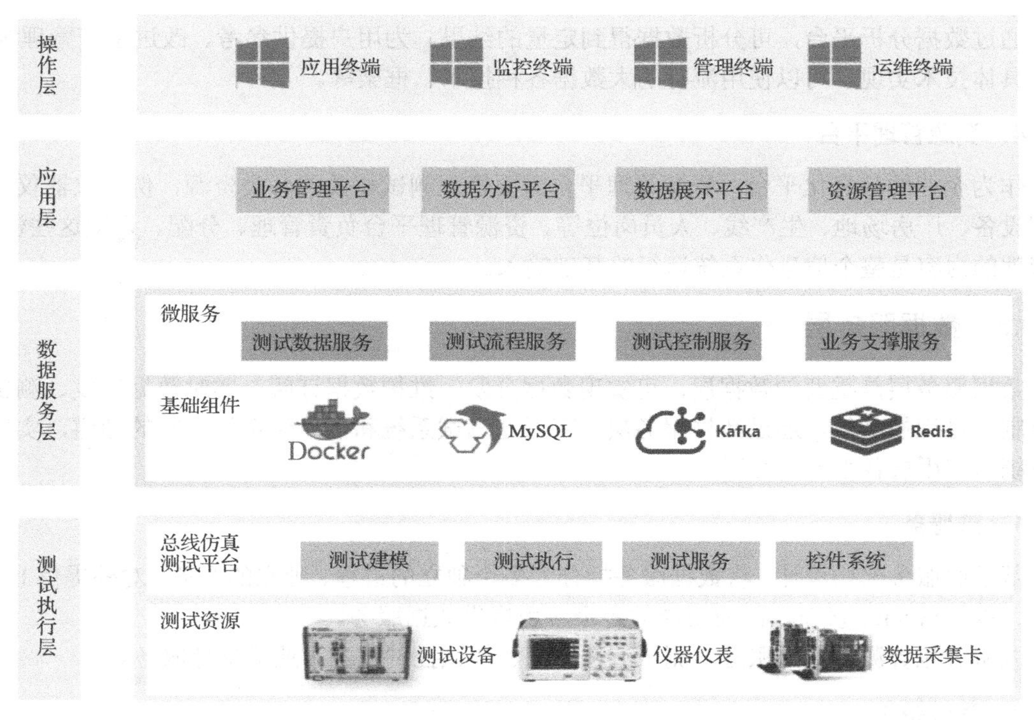

图 15-2　测试信息化系统的架构

3．私有云、容器化、微服务

实际部署可以建立私有云平台，用容器化、微服务等技术架构实现。

15.3.2　应用层

应用层（也称应用平台）包括各种业务管理功能，向使用者提供各种交互功能。

1．业务管理平台

业务管理平台是面向测试的。测试数据、测试业务流程、测试过程管理、测试历史记录、结果报告等，由业务管理平台完成。业务管理平台需要与测试系统交互，控制、监控测试过程，有一些工作会依赖于测试系统，因此，业务管理平台与测试系统的耦合度最高。

2．数据展示平台

数据展示是一个重要的分支，数据展示平台将各类数据直观地展示出来。例如，很多单位的大屏展示，除追求美观、炫酷、震撼、夺人眼球等外，数据展示可以帮助工作人员监控生产过程、测试过程、提高生产效率等。

具体的技术实现有很多，有专门实现数据展示的软件公司、软件产品，还有开源框架软件，都可以使用。数据展示需要数据源，这里基于数据服务层提供数据访问接口。

3．数据分析平台

在测试过程中生成的各类数据可以作为分析依据，通过分析得到各种有价值的分析结果，例如产品测试通过率、哪个生产线合格率低、用哪些元器件出问题多等。这些数据通过数据分析平台，可直观、简便地分析出来。

通过数据分析平台，可分析数据得到定量的结果，为用户提供参考、改进生产管理等。具体技术实现，可以使用流行的大数据各种技术、框架等。

4. 资源管理平台

作为企业的信息化平台，资源管理平台需要管理测试相关的各类资源，例如仪器仪表、测试设备、厂房场地、生产线、人员岗位等。资源管理平台负责管理、分配、调度这些资源，所管理的内容是整个信息化系统运行的基础输入。

15.3.3 数据服务层

数据服务层是重要的数据层，可实现数据分发、维护数据订阅、实时数据转发、测试流程控制、过程控制等。通过数据服务层，可打通测试系统和信息化系统之间的通道，实现测试系统与应用层各平台的交互。

1. 微服务

基于微服务架构设计，将数据服务拆分为多个独立的进程、独立的服务，对外提供HTTP接口、Web Service接口，向应用层的各个应用提供数据服务。

微服务包含测试数据服务、测试流程服务、测试控制服务、业务支撑服务。

2. 基础组件

数据服务层基于容器云技术，运行在Docker中，每个服务单独部署；同时，上一层（应用层）的各平台也独立运行在Docker中，每个平台有一个独立的运行环境。

在数据存储方面，可以选用主流的数据库系统，如DB2、Oracle、内存数据库、Redis等。

需要考虑实时数据如何高效交互，选择实时性数据队列Kafka。Kafka是一个高效、稳定、可靠的实时数据队列，可以用于测试系统的实时测试数据缓存。

在基础组件方面，还可以选择互联网中主流的各种技术。数据服务还有很多选择，例如可参考流行的数据中间件的概念。

15.4 热门概念

可以将一些热门的概念应用到测试信息化建设中。

1. 大数据

大数据的意义是提供分析数据、分析出结果、推导出变化趋势、为决策提供数据依据。在测试领域中，测试数据是需要分析的，所以可用大数据的理念、方法从测试数据中得到一些有意义的内容。

在测试系统中，测试数据是在测试过程中产生的，能用来分析被测对象，适合使用大数据概念，对测试数据进行分析。对测试信息化建设中的数据分析平台，可以应用一些大数据的框架、技术，搞一些宣传用的噱头，扩大影响力、提高竞争力。

2. 人工智能

人工智能在自动驾驶、机器学习、工业自动化等方面，有很多成熟的应用。

在测试领域中如何应用人工智能、机器学习呢？其中一个应用是生成测试用例。测试系统完成的是执行测试用例，利用人工智能 AI 生成测试用例，测试系统融入人工智能如图 15-3 所示。

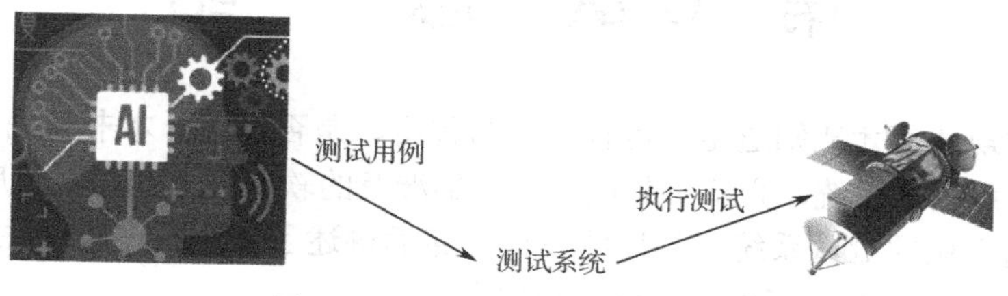

图 15-3　测试系统融入人工智能

在测试中如何设计测试用例是非常重要的。测试用例可以体现出测试是否可靠、覆盖性是否全面，可以反映出测试是否充分、全面。设计测试用例是重要且复杂的。如果用人工智能生成测试用例，使测试系统能够直接使用 AI 输出的测试用例完成测试，则是一种非常高级的自动化测试、真正的智能测试。

第 16 章　总　　结

真正动手实现软件才能知道是否可行、难易程度、是否好用。本书首先从测试系统的基本理论开始到通用测试系统，介绍了测试系统框架涉及的软件技术主题，然后使用 C++和 Qt 技术构建一套通用化的测试系统、具体的设计，穿插讲述了多个程序设计主题、C++技术主题、Qt 技术主题，并在实际应用中介绍这些技术。

本书介绍的总线仿真测试平台是实实在在的工程一线产品、一套商业应用产品。总线仿真测试平台应用了大量的技术，实现了很多复杂的设计，既有面向使用者的功能、理念，也有实现方面的软件设计，这些提升了产品的外在表现，使总线仿真测试平台更加好用、易用。

总线仿真测试平台的研发花费了大量的精力，研制结果还算令人满意。该平台正在被一些用户使用以辅助他们的日常测试工作，并且得到了用户的认可。这还是很让人开心的，花费的精力、投入的时间是值得的，能够把自己的想法实现出来，也是一件令人愉快的事情。

整个系统的设计，从产品功能到技术实现，还是很复杂的，能够完成是因为依靠长期的经验积累，即在这个行业、测试领域中的经验积累，依靠这些年在工作中掌握的测试行业知识和专业技能知识。另外，也是因为本人没有换行业，在一个行业坚持下来。

学生时代，我在 CSDN 上面看到有人说，在软件开发的职业生涯中，除应掌握专业技能外，还要多掌握行业知识，把一个行业弄透、不要随意变换行业。本人也一直朝着这个方向前进，在一个行业干下去，多掌握行业知识。软件技能是为行业服务的，这也是对每个技术人员的建议。

16.1　工程实践

本书的主要内容是工程实践，即介绍这个通用化测试系统框架是如何实现的，同时描述了几个基础性的软件技术主题，在各个章节中穿插 Qt 中的具体技术主题。本书的特点是，在实际应用领域中描述技术。本书分为以下四个部分。

1．测试系统框架

在第 1 部分中介绍了测试系统的相关知识，以工程研制领域的测试系统构建经验为主，描述了实际工程研制中的测试系统组成、理论基础、依据、相关技术，这些是根据实践得来的。对于没参与过这类系统研制的工程技术人员，可以通过这个部分了解测试系统组成，涉及的软、硬件知识技能，涉及的技术主题，为自己的研制提供依据。

然而，测试领域非常广，这里介绍的也只是工程研制领域的测试系统，只是尽量缩小范围描述一个领域的测试系统。

2．关键技术

在第 2 部分中描述的技术主题更偏向于方法，面向接口编程、动态创建技术、组态软件技术、脚本引擎技术，这些不是程序库、代码库等常见的技术主题，更多是一种方法、思想，阅读这个部分需要掌握 C++，具有一些 C++的使用经验。

第 4 章“面向接口编程”介绍了一种编程思想、软件架构方法，这种编程思想指导软件的设计、研制。本书中各个章节都有面向接口的设计。第 3 部分大量应用面向接口编程的设计，基于这种设计得到了代码、软件程序、实现了这套平台。这种编程思想也是所有现代、复杂的软件系统的设计思想，阅读、掌握这个主题可以指导各类软件的研制、辅助系统研制。

第 5 章“动态创建技术”描述了所有框架软件中重要的基础技术，该技术可以应用到各种复杂系统的研制中。

第 6 章“组态软件技术”描述的内容是能够解决一类问题的核心技术主题，实现组态用到 Qt 相关技术，用 Qt 技术实现测试系统框架中的各种控件、插件。各种控件、插件都使用了 Qt 的自定义控件、动态创建技术，使用 Qt 的这些技术也降低了测试系统框架的开发复杂度，提高了开发效率。

第 7 章“脚本引擎技术”描述软件中实现脚本功能的技术，重点介绍 Google V8（以下简称 V8）。V8 是一种应用广泛、功能强大的脚本引擎技术。V8 的内容很多，这一章只是描述 V8 在测试系统中的应用及如何使用 V8。因为 V8 实在是太复杂了，所以无法用一章完全描述清楚，本章目的是描述到够用即可。

3. 工程实践

第 3 部分介绍了一套商业应用的测试系统平台，以及其组成、作用、用到的技术、应用情况、能解决哪些问题。

工程实践是本书的主要内容。在工程实践中描述了一套测试系统的方方面面，详细地介绍了测试系统的应用、架构设计、具体的软件设计、软件组成、各软件模块的设计实现，并以图表、UML 等易于理解的方式进行描述。在描述软件设计时，罗列了代码，给出了具体的类、接口方法，这些内容都具有实际参考价值。

本书只是把核心设计罗列出来，供读者参考。然而，实现一套能供用户使用、能商业推销的框架软件系统，还有很远的距离，这首先需要深入掌握第 2 部分和第 3 部分的那些技术且需要掌握得非常好；然后花费时间、精力进行工程化研制等，这些都需要人力、物力、财力的支持。

4. 测试信息化

第 4 部分的主题是测试信息化，这也是测试系统中重要的主题。在测试系统中，除基础硬件交互外，还需要讨论信息化的内容，基于有效的测试管理来辅助测试工作，使用信息化的构建方法，有效地改进工作、提升测试工作效率。

在测试信息化建设方面，主要的思路是将这个总线仿真测试平台作为基础架构，承担面向硬件、底层的测试工作，在上一层再构建各类测试管理功能，基于混合编程、采用多种技术实现。但是，因为本部分的章节比较少，所以讨论得还不够深入。

16.2　软件研发知识图谱

软件是人类有史以来最复杂的发明，软件研发也可以说是最复杂的工程，除了要求软件研发人员具备专业技能、工程管理能力，还要考虑人为的各种因素。

软件研发是跨学科的，要求研发人员至少具有计算机专业知识和面向应用领域的专业知识。

在专业技能方面，需要掌握计算机专业知识。在计算机专业知识中，包括计算机编程语言、程序设计方法、数据库知识、软件工程方法等；在计算机编程语言中，包括编程语言本身、各种程序库。可见，涉及的计算机知识多而杂。

面向软件所在的应用领域，需要掌握这个领域的知识。例如，研制财务类软件需要掌握财务知识，研制医疗类软件需要掌握医疗知识。对于各类业务管理系统，需要深入各类组织内把各类业务流程、管理规程搞清楚。例如，考勤管理系统、学生信息管理系统等的首要工作是信息管理，用于辅助日常的管理工作。在实现这类系统时，需要先收集各类信息，然后设计好数据库结构，并实现数据的增、删、改、查等功能。

可用一个图把软件研发涉及的知识直观地表现出来。软件研发知识图谱如图 16-1 所示。

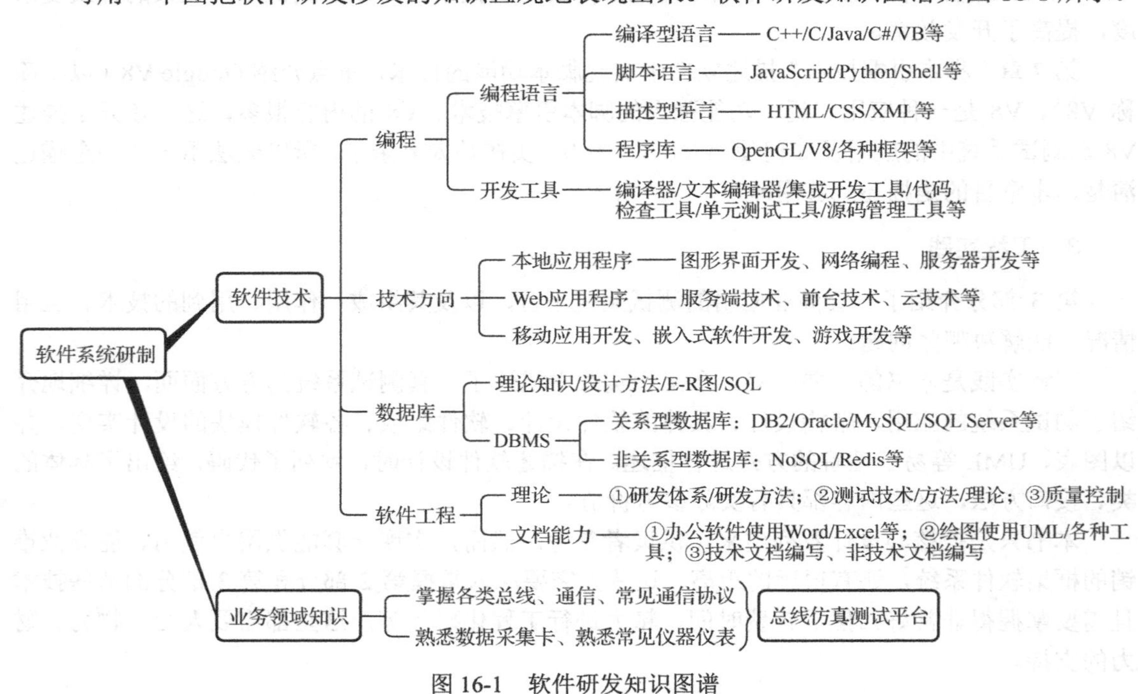

图 16-1　软件研发知识图谱

1．人员

专业的软件组织会设置很多岗位、人员、职责，把这个图谱中的技能分配到各个岗位，由不同的人完成。此时，程序员掌握编程语言、程序设计方法、程序库及一部分专业技能，一些软件工程、项目管理、业务知识由其他岗位的人掌握，所有的人协调一起工作。

但是，在多数软件组织中，程序员承担了其中大部分的角色，如设计程序、调研需求、进行售前沟通、管理配置、写各种文档等，几乎是万能选手。

2．价值

面对复杂的问题域，需要掌握和使用如此多的专业知识、技能才能开发一套系统，这需要人力、物力、资金的支持。但是，多数的软件组织显然不具备这样的条件，因此，问题域越复杂，软件系统越复杂，价值也就越高。

16.3　软件工程

在软件工程的课程中提出软件工程与软件作坊这两个词，其中以工程化的方法开发软件称为软件工程。在计算机刚出现、开始有软件时，没有软件开发的方法论，都是凭借个人经验开发软件。随着软件越来越复杂，软件研发中出现很多问题，例如不能按时交付、反复拖延、软件不符合要求等。此时，人们发现研发软件必须使用工程化的方法，软件工程的概念开始出现，并且流行起来。

采用软件工程显著减少了各类问题，但仍然会有一些问题。在软件项目研制过程中，经常会用“人•月”评估工作量，在项目延期后不停地加人想要赶进度，但这根本不可行。在几十年前的软件工程书籍《人月神话》中，详细描述了一个失败的软件项目，详细论述了依靠“人•月”是解决不了问题的，还没有必胜的“银弹”来解决软件研发中的各种问题。

1．软件作坊

软件作坊是相对软件工程而言的，即不使用工程化的方法、理论来研发软件。对于小型软件项目，软件作坊是很合适的，其个人水平高低决定了整个软件的成败。流行的 Python 语言是由其作者在当年为打发漫长的圣诞节假期而研制的，流行的 Vue 框架也是由个人开发的。

2．比较

先直观地比较软件工程与软件作坊这两个词：研发人员都希望所在项目应用了软件工程，而不是软件作坊。这两者没有绝对的高级或低级，各有优点和应用场景。

两者的区别：有人认为人多就是软件工程化了，但实际上与人多或人少没有关系，区别是有没有工程化的方法、体系、管理，即便有几十或上百人的团队，没有规范的研发体系、研发方法、体系文件、管理体系，那么也是软件作坊。一个只有几个人的小团队，只要有规范的研发方法，按部就班地做研发，那么也是软件工程。

优、缺点分析：应用软件工程可以规范研发过程，减少在软件各个阶段出现问题的风险，也就降低了成本。然而，条条框框的限制也必然影响灵活性。例如，对于在前面章节中讨论的好用，在各种条款约束下很难好用。研发的条款多，会导致软件不好用。对于流行的敏捷开发，有一些批评的声音，认为很多敏捷开发就是没有各种业务建模、没认真做需求。

我喜欢用正规军和单干户作为例子。正规军是软件工程，单干户是软件作坊。正规军的特点是可以打大战役，取得大战果；单干户是个人英雄，可以一己之力攻克难点、打开突破口。

殊途同归、视规模而定，不论是软件工程还是软件作坊，都可以完成好的设计。但是，我仍然建议规范自己的研发过程，用规范化的方法指导整个职业生涯。

16.4　待改进项

本书中的总线仿真测试平台有很多功能且服务了很多用户，但仍有不完美之处。任何系统都无法做到十全十美，都需要不断改进，从面向使用者的功能到具体实现的设计都有可改进的地方。下面是我想到的总线仿真测试平台中的一些不足即待改进之处。

（1）测试用例设计：如果能够提供测试用例设计的思路，而不仅只是执行测试用例，则会有非常大的改进，这可能涉及人工智能。

（2）整合测试服务框架和测试执行框架：目前，这两个框架是为了适应多用户、平行测试而设计的，但很多测试场景不需要多用户、平行测试，只需要一台计算机即可，启动这两个框架程序降低了系统的易用性。

（3）单元测试覆盖情况：目前公共库的代码覆盖整个代码的 20%左右。因为公共库 Core 目录中的代码基本都有单元测试，所以公共库不是遗留代码。对于有很多界面、网络通信的模块，单元测试编写稍显麻烦，还需要设计单元测试方法、验证业务逻辑等功能代码，这方面有待改进。

1. 实现复杂的设计

从前面工程实践的架构设计可以看出，有巨多的功能需要实现，编写实现功能的源码非常多，代码行庞大。很多复杂的设计需要编码实现，为实现这些设计，编写了大量代码，然后才是实现功能的代码。这也是复杂设计的一个弊端，为了实现复杂设计，需要为设计编写很多代码，需要花费时间、精力，进行测试、验证等。

小型软件没必要采用复杂设计，简单实现即可。

2. 源码质量

源码质量是衡量一个软件系统的指标。使用一些工具软件可以统计源码质量，统计出量化指标，可以对本书的总线仿真测试平台进行全面分析，得到源码质量、设计质量。

使用工具软件 CppDepend 可以检查 C++代码，统计 C++代码的各种指标，例如代码行和注释、类的内聚性、使用 C++模板的数量等，然后会给出一个综合的打分。CppDepend 是分析 C++源码比较有用的工具。

附录A 应用案例

本书中的总线仿真测试平台实现了很多具体的测试系统，应用到了很多测试工作中，服务了很多用户，协助完成测试工作，并获得用户的认可。

例如，在某商业航天企业中，基于总线仿真测试平台构建了易用的地面测试软件，已经稳定、可靠地工作了数年，服务多种产品的研制工作。

例如，在某研究所的事业部中构建了产品自动化测试系统，以辅助产品的自动化测试工作，该系统已经稳定、可靠地执行自动化测试数年。

例如，在某上市仪表企业中构建了 RTU 自动化测试系统，以辅助 RTU 产品的研制工作。该系统灵活、可靠、适应性强。

例如，某研发团队构建的地面测试软件辅助了产品的研制工作，提高了研发效率。

用户评价如下：

"……测试软件，提供了丰富的配置功能，可满足不同产品、不同分系统/单机、不同通信接口的复杂测试需求……测试工程可复制性高，在已有基础工程的基础上进行简单修改即可适配其他被测对象，是进行地面测试的重要工具，全面提高了测试效率。"

——某商业航天企业

"……测试任务调整不需要手动重新开启，可自动跳转，完成一键式测试；对试验过程数据判读、加电时机也实现了严格精准控制，消除了人员判读与操作带来的质量问题……实现了产品测试的降本增效，最终提高了产品线的竞争力。"

——某研究所

"……使我们在没有仪表时模拟各类仪表数据，快速帮助验证我们 RTU 产品的可靠性和稳定性，大大提高了 RTU 产品的开发和测试速度。"

——某上市仪表企业

"……这款地检软件人机交互界面简单、清晰，对于我们非软件研发人员，经过简单的熟悉后，也可快速上手参与产品的调试、测试、实验等工作……使研发人员更专注地完成产品的研发工作，减少辅助研发的工作量，提高研发效率。"

——某研发团队

参考文献

[1] 靳鸿，王燕. 测试系统设计原理及应用[M]. 北京：电子工业出版社，2013.

[2] 王庆成. 航天器电测技术[M]. 北京：中国科学技术出版社，2007.

[3] 布兰切特，萨默菲尔德. C++ GUI Qt 4 编程[M]. 2 版. 闫锋欣，曾泉人，张志强，译. 北京：电子工业出版社，2013.

[4] 伽玛，等. 设计模式：可复用面向对象软件的基础[M]. 李英军，等，译. 北京：机械工业出版社，2000.